直接还原与熔融还原冶金技术

杨双平　王　苗　折　媛
张从容　董　洁　李　继　编著

北　京

冶金工业出版社

2014

内 容 提 要

直接还原与熔融还原技术作为新兴的、开拓性的前沿技术而受到人们的广泛关注，对改善钢铁冶金生产的能源结构具有重要意义。

本书共分 11 章，第 1 章对高炉、直接还原与熔融还原三种工艺进行了对比；第 2~8 章为直接还原篇，探讨了发展直接还原技术的意义及前景，重点介绍了直接还原技术的概念、分类、原料、热力学及各种直接还原法的特点与比较；第 9~11 章为熔融还原篇，详细阐述了熔融还原技术的原理、现状、分类及特点，列举了主要的熔融还原工艺，并对熔融还原技术的发展进行了展望。

本书可作为研究直接还原和熔融还原技术的入门读物，也可作为冶金、能源等专业研究生和本科生教学与参考用书，也可供冶金专业的工程技术人员参考。

图书在版编目(CIP)数据

直接还原与熔融还原冶金技术/杨双平等编著.—北京：冶金工业出版社，2013.4（2014.6 重印）

ISBN 978-7-5024-6147-8

Ⅰ.①直…　Ⅱ.①杨…　Ⅲ.①直接还原　②熔融还原　Ⅳ.①TF111.13

中国版本图书馆 CIP 数据核字(2013)第 065204 号

出 版 人　谭学余
地　　址　北京北河沿大街嵩祝院北巷 39 号，邮编 100009
电　　话　(010)64027926　电子信箱　yjcbs@cnmip.com.cn
责任编辑　曾　媛　美术编辑　李　新　版式设计　孙跃红
责任校对　禹　蕊　责任印制　李玉山
ISBN 978-7-5024-6147-8

冶金工业出版社出版发行；各地新华书店经销；北京百善印刷厂印刷
2013 年 4 月第 1 版，2014 年 6 月第 2 次印刷
787mm×1092mm　1/16；13 印张；313 千字；198 页
39.00 元

冶金工业出版社投稿电话：(010)64027932　投稿信箱：tougao@cnmip.com.cn
冶金工业出版社发行部　电话：(010)64044283　传真：(010)64027893
冶金书店　地址：北京东四西大街 46 号(100010)　电话：(010)65289081(兼传真)
（本书如有印装质量问题，本社发行部负责退换）

前　言

当前世界各国正在争相发展高科技及其产业。一些发达国家（如美国、俄罗斯、日本、西欧等）都把高科技的发展及其产业化纳入21世纪的国家发展战略。因为当今世界经济正在从劳动密集型向智力密集型的方向发展，高科技已经成为影响一个国家发展和社会进步的关键因素。

在钢铁工业领域中，由于世界能源形势日益严峻，废钢短缺问题日益突出，新的钢铁生产工艺——直接还原法与熔融还原法作为新兴的、开拓性的前沿技术，越来越受到人们的关注。各发达国家已把熔融还原技术作为钢铁工业的一次技术革命，放到较高的战略位置去考虑，集中资金进行研究探索。据介绍，在俄罗斯的高等理工科教育中，钢铁冶金专业的专业课总学时为510学时，而且在炼铁学内容不减的情况下，又增加了108学时的直接还原课，足见其重视的程度。

我国钢产量虽然已经领先于世界先进国家，但科技水平仍相对落后，除了要消化好引进的技术并要进行提高外，更为重要的是要有自己的新技术，才能使我国钢铁工业摆脱落后停滞的局面。因而在新技术开发上，也要进行带有改革性质的超前性研究。而未来钢铁工业的出路，就在于改变现行的冶金工艺，采用直接还原与熔融还原等新技术。

近年来，直接还原与熔融还原技术取得了很大进展，并受到钢铁冶金、能源开发和化工等行业的普遍关注，如宝钢C3000熔融还原工程建成投产，标志着我国直接还原与熔融还原技术正式进入工业化生产时代。本书结合作者近年来从事本科、研究生教学和科研的体会，介绍了直接还原与熔融还原的技术经济特点、基本原理和典型工艺。由于直接还原与熔融还原的理论和实践在中国尚在发展之中，故本书较多地介绍了工艺流程；典型流程则只侧重介绍已经进行工业试验的较为成熟的流程。

本书共分11章，由西安建筑科技大学杨双平教授担任主编，并负责全书的统稿和整体修改工作。各章的具体编写分工为：第 1~3 章由王苗编写；第 4~5 章由张从容编写；第 6 章由董洁编写；第 7~9 章、第 11 章由杨双平、张从容编写；第 10 章由折媛、周军编写；附录由杨双平、李继编写。本书得到了冶金物理化学陕西省重点学科支持，编写过程中，还得到了西安建筑科技大学冶金工程学院、冶金工程研究所等领导和同事的鼎力支持，对本书所参考的有关文献资料的作者和单位以及冶金同行的科研成果，在此一并表示诚挚的谢意。研究生汪剑、刘杰、杜新、梁洁旗和蔡文淼参加了资料收集工作，也在此表示诚挚的谢意。

借本书出版之机，作者又对 2005 年 8 月编写的讲义进行了部分的修正和补充，力求本书内容能跟上时代，反映当前世界最新研究及生产成果。

由于水平有限，经验不足，书中存在的缺点和错误，希望读者批评指正。

编著者

2012 年 12 月

目　录

熔　融　还　原　篇

1 绪 论

近代高炉已有数百年历史，其工艺已达到相当完善的地步。它与氧气转炉结合在一起形成了效率很高、规模巨大的钢铁生产流程，成为世界上钢铁生产的主力。但是在它日益完善化和大型化的同时，也带来了流程长、投资大以及污染环境等问题。随着世界上废钢铁积累减少，电炉流程迅速发展，20 世纪 60 年代兴起了直接还原工艺，生产出的海绵铁供电炉炼钢，其产量正逐年增加。此外，由于炼焦煤资源日渐短缺、焦炉逐渐老化以及人们对焦炉污染的日益关注，80 年代以来，各发达国家纷纷谋求开发另外的无焦炼铁工艺——熔融还原，其中 COREX 流程已实现工业化生产。与此同时，高炉迅速发展了喷煤技术，焦比大幅度降低。综合来看，当前炼铁工艺正朝着少焦或无焦炼铁方向发展，并已形成高炉、直接还原和熔融还原三种炼铁工艺并存、互相渗透的局面。

1.1 炼铁工艺的技术特点

1.1.1 高炉

1995 年全世界铁产量 5.164 亿吨，99% 以上是高炉生产的，其中绝大部分以铁水形态供炼钢。高炉炼铁的基本流程是：将炼焦煤装入焦炉炼成焦炭，将粉状铁矿先制成烧结矿或球团矿，然后将焦炭和烧结矿、球团矿、块矿中的一种、两种或三种以及熔剂按一定配比装入高炉，从高炉下部鼓入热风将炉内焦炭燃烧，产生热量和还原性气体，进而把铁矿石中的氧化铁还原、熔化而生产出铁水。高炉流程的特点是技术完善而且成熟，效率高，能耗低，产品质量好，设备大型化、长寿化。单座高炉年产量可达 350 万吨铁，一代炉役产铁量可达 4000 ~ 5000 万吨。它对原料的适应性较强，既可用块铁，也可用粉矿（经过烧结或球团造块）；它的脱硫能力很强，焦炉、烧结和高炉都有很高的脱硫效率，可以生产出低硫铁。高炉流程的缺点是必须用焦炭，而炼焦过程对环境污染严重，全世界炼焦煤资源也有限。因此，高炉流程的改进方向是：发展高炉喷煤，以煤代焦。通过喷煤可减少焦炭用量 40% ~ 50%；加强焦炉污染的治理，并开发新的无污染或少污染并能多有弱黏结煤的炼焦工艺。

1.1.2 直接还原

直接还原工艺的产品是固态海绵铁，主要供电炉炼钢用。从能源角度可分为气基直接还原和煤基直接还原两大类。气基直接还原是用天然气经裂化产出的 H_2 和 CO 作为还原剂在竖炉或罐式炉内将铁矿中的氧化铁在固态温度下还原成海绵铁。目前主要方法有 MIDREX 法和 HYL 法两种。煤基直接还原是用煤作还原剂，在回转窑、转底炉或循环流化床内将铁矿石中的氧化铁在固态温度下还原成海绵铁，其中回转窑是已经成熟的方法，转底炉和循环流化床尚在试验中。2010 年全世界生产直接还原铁 7500 万吨，其中

MIDREX 法和 HYL 法占 93%，煤基直接还原占 9%。气基直接还原效率高、产量大，单体设备能力可达 50~100 万吨/年，在直接还原中占主导地位；煤基直接还原中的主体工艺——回转窑效率很低，目前单体设备最大年产量不超过 20 万吨。直接还原的优点是流程短，没有焦炉，污染较少，缺点是对原料要求严，矿石必须品位高，脉石少（（SiO_2 + Al_2O_3）/TFe<5%~9%）熔点高，有害元素低，高温下不会爆裂，还原性好，不易粉化。气基直接还原必须要有天然气；煤基回转窑所用的煤灰熔点要高，反应性要好。对矿石和煤的粒度也有严格要求，可用富块矿或球团矿作原料。直接用粉矿作原料的流化床工艺，有的尚未工业化，已工业化的效率也不高。

碳化铁是直接还原的一个新方法，尚在工业试验阶段。其基本过程是将 H_2、CH_4（天然气改质后）气体通入铁矿粉中与氧化铁反应生成 Fe_3C 和 H_2O。反应在流化床内 550~600℃低温条件下进行，所用矿粉和还原气都需经过预热，对矿粉粒度有严格要求。和其他直接还原工艺比较，其优点是反应温度低，不易黏结；产品不易氧化；可以直接用矿粉。其缺点是生产条件较苛刻，预计难以大规模生产。

1.1.3 熔融还原

熔融还原是一种发展中的新炼铁技术，其目的是以煤代焦和直接用粉矿炼铁，因而既无炼焦又无烧结或球团矿，使炼铁流程简化，受到许多国家的重视。开发过程中提出过许多种方案，当今引起人们注意、已工业化生产的有奥钢联的 COREX 工艺，已经或正在进行工业试验的有日本的 DIOS 法，澳大利亚的 HISMELT 法，欧洲的 C. C. F 法和俄罗斯的 PJV 法等。熔融还原的目的是取代高炉。目前的熔融还原流程多已采用两步法，即先在竖炉（块矿）或流化床（粉矿）内将矿石进行预还原，然后再进入终还原炉。向终还原炉内加入煤和氧气，煤燃烧产生热和 H_2、CO 等还原性气体，和高炉流程比，熔融还原的第一个特点是用煤不用焦，因而可以不建焦炉；可以用和高炉一样的块状含铁原料（COREX）或直接用粉矿作原料（用流化床进行预还原工艺的 DIOS、HISMELT 等）。第二个特点是多数用氧而不用风。目前已工业化生产的熔融还原工艺是 COREX 流程，包括南非 ISCOR 的一套年产能力 30 万吨，韩国的一套年产能力 60~70 万吨，中国宝钢两套年产能力 30 万吨。其产出的铁水成分和温度都与高炉基本相同。COREX 工艺的优点是用煤，没有焦炉污染，煤源广泛。不足之处是：第一，不能直接用粉矿；第二，消耗高，全用天然块矿吨铁耗氧达 640m^3，耗煤 1180kg，但它同时能产出大量热值的煤气（每吨铁产煤气 1650m^3，其热值达 7000kJ/m^3）。其改进的方向是降低煤耗和氧耗，并经济地利用其输出的煤气。已经提出的方案是将此煤气用于直接还原生产海绵铁，但需先脱除 CO_2，进行温度调控并防止可能产生的碳素沉积。

1.2 炼铁工艺的比较

1.2.1 直接还原与高炉流程的比较

直接还原与高炉流程的对比情况见表 1-1。从表 1-1 可知，直接还原工艺与高炉流程相比，主要区别有以下几点：

（1）产品。直接还原铁碳含量低，渣含量大，产品为固态，而高炉铁碳含量高，无渣，产品为液态铁水或固态生铁。

（2）原料。直接还原需要高品位矿作为原料，高炉对原料的适应能力较强。

（3）能源。气基直接还原需要天然气，煤基直接还原的煤源相对比较广泛，但也有一定要求，例如回转窑要求煤的灰分熔点高，反应性好，而高炉则要求有炼焦煤。

（4）能耗。气基直接还原与高炉流程能耗相近，煤基直接还原比高炉流程能耗高，高炉可供液态铁水，而直接还原只能供固态海绵铁，因此若将直接还原铁熔化耗热量计算在内，则所有直接还原工艺的能耗都比高炉高。

（5）基建投资。气基直接还原与高炉流程基建投资相近，煤基直接还原比高炉流程明显较高。

（6）生产能力。高炉单炉最大生产能力远比直接还原大，特别是回转窑直接还原很难适应大规模生产。

表 1-1 直接还原与高炉的比较

炼铁流程	产品形态	产品质量特点	对原料要求	主要能源	能 耗	投 资	单炉最大能力
高炉	铁水或铁块	碳高(4%)，无渣	对原料适应性强	焦炭煤粉	12~14.5CJ/t（含高炉、焦炉全部能耗）	236 美元/（吨·年）（含高炉焦炉）	350 万吨/年
MIDREX	固态	碳低，含渣	要求矿石含铁高，脉石少，硫低	天然气	天然气:13GJ/t 电:120kW·h/t	250 美元/（吨·年）	100 万吨/年
HYL	固态	碳低，含渣	要求矿石含铁高，脉石少，硫低	天然气	天然气:11GJ/t 电:85kW·h/t		250 万吨/年 100 万吨/年
SL/RN（煤基回转窑）	固态	碳低，含渣	要求矿石含铁高，脉石少，硫低	煤	煤:19.4~19.9GJ/t 电:110kW·h/t	260~320 美元/（吨·年）	20 万吨/年

应该说明，上述比较中高炉流程只是把高炉和焦炉计算在内，而未把烧结或球团算入，因为竖炉和回转窑直接还原也需要用到块矿和球团，和高炉用料基本一样，故未参与比较。

表 1-1 中的投资和能耗引用的是国外数据。根据我国最近几年建成投产的和在建的回转窑直接还原设备，如果全部用国产设备，年产海绵铁投资约 2000 元/（吨·年）（含粉矿造球）；如用进口技术和设备，则投资约为 3000 元/（吨·年）（用块矿或外购球团）。而近几年我国新建高炉（含所需焦炭、烧结）的投资约为 1400 元/（吨·年），相比之下回转窑投资比高炉流程高 50% 到一倍。

1.2.2 熔融还原与高炉流程的比较

在各种熔融还原工艺中，目前只有 COREX 真正实现了工业化生产。因此本节重点比较 COREX 与高炉流程。

1.2.2.1 基建投资比较

美国钢铁公司 Oshnock T W 等人对 COREX 和高炉的投资进行了比较，见表 1-2。可以看出，COREX 吨铁投资如果不算电站和制氧站的话，则与高炉（含焦炉）相近，若计入制氧站和电站，则比高炉（含焦炉）高得多。

表 1-2　国外 COREX 与高炉投资比较

比 较 项 目	高炉流程		无焦炼铁（COREX）流程	
	高炉	焦炉	还原熔炼设备	制 O_2 和电站
费用/亿美元	4.00	2.5	2.5~3.0	5.25
年产能力/万吨	270	8.5	110	
年吨铁投资/美元	148	294（吨焦）	227~273	477
（不喷煤）焦比 500kg/美元	148+294/2=295			
（喷煤）焦比 300kg/美元	148+294×0.3+10[①]=246			
（喷煤）焦比 200kg/美元	148+294×0.2+15[②]=222			
COREX（含制氧、电站）吨铁投资/美元			704~750	

① 该项为喷煤投资，焦比 300kg 时需喷煤 200kg，估算投资约 10 美元；
② 该项为喷煤投资，焦比 200kg 时需喷煤 300kg，估算投资 15 美元。

表 1-3 是国内 COREX 与高炉的比较，COREX 的吨铁投资约比高炉高 67%。

表 1-3　国内 COREX 与高炉投资比较

比 较 项 目	COREX 流程		高 炉 流 程		
	COREX 炉	制氧站	高炉	焦炉	煤粉
年产能力/万吨	160		224	112	22.4
投资/亿元	18	10.96	19.2	7.392	0.672
吨铁投资/元	1810		1217		

注：表中数据取自（1）重庆钢铁设计院，宁波钢厂预可行性研究；（2）武钢 5 号高炉投资（换算成 1993 年价格）；（3）首钢新 1 号焦炉投资。

1.2.2.2　主要消耗指标比较

COREX 和高炉的产品都是铁水，温度和成分基本相同。两者用的铁矿石基本相同，都可以用块矿或球团和烧结矿。不同的是 COREX 全用煤，高炉用焦炭和煤粉；COREX 用氧气，高炉则用高温鼓风（加少量 O_2）。两者主要消耗指标对比见表 1-4。从表中可见，COREX 的主要能耗比高炉高。但高炉必须用焦煤，而 COREX 用的是非焦煤，两种煤的价格是不同的。

表 1-4　COREX 与高炉流程主要消耗指标对比

比较项目	综合煤耗 /kg·tFe^{-1}	其中焦耗 /kg·tFe^{-1}	其中喷煤 /kg·tFe^{-1}	氧耗 /m³·tFe^{-1}	鼓风 /m³·tFe^{-1}	O_2 或鼓风耗电 /kW·h·tFe^{-1}	炼焦用电 /kW·h·tFe^{-1}	输出煤气合标煤 /kg·tFe^{-1}
高炉	912	560	100		1800	163.8	11.2	276.3（其中焦气 79.5）
COREX	1180		640	384				394.17
差值	268					209		117.87

注：COREX 的耗氧量与耗煤量来自 1993 年南非考察报告，高炉指标是根据南非生产条件（100% 块矿）估算的。

1.3　我国发展炼铁技术的策略

目前全世界高炉产铁能力有 5 亿多吨，直接还原产铁能力约 4300 万吨，熔融还原生产能力约 100 万吨。三者能力相差如此悬殊，可见要想用直接还原和熔融还原来取代高炉流程，从建设资金和建设时间上考虑都绝非短时间能做到的。何况直接还原和熔融还原工艺在生产效率、能耗、单体设备能力、炉体寿命和单位投资等各方面与高炉工艺比较还有较大差距。迄今，无论是发展中国家还是发达国家都没有停止新高炉的建设。可以预见，高炉、直接还原和熔融还原三种工艺并存的局面将是长期的。

直接还原和熔融还原是新兴的炼铁技术，它们完全不用焦炭，必将继续受到重视，必然会继续发展和完善。但是高炉也不会停止发展。特别是从降低生铁成本，减少焦炭用量，减少焦炉污染考虑，发展高炉喷煤，最大限度地以煤代焦，乃是见效最快的办法。因为高炉产铁能力大，基数大，所以目前国内外冶金工作者都在大力发展高炉喷煤。随着喷煤量增加，要求焦炭和原料质量进一步提高，鼓风含氧量也要进一步增加，这必然又会促进高炉工艺进一步向前发展。可以预料，高炉生铁在相当长时间内仍将占统治地位。

根据上述情况，我国炼铁技术的发展应采取如下策略。

1.3.1 继续完善和改进高炉炼铁工艺

1.3.1.1 大力发展高炉喷煤

为了降低生铁成本和减少焦炉，日本、韩国和西欧的大部分高炉都已喷煤，过去以天然气为主的美国近几年也纷纷转喷煤粉。喷煤已成为当前世界高炉炼铁技术发展的主流。国外高炉的煤比多在 100kg/tFe 以上，多的达 200kg/tFe（占总燃料比 40% 左右），正向 250kg/tFe 迈进。我国高炉喷煤起步早，但发展慢，现在已落后于国外。我国与国外的差距，一是煤比低，重点企业平均煤比仅 150kg/tFe，地方骨干企业仅 120kg/tFe；二是普及率低，重点企业尚有 10%，地方骨干企业尚有 40% 的高炉没有喷煤，众多的其他小高炉则基本上没有喷煤。可见，我国在煤比和普及率两方面都需要提高。在提高煤比方面，应根据条件分层次制订目标。喷煤除可以少用焦炭，减少焦炉和焦炉的污染外，还可改善炼焦配煤，提高焦炭质量。因此，应大力发展高炉喷煤技术。

随着煤比的提高，风温和鼓风含氧量应相应地提高，原料应进一步改善，高炉寿命也需提高。

1.3.1.2 逐步实现高炉炉容大型化

近二十年来发达国家的高炉有一个显著的变化趋势，高炉座数减少，单炉产量增加，生产效率提高，焦比降低，详见表 1-5、表 1-6、表 1-7。我国生产高炉 1994 年为 576 座（地县以上），平均单炉年产铁 16.74 万吨。其中重点企业高炉 79 座，平均单炉年产铁 66 万吨，和国外比差距很大。我们应该在有条件的企业新建或扩容改造一批现代化大高炉，用逐渐增加大高炉和强制淘汰小高炉的办法来实现我国高炉大型化和现代化。

表 1-5　欧洲高炉委员会 12 成员国高炉变化

年份	生产高炉/座数	生铁产量/万吨	平均单炉年产量/万吨	利用系数/%	焦比/kg·Fe⁻¹
1987	95	8810	92.7	100	445
1992	72	8860	123	111.6	385

表 1-6 日本高炉变化

年份	生产高炉/座数	生铁产量/万吨	平均单炉年产量/万吨
1973	>60	9000	150
1993	33	7374	223.5

表 1-7 北美（美国和加拿大）高炉变化

年份	生产高炉/座数	生铁产量/万吨	平均单炉年产量/万吨
1973	170	10100	59.4
1993	49	5900	120.4

1.3.1.3 采用新的炼焦工艺，扩大弱黏结煤的使用，减少焦炉污染，提高焦炭质量

首先应推广国内外已成熟的先进技术，如干熄焦、配型煤炼焦、入炉煤水分调控、捣固焦等。采用这些技术可以在保证焦炭质量的同时，扩大弱黏结煤的使用，并节能增产。第二应努力开发新的炼焦工艺，如型焦、直立炉连续炼焦技术等。此外，应采取有效措施取缔土法炼焦生产，同时对各厂焦炭产量加以限制以改善环境。

1.3.2 适度发展直接还原技术

我国电炉钢年产量已超过 2000 万吨，国内废钢已供不应求，优质废钢更为短缺，发展直接还原势在必行。但是我国缺乏富块矿和天然气，而煤资源丰富，发展直接还原只能采用煤基工艺，其原料只能采用氧化球团或进口块矿。这样生产的直接还原铁在投资、能耗和生产成本等方面必然较高。因此，直接还原铁在我国只能作为电炉炼钢的纯净原料在有条件的地方适度发展，而不宜指望它来作为电炉的基本原料。国际钢铁协会的研究也证明了这点，详见表 1-8。

表 1-8 三种炼钢流程能耗比较

流 程	能 耗	
	kJ/吨钢	折合标煤, kg/吨钢
高炉—转炉—连铸—轧钢	20.68×10^6	706
电炉全废钢冶炼—连铸—轧钢	8.375×10^6	285
直接还原—电炉—连铸—轧钢	22.966×10^6	284

1.3.3 积极研究和发展熔融还原技术

熔融还原是炼铁技术发展的方向。世界上焦煤资源有限，我国焦煤也不足，而且炼焦过程污染严重。我国已是世界钢铁生产大国，生铁产量为世界之首。2012 年 1～10 月全国生铁累计总产量 5.58 亿吨，同比增长 2.94%，焦炭产量 3.32 亿吨，同比增长 3.9%，不仅每年要消耗大量焦煤，而且如此大量的焦炭生产对环境的污染更是不容忽视的。因此，积极发展无焦炼铁技术——熔融还原应是我国的长远之计。

我国对熔融还原的研究已进行过很多工作，有一定的基础。过去进展不快的原因主要是缺乏资金，其次是缺乏有机的组织。像熔融还原这样难度较大的新开发项目，必须依靠国家投入足够的资金，把各方面的技术力量有机地组织起来，统一方案、统一指挥、协调行动，方能奏效。在技术思路上，既要考虑我国铁矿资源的特点（细精矿多），又要借鉴国外不同流程的经验，吸取各家之长，为我所用。目前我国拟采用的"含碳球团—铁浴"流程，预期是有前途的，应早日起步。

1.4 不同钢铁生产流程的技术经济分析

为了确定钢铁冶炼技术将来可能的发展趋势，有必要对三种钢铁生产流程进行经济技术分析，这三个流程是：BF—BOF（传统的高炉—氧气转炉）流程，DR—EAF（直接还原—电炉）流程，SR—BOF（熔融还原—氧气转炉）流程。

1.4.1 BF—BOF 流程

BF—BOF 流程是以下列条件为基础的：要有焦炉设备，要有原料的造球和烧结设备；考虑从焦炉和高炉废气回收余热；转炉钢铁料组成为铁水、废钢。目前，采用 BF—BOF 流程的钢铁联合企业已经有超越只用焦炭作能源的趋势，当考虑回收和再利用过剩能量时，每吨生铁的能耗估计为 14.63GJ。然而考虑到转炉余热回收和向铁水中混入废钢，计算的每吨生铁能耗为 13.79GJ。

1.4.2 废钢为主炉料的电炉炼钢流程

对于这种炼钢流程，采用理论换算，即 1kW·h 电相当于 3595kJ 的热量，生产每吨钢水所需的能量为 1.8GJ；当根据热效率换算时，即 1kW·h 电相当于 10241kJ 的热量，每吨钢水的能耗为 5.1GJ，如图 1-1 所示。

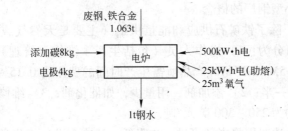

图 1-1 废钢—电炉流程示意图

1.4.3 使用煤的直接还原和电炉炼钢流程

采用回转窑工艺，铁矿石和煤以混合状态在窑内燃烧，与竖炉工艺相比，这种方法的热交换和反应效率较低，每吨直接还原铁的能耗一般为 17.51GJ，如果使用煤的直接还原法与天然气的直接还原法采用同类铁矿石，电炉的炼钢能耗几乎相同。

目前，仅有两种炼钢方法在实际生产中得到了发展，即熔融还原法和熔炼法。熔融还原法第一步是还原、金属熔融及脉石和灰分的熔融分离；第二步是将铁水炼制成钢。熔炼法是将固体金属（废钢、生铁和直接还原铁）炼制成钢，而且目前几乎都是用电炉进行熔炼。但是，大量的研究与开发正逐渐迅速改变这种状况，以下对几个问题进行论述：

（1）直接还原法的发展及炼钢生产中直接还原铁（DRI）与废钢和生铁的竞争；

（2）由熔融还原法引起的变革及其发展潜力，特别是它与高炉发展的比较；

（3）将来实现直接炼钢的可能性。

1.4.4　直接还原的竞争力

现在直接还原法（特别是气基直接还原法）的地位已得到肯定，它具有以下四个主要优点：（1）在废钢—DRI（或生铁）炼钢原料的竞争或相互补充的意义上讲，其原料的适应性较强；（2）工厂规模大小灵活（以中型居多），产量为 0.5 ~ 1Mt/a；（3）生产费用较低；（4）对周围环境污染较小（与能耗较低有关）。

1.4.4.1　直接还原—电炉（DR—EAF）工艺优点

直接还原—电炉法的优势体现在：

（1）用于电炉的 DRI（或生铁、铁水）—废钢比例可调。电炉供料生产线与传统炼钢方法不同，它可与直接还原厂完全分离，且距离可以相隔很远，能够独立生产。传统方法的炼铁厂与炼钢厂相距很近，甚至烧结与焦化通常也都在同一个厂区内。另一个重要的优点是，废钢与 DRI 的比例变化灵活，可根据钢产品的技术条件随意调节。以生产传统的线材为例，用普通较便宜的废钢可生产出一般线材，而生产优质线材则需对 DRI 制订严格的残留物标准。

（2）工厂规模大小灵活。目前，炼钢厂的设计多倾向于中型厂，而不是大型（大于 2Mt/a 或 3Mt/a）或小型（小于 0.1Mt/a）厂。这种倾向是由于连铸技术的应用而引起的，它不仅可用于薄板生产，而且可用于大型钢材的生产，因此，生产线就不须像用连续带钢热轧机那样大，大多数这样的生产线的产量为 0.3 ~ 1Mt/a。一条这样的生产线可以与电炉相连，也可与现代化钢厂的直接还原厂相连，这比传统的工厂更紧凑也更简单，从某种意义上来说，它扩展了小型钢厂的概念。

（3）生产费用低。除了铁矿石供应和能量供给（主要是天然气或煤）外，直接还原厂的生产费用低，它可分为：1）操作人员（包括生产 + 维修 + 管理），每套生产设备为 50 ~ 100 人，即年产 0.5Mt 工厂每吨产品所需生产时间的费用为 0.15 ~ 0.3h/t，而且年产 1Mt 的工厂还只为它的一半；2）添加剂，用量少，如催化剂；3）维修和折旧费，它与工厂的规模有关，目前约为 250 ~ 300 美元/吨。

通过某些措施，上述费用将来还可进一步降低，就冶金设备或化学反应器来讲，还原气体的形成过程随天然气喷吹量的增加而简化。

需注意的几点：

（1）关于铁矿石成本，由于损耗少（粉尘通常都被回收利用），因此实际上总需要量的节约潜力很小，但是如果用粉矿或精矿代替块矿和球团矿，成本还可明显降低。这也说明用 FIOR 法及类似的方法（快速循环流化床等），到目前为止，其能量效率仍低于竖炉。

（2）大量研究表明，通过直接还原法炼钢可优化整个工艺流程，降低电炉渣量，因此，直接还原法需要高品位铁矿石原料。当然铁矿石成本随品位高低而变化，但是在单位铁矿石成本变化不大的情况下，直接还原法还是使用高品位铁矿石为好。

与传统方法相比，直接还原法对环境（即空气、粉尘及水）的影响远低于传统方法，例如，联合国环境规划署（UNEP）的研究指出，它与下列问题有关：（1）用天然气代替煤（甚至必须用煤时），直接还原法不需要复杂的控制系统，通常以焦化厂作为环境监测点；（2）用块矿或球团矿取代烧结矿原料；（3）能量效率高，其副产品煤气量较少（如高炉煤气和焦炉煤气）。

1.4.4.2　直接还原法发展缓慢的原因

电炉法工艺具有下列4个主要优点：（1）投资少。很明显，投资5~7.5亿美元远低于45~90亿美元。而且，在产量相同（0.5Mt/a）的情况下差距会更明显，传统的工厂投资不可能如此之低。（2）基础设施及其对环境的影响。单独的电炉炼钢厂，尤其是气基直接还原厂解决这个问题远比传统的高炉、焦炉及氧气炼钢法更为容易。（3）生产率。年产0.5Mt的工厂（包括直接还原厂）需工人约500个，即1000吨/（人·年），也就是低于2h/t，它完全接近于最好的大型钢铁联合企业的指标。

然而，直接还原虽然仍在发展，但比预料的要慢，主要与下面两个方面有关：（1）20世纪60年代和70年代直到1975年主要发展的是技术可靠的工艺；（2）该工艺要得到广泛应用与总的经济形势有关，其中主要包括三个方面，即能源供应、成本结构与废钢价格、基建投资与经济形势。

A　能源供应

与熔融还原技术相同（熔融还原当然包括高炉），直接还原有时也能用劣质煤（如印度、南非产煤等），但主要是用天然气。用这种方法的能耗（以GJ/t计）正如大量的研究表明，直接还原与能源的价格有关，特别是与煤和天然气的价格有关。这就清楚地表明：（1）为什么直接还原法，尤其是气基直接还原法在南部国家的发展远高于采用传统高炉法（通常说的熔融还原法）的北部国家；（2）为什么直接还原法在天然气资源丰富的国家和常有石油工业副产品的国家，如中东、拉丁美洲（如委内瑞拉）得到迅速发展；（3）北部国家对进口直接还原铁比对生产直接还原铁的兴趣更大。

B　成本结构与废钢价格

由大量的研究表明，初级金属（生铁、直接还原铁）的成本主要由铁矿石、能源和折旧等费用组成，其余加工成本（人工费、维修费等）所占比例很少。除了用高品位的球团矿成本稍高以外，各种工艺生产的每吨铁的铁矿石成本并非完全不同。关于能源，如上所述，各国的情况就完全不同。

已清楚地表明，最重要的是电炉原料从废钢转换到直接还原铁，它们之间同样具有竞争性，又具有互补性。众所周知，废钢价格波动很大，因此，废钢很难与废钢+直接还原铁原料竞争，而单独与直接还原铁竞争就更难了。

C　基建投资与经济形势

影响直接还原发展的主要问题与世界经济不景气有关，更确切地说是：（1）工业国家对DRI的需求不足导致了以废钢为原料的电炉炼钢技术的发展；（2）从20世纪80年代开始，由于经济不景气使发展中国家对DRI的需求量也下降。

D　有关直接还原法的主要结论

有关直接还原法的主要结论有：

（1）该方法正在发展（可能速度比预计要慢），特别是那些天然气或天然气和铁矿石丰富的国家发展较快，如委内瑞拉；（2）该方法也许会成为许多熔融还原法的基础，这点将在后面加以叙述。

1.4.5　熔融还原的潜力

A　高炉工艺的局限性

目前高炉仍在不断发展，曾经阻碍炼铁工艺发展的两个主要问题现已取得显著进展，主要是：煤进行预处理和炼焦必然造成成本增高和增加环境污染等问题。因而，如果焦比为 0.45t/t 铁水，这意味着每炼 1t 铁就需要 0.75t 炼焦煤，发展喷煤技术可减少焦炭用量，即：

焦炭　　　0.280t/t 铁

喷煤量　　0.180t/t 铁

高炉仍以烧结矿和球团矿为主要炉料，但可减少富矿用量。

然而，高炉工艺在这种缓慢而不断发展的过程中也可以加快步伐发展，如在 TOP 法中：（1）用等离子喷枪提高风温；（2）从风口喷吹经流化床还原后的预还原铁矿粉。在这种情况下，高炉所需的能量为：焦炭 0.244t/tFe；喷煤量 0.136t/tFe；电力 231kW·h/tFe，另需部分氧气和焦炉煤气，这个例子说明我们还不能取消高炉。

B　熔融还原法的潜力

首先来分析一下 COREX 法，然后再探讨其他法。

COREX 法（或其他相似的方法）与传统高炉法相比，其主要优点是它直接用煤，取消了焦炉，从而节省了大量投资和经营费用，并且避免了其副产品煤气的利用及环保问题。

如果我们采用现在正在研究的其他方法，其主要目的是使整个过程一步完成，不仅取消焦炉（直接用煤），而且取消造块工序（直接用铁矿粉或精矿）。这类方法以及到最终炼钢阶段之前的各种直接还原法胜过高炉法，是因为在投资、能耗及总生产成本等经济方面有优势，具体来说：

（1）投资。在这项比较中，可以不考虑有关铁矿石的问题，因为除了使用铁矿粉或精矿的其他方法之外，熔融还原法（如 COREX 法）或高炉法均需要粒度适宜的炉料（烧结矿、球团矿或块矿）。众所周知，当产量增加时（例如从 0.5Mt/a 增至 3Mt/a），传统高炉法的单位投资会降低很多，而生产能力为 0.5Mt/a 的 COREX 法还原设备（包括制氧设备）的单位投资与年产 3Mt（高炉＋焦炉）大致相同。

（2）能耗。由于目前 COREX 法还原厂在生产中不多，因此不易做出准确的对比，况且这两种方法，其能源利用状态肯定均未达到最佳水平。至于其他方法，提出这项数值就更加困难了。

但是对 COREX 法（包括制氧设备）和高炉法（包括焦炉）进行比较，得出下列几点：（1）COREX 法及所有熔融还原法都是用煤操作，这与直接还原法有很大不同；（2）所有熔融还原法，包括高炉＋焦炉法都产生副产品煤气，其经济效果在很大程度上取决于这些煤气的利用效率及其价值。

思　考　题

1. 简述非高炉炼铁的方法及分类。

2. 比较直接还原、电炉流程和高炉—氧气转炉流程各有什么特点，它们的发展前景如何？

3. 试述非高炉炼铁法快速发展的原因。

参 考 文 献

[1] 史占彪. 非高炉炼铁学 [M]. 沈阳：东北工学院出版社, 1990.

[2] 周渝生. 绿色炼铁工艺 [J]. 宝钢技术, 1997, 1：55~57.

[3] 秦民生. 非高炉炼铁 [M]. 北京：冶金工业出版社, 1988.

[4] 周春林, 刘春明, 董亚峰, 沙永志. 国外炼铁状况及中国炼铁发展方向 [J]. 钢铁, 2008, 12(5)：20~21.

[5] 金国范. 90年代的非高炉炼铁 [J]. 上海金属, 1995, 17(1)：15~20.

[6] 汪怡. 国内直接还原与熔融还原技术的发展 [J]. 科技资讯, 2008, 34(8)：19~21.

[7] 徐瑞生. 非焦炼铁及其他 [J]. 南方钢铁, 1994, 6：12~15.

[8] 叶匡吾. 面对新的炼铁技术也谈炼铁技术 [J]. 中国冶金, 2005, 15(2)：14~17.

[9] 王定武. 走向商业化生产的直接还原炼铁新工艺 [J]. 冶金管理, 2003, (1)：46~48.

[10] 陈炳庆, 张瑞祥, 周渝生, 等. COREX熔融还原炼铁技术 [J]. 钢铁, 1998, (33)：2, 11.

[11] 沈成孝. 21世纪钢铁工业发展方向 [J]. 宝钢技术, 1997, (1)：1~6.

[12] 殷瑞钰. 中国钢铁工业的回顾与展望 [J]. 鞍钢技术, 2004, (4)：1~6.

[13] 戴和武, 许江华, 曹之传, 等. 重视利用1/3焦煤资源促进我国炼焦产业持续发展 [J]. 中国煤炭, 2003, 29 (11)：34, 43~45.

[14] 冯燕波, 曹维成, 杨双平. 中国直接还原技术的发展现状及展望 [J]. 中国冶金, 2006, 16 (5)：10~13.

[15] 刘日新, 许志宏. 熔融还原技术最新进展 [J]. 矿冶, 1997, 6 (2)：68~74.

[16] 王定武. COREX熔融还原工艺的技术经济分析 [J]. 中国冶金, 2002, 3：19~20.

[17] 胡俊鸽, 王赫男. 熔融还原工艺发展现状与评析 [J]. 冶金信息导刊, 2004, (3)：17~20.

[18] 蔡钢生. 直接还原和熔融还原新技术 [J]. 南方钢铁, 1994, 6：15~17.

[19] 陈津, 林万明. 非焦煤冶金技术 [M]. 北京：化学工业出版社, 2007.

直接还原篇

2　直接还原的发展及前景

2.1　国外直接还原的发展及前景

自 1975 年以来，墨西哥 HYLSA 钢铁公司投产世界第一个直接还原铁厂（HYL-Ⅰ法）起，30 多年来，各种直接还原铁工艺方法经受了工业生产的实用考验，进入成熟、革新和稳步发展的新阶段。

国外直接还原炼铁发展迅速的原因，在于直接还原具有以下的优点：

（1）扩大了能源。由于直接还原炼铁可以完全不用焦炭，因此可用其他燃料（各种非焦煤、燃料油、气体燃料、电能和其他原子能等）代替日益缺乏和价格昂贵的冶金焦。

（2）扩大了含铁原料的适应性。近代高炉对含铁原料的物理化学性能（品位、粒度、强度等）有较严格的要求。而直接还原炼铁方法，有的可处理品位很低的贫矿。有的使用品位极高的铁精矿，生产含杂质极少的海绵铁或铁粉，如竖炉法；有的可省去造块工序，直接用矿粉作原料，如流态法和悬浮法。

（3）改善产品的质量。高炉一般只能生产高碳生铁或铁合金。直接还原炼铁能生产低碳的海绵铁或铁粉。这种产品不仅可代替废钢，而且成分纯净稳定，有利于提高炼钢的质量和产量。更纯净的产品还可用于粉末冶金和化工原料。

（4）经济、效率高。虽然目前还没有一种直接还原炼铁方法的生产率能超过高炉，但有些方法的单位容积利用系数已超过高炉（高达 6～10 年）。并且，在中小规模的条件下，直接还原—电炉流程比高炉—氧气转炉流程节省投资约 30%，降低了生产成本。这对充分利用地方资源，因地制宜安排钢铁工业布局有重要意义。

（5）便于处理多种金属的复合矿石，利于综合利用。由于直接还原既扩大了能源，又扩大了含铁原料的适应性；还可省去烧结、焦炉和高炉，大大节省基建投资；它所获得的产品——海绵铁已成为扩大电炉钢生产和推广连铸两大先进技术的必不可少的配套新技术，钢铁厂对环境的严重污染也能基本得到解除，所以直接还原在国外得到了迅速的发展。拥有年钢产量达 1.5 亿吨的奥斯可尔电冶金公司，与德国合作已经建设一个完全立足于直接还原新工艺的大型特殊钢厂，其中直接还原铁年生产能力可达 400 万吨钢。可见直接还原是一项很有发展前途的钢铁生产新工艺。

2.2　我国应当发展直接还原工艺

我国要实现经济腾飞和提升综合国力，没有钢铁是不行的。特别是对于拥有 13 亿人口之众的我国来说，钢铁少了也是不行的。虽然近年来新兴技术和新兴工业不断崛起，已经出现了诸如精密陶瓷、碳素纤维等高强度的材料与钢铁相竞争，但至今仍然没有哪一种材料能够全部代替钢铁。在今后的一些年内，钢铁仍将是我国社会经济发展的重要的物质支柱。在广泛的领域内仍将作为重要的基础材料而得到大量使用。2012 年我国的钢产量达到 8.6 亿吨左右，钢铁产品的品种应当更多，质量应当更好。然而我国钢铁工业的现状与这个要求差距很大。不仅产量、质量和品种差之甚远，更为严重的是我国钢铁工业的技术水平和装备水平方面，差之更远。面对当前世界上出现的新科技革命热潮，我国应当开拓新技术，把传统技术与新兴技术结合起来，要用新工艺新设备去替换陈旧落后的工艺。

分析我国的能源、资源和钢铁工业现状，我国的能源结构以煤为主，占 70% 左右。煤炭资源虽然丰富，但炼焦煤仅占其中的 1/3，而且分布很不均匀，约占焦煤储量的 62%，且都集中在华北地区。另一些省区（广东、福建等）基本没有炼焦煤，要采用依靠焦炭的高炉炼铁确实很困难。然而这些省区有铁矿、又有非炼焦煤，可采用直接还原方法加以利用。非炼焦煤占我国煤炭总储量的 60%，分布却较广。它为发展直接还原提供了廉价的能源。另外，我国的水利资源也十分丰富，但利用的甚少，目前利用率仅达 3% 左右。由于能源单一，用煤技术落后以及浪费很大，造成了我国的能源也很紧张。可见，高炉炼铁面临的能源形势是严峻的。我国的铁矿资源储量大，但特点是富矿少，贫矿和共生矿多，既细又杂还很分散，加上我国矿山一直落后的局面始终未能得到根治，目前实际生产水平占铁矿山已形成的总能力的 76%，今后几年还将消失上千万吨的铁矿能力。因而铁矿石供量不仅不充裕，今后还不得不长期买矿炼铁。为此就更要大力发展电炉炼钢，从而也就要多耗废钢，废钢是钢铁工业不可缺少又可以节能的重要资源。可是现在我国的废钢已经出现短缺，随着炼钢废钢比、连铸比的提高，电炉钢比重的增加以及机械工业加工工艺的改进，废钢量将会减少，废钢短缺的现象就会越来越严重。据冶金工业规划研究院调查，2000 年我国每年都缺少 200 万吨废钢。而从国外进口已不容易，受到外汇、国际市场价格及来源、国内港口能力等限制，难以满足要求。然而用直接还原的产品——海绵铁不仅能代替废钢作为电炉炼钢的原料，而且用海绵铁炼钢能够大大改善钢的质量、品种和经济效益。生产实践已经表明，海绵铁是比生铁废钢更为纯净的电炉原料。冶炼高级合金钢更需要纯净的海绵铁。

综上所述，对于煤藏丰富、贫矿和共生矿居多而分散、废钢又短缺的我国来说，采用单一的高炉炼铁是不尽合理的。因地制宜地发展直接还原工艺的建立中小企业是合乎我国实际国情的。从面临世界新的工业革命的挑战形势来看，我国的钢铁工业也需要采用发展直接还原新工艺。

我国曾对直接还原进行了长达 25 年的试验研究，我国天津钢管厂一座年产 30 万吨的直接还原铁厂已建成投产多年。

我国钢铁工业近年已确定把直接还原作为增补空白的新技术来抓。"发展炼铁直接还原已是我国钢铁工业当务之急"。

思 考 题

1. 试述我国发展直接还原的发展及前景。
2. 分析我国的能源、资源和钢铁工业现状，试述我国发展直接还原工艺的必要性。
3. 试述直接还原发展的优点。

参 考 文 献

[1] 廖建国. 直接还原铁生产新技术综述 [N]. 世界金属导报, 北京：2001 - 10 - 23.
[2] 张汉泉, 朱德庆. 直接还原的现状与发展 [J]. 钢铁研究, 2002, 2：42～46.
[3] 魏国, 赵庆杰. 直接还原铁生产概况及发展 [J]. 中国冶金, 2004, 9：27～32.
[4] 杜俊峰, 袁守谦. 积极发展直接还原铁生产技术, 应对21世纪电炉废钢紧缺的挑战 [J]. 工业加热, 2002, 2：1～4.

3　直接还原及其分类与标准

3.1　直接还原的概念

高炉炼铁以外一切从铁矿石中制取工业铁产品的方法统称为非高炉炼铁法。

直接还原是非高炉炼铁的主要方法，直接还原（DR）是指铁矿石或其他铁氧化物在熔点以下温度被还原为金属铁的冶金过程。其产品是直接还原铁（DRI），即海绵铁。

海绵铁是指用不同的直接还原方法，在固态下得到的铁粉、金属化块矿、金属化球团矿的总称。直接还原铁主要是用作炼钢（氧气转炉，尤其是电炉）废钢的优质代用品。

3.2　直接还原的分类

直接还原的方法很多，据文献报道已有四十多种，现今达到工业生产规模的约有二十种方法。各工艺方法有各自的特点。按照产品的特点，直接还原的产品为含碳很低的固态海绵铁。无论采用哪种工艺，其还原温度都控制在不熔化的水平，冶炼时没有造渣过程，因此不能把金属同脉石分离（为此要求原料和燃料的脉石和灰分低），并在还原以后进行破碎和选分（一般是磁选）。流态化生产的铁粉也属于此种。

若按照生产工艺和设备特性来分，直接还原可分为以下几种类型：

（1）流化床。流化床是用气体还原细矿粉。气体还原剂同时起还原、供热和流态化三种作用。流态化技术在化工、干燥和焙烧等工艺上应用较广，但用于炼铁还不够成熟。

（2）回转窑。回转窑能生产多种类型产品，并能使用多种燃料。转底炉也基本属于这一类型，但还原温度更高，炉身很短。

（3）反应罐。反应罐是一种固定的反应器，还原过程中炉料静止不动，属于间歇式生产。现在发展的主要是用气体还原剂的反应罐。

（4）竖炉。与高炉炉身部分相似。无熔化过程，生产效率较高，是当前生产海绵铁最流行的方法之一。

另外，若按照还原剂类型的不同，直接还原可分为煤基还原和气基还原两大类。其中以竖炉、回转窑、固定床和流化床四种最具代表性。目前世界上直接还原方法分类如图3-1所示。

据统计，世界上已建成和正在建成的直接还原装置中，气基还原法约占85%，气基还原法以米德兰（MIDREX）法为代表，其他还有普罗费尔（PUROFER）法、阿姆科（ARMCO）法（以上为竖炉）、希尔（HYL）法（固体床法）、菲奥尔（FIOR）法（流化床法）等。煤基还原法主要是回转窑法以及米德兰竖炉电热法，其中回转法以SL/RN法为代表，其他还有克虏伯（KRUPP）法、ACCAR法、川崎法等。

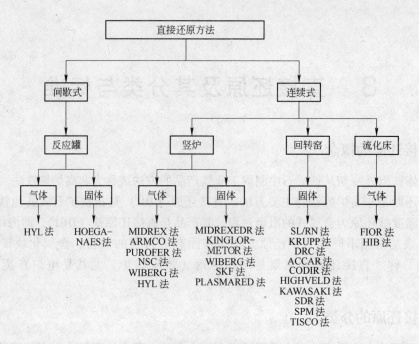

图 3 – 1   直接还原法的分类

3.3   直接还原的生产指标

为了对多种工艺进行比较和考核，需要一定的技术经济指标作为统一评价标准。这些指标除产品质量、产量、消耗定额，成本，劳动生产率与高炉生产的指标含义大致相同以外，还有一些对直接还原进行考核的特殊指标，主要有以下几个。

3.3.1   单位容积利用系数

单位容积利用系数与我国通用的高炉有效容积利用系数含义相同，即每立方米有效容积每日（24h）的产量。单位为 $t/(d \cdot m^3)$。竖炉生产海绵铁时，这一指标可达 $6 \sim 10t/(d \cdot m^3)$ 左右，比大高炉（$2.5t/(d \cdot m^3)$）大得多，其他指标一般均低于高炉。

由于海绵铁或金属化球团中脉石含量的不同，以及还原度的差别较大，单用产品的产量还不足以说明问题，故常用单位容积的出铁率来补充利用系数之不足，其单位与利用系数相同，不过只计算产品中含有的总铁量。

对反应器的容积，有的采用有效容积，有的采用装料容积，在引用比较时应加以注意。

另外，还有用每天处理的矿石量作为评价产量的指标，这对矿石品位相差很大时有一定的意义。

3.3.2   设备作业强度

设备作业强度用反应器每平方米断面积每天的产铁量来表示，回转窑的断面积用直径乘以长度来计算，高炉用炉缸断面积计算，高炉的作业强度一般在 $50t/(m^2 \cdot d)$ 以上，而直接还原法则较低。

3.3.3 能量消耗指标

由于直接还原铁所采用的能源和还原剂种类较多，通常以一次能源的总热值耗量来衡量，即能量消耗指标，单位是 $4.186 \times 10^8 J/t$。一次能源就是包括间接消耗的能源在内，如用转化煤气还原时要把转化消耗的热量也计算在内，高炉炼铁在总热耗约 $1.674 \times 10^9 J/t$ 左右。直接还原炼铁则大致在 $(1.256 \sim 2.512) \times 10^9 J/t$。

3.3.4 煤气利用率

煤气利用率是指煤气化学能的利用程度，即还原生成的气体（$CO_2 + H_2O$）与参与反应的全部气体之比：

$$\eta_{总} = \frac{CO_2 + H_2O}{CO + H_2 + CO_2 + H_2O} \times 100\%$$

$$\eta_{CO} = \frac{CO_2}{CO + CO_2} \times 100\%$$

$$\eta_{H_2} = \frac{H_2O}{H_2 + H_2O} \times 100\%$$

式中 $\eta_{总}$，η_{CO}，η_{H_2}——分别为煤气的总利用率，煤气中 CO 的利用率和煤气中 H_2 的利用率，%；

     CO，CO_2，H_2，H_2O——分别为煤气中 CO，CO_2，H_2，H_2O 的体积百分含量，%。

在制备还原气体时，上述指标叫作氧化度。作为还原煤气的氧化度来说，数值越低越好，作为炼铁时的煤气利用率来说，数值越高越好。

3.3.5 产品的质量指标

直接还原除了对产品的化学成分有要求之外，还有还原度和金属化率这两个指标，它们是本质一致而又互相区别的两个概念。还原度是指矿石中还原剂的失氧量与原来和铁结合的总氧量之比。为计算方便，常假定矿石中的铁全部以 Fe_2O_3 的状态存在。即，

$$还原度 = 1 - 氧化度 = 1 - \frac{1.5Fe^{3+} + Fe^{2+}}{1.5TFe}$$

式中 Fe^{3+}，Fe^{2+}——分别为产品中三价和二价铁的铁含量，%；

     TFe——产品中的全铁量，%。

金属化率则是指产品金属铁的含量与全铁量之比。一般金属化率的数值小于还原度，只有全部还原为金属铁，两者均为 100% 时才相等。表 3 - 1 为纯 Fe_2O_3 的金属化率与还原铁的关系。

表 3 -1 Fe_2O_3 金属化率与还原度的关系   （%）

金属化率	还原度	全铁	金属铁	Fe^{2+}	Fe^{3+}	含氧量
0	0	70	0	0	70	30
0	11.14	72.4	0	24.2	48.2	27.6

金属化率	还原度	全铁	金属铁	Fe^{2+}	Fe^{3+}	含氧量
0	33.34	77.78	0	77.78	0	22.22
80	86.66	94.59	75.67	18.92	0	5.41
90	93.33	97.22	67.50	9.72	0	2.78
100	100	100	100	0	0	0

思 考 题

1. 什么是直接还原法，它有哪些类型？
2. 什么是直接还原的单位容积利用系数、设备作业强度、能量消耗指标、煤气利用率、还原度和金属化率？
3. 试述直接还原的工艺特点。

参 考 文 献

[1] 史占彪. 非高炉炼铁学 [M]. 沈阳：东北工学院出版社，1990.
[2] 方觉. 非高炉炼铁工艺与理论 [M]. 北京：冶金工业出版社，2002.
[3] 秦民生. 非高炉炼铁 [M]. 北京：冶金工业出版社，1998.
[4] 史占彪. 国内外直接还原现状及发展 [J]. 烧结球团，1994，2：18～23.
[5] 刘国根，王淀佐，邱冠周. 国内外直接还原现状及发展 [J]. 矿产综合利用，2001，5：20～25.

4 原料、燃料和还原剂

虽然各种直接还原铁的方法对原料、燃料和还原剂的要求差别很大，具体到每一种方法都有一定的要求，但总的来说有较广泛的适应性。考虑到炼钢原料、燃料和还原剂的通用性、本章一并介绍熔融还原用原料、燃料和熔剂。

4.1 含铁原料

当选择直接还原铁所用的原料时，首先应考虑是否适用于该工艺类型（竖炉、回转窑或流化床），其次要考虑达到高的生产效率以及得到优质产品的目标，此外炉料必备的特性以及为后续炼钢发挥直接还原铁优势所必需的原料条件也都是需要考虑的。

在竖炉直接还原工艺中，评价炉料的稳定性时，对影响炉床透气性的各个因素，如炉料粒度组成、炉料抗冲击性、经受摩擦而粉碎的能力、炉料在升温还原过程中它的物理和化学性能变化等方面都应考虑。例如，良好的炉床透气性需要炉料的粒度组成较均匀，物料含有大量粉末是不符合要求的，因为大量粉末的存在会促使气流形成管道造成高的尘损，浪费燃料，且会造成还原程度的不稳定。在还原过程中易于结块的炉料也易于形成管道，在活动床竖炉中它将阻碍炉料顺畅下降，在固定床反应器中将使出料困难。在还原过程中膨胀或易碎的炉料及在还原后易碎的炉料也是不合要求的，因为它有害于炉床的透气性。

在回转窑直接还原工艺中，炉料的粒度组成不如在竖炉工艺中要求那么严格。因为在回转窑中的传热和传质不太受炉床透气性的影响。例如，3.4mm 以下的碎铁矿不适用于竖炉，但它在回转窑中使用却可以得到满意的效果。和在竖炉工艺中一样，回转窑也希望炉料具有高的冷态强度。在加热或还原过程中炉料的碎裂是不合要求的，因为那样会产生粉末随气体逸出窑外，还需要特别处理。在还原过程中炉料的膨胀不像竖炉工艺那样会造成危害。易于结块的炉料将在窑壁结圈，会不利于回转窑的作业。在还原过程中炉料结块也会造成产品的不均匀。

在流化床直接还原工艺中，炉料的粒度组成必须始终如一地达到流态化规格。如果炉料中存在一大部分比较粗的颗粒，粗颗粒部分将偏析在料床底部。如果炉料中存在大量粉末（小于 $50\mu m$ 的颗粒），这将需要用涡流除尘器将尘损减至最小。这也能在反应器内造成沉积。粒度组成范围很窄的炉料有较大倾向促使料床"冲震颠簸"，类似沸腾液体中的"暴沸"，会降低反应器中气相、固相之间接触效率。最优的粒度组成在某种程度上取决于流化床特定的操作条件。有些矿石粉末不适合在流化床工艺中使用。因为在还原中，它强烈倾向于黏结在一起造成结块。这种在还原中的黏结倾向往往伴随着铁矿石颗粒的局部化学还原，颗粒表面上还原程度在相对低的情况下，生成一层还原铁促使颗粒焊接在一起。

在竖炉直接还原工艺中，为得到最高的生产率，使用易还原、高强度、不黏结和不膨胀的炉料是必要的。一般来说，易还原矿石常是多孔结构，气孔给还原气体提供渗透并与氧化铁表面接触，也便于还原后的气体排出。过度焙烧的铁矿球团和坚硬致密的块矿并不是易还原矿，因为它的气孔率相对较低。有若干迹象表明以土状赤铁矿造的球团和铁燧石精矿造的球团一般比镜铁矿造的球团容易还原。可是，有些以土状赤铁矿造的球团和以低硅铁链石精矿造的球团在中温还原之后并不具有足够的强度。为改善强度，在配料中掺些添加剂（如石灰石或白云石）是必要的。除良好的还原性之外，炉料的最大粒度应予限制以求得到良好的还原率。其他不利于工艺效率的因素包括裂解、膨胀以及在还原中物料黏结。有些物料在弱还原气氛下，当温度为 500~600℃时有碎裂倾向。这个碎裂常常与赤铁矿还原到磁铁矿同时发生。大多铁矿球团在还原中显示中度膨胀，但某些还有过分膨胀的倾向。容积增长超过 25%~30%，一般认为是不符合要求的。球团中存在碱金属氧化物（Na_2O 和 K_2O）将在还原中促使过分裂解和膨胀。在还原中针对球团黏结结块的现象，可借添加剂（如石灰石、石灰或白云石）掺入造球原料中而将过分裂解和膨胀减至最低程度。

精料是一切冶炼方法的共同要求。同样矿石品位越高，所能达到的冶炼（还原）效果越好。对于直接还原—电炉流程来说，矿石含铁越高，酸性脉石越少，越有利于降低电耗、提高生产率和延长炉衬的寿命，因此，对矿石的要求应该是高铁品位的块矿（TFe > 64%）或经精选、深选造粒后的球团矿，矿石中酸性脉石含量在 4.0%以下。

对矿石中含硫、磷的要求一般同高炉相似，具体到每种直接还原炼铁的方法，由于产品和工艺上的不同，对矿石中含硫、磷的要求也不同。一般地讲，生产海绵铁时只能脱除部分硫、磷，对于各种气基还原法，基本不能去除硫、磷，但因气体燃料一般含硫很少，只要矿石含硫不太高，产品质量也是可以保证的。

矿石中如含有低沸点易挥发的元素，如 Zn、As、Na 等，在回转窑中一般能顺利挥发，必要时还可综合利用，但在气体还原过程中则较困难。

直接还原对原料的机械强度的要求较高炉低。但回转窑和竖炉要求原料有一定的机械强度，因为球团的粉碎和热裂都会造成不良后果。软化温度低的矿石易黏结，引起回转窑结瘤结圈。热膨胀大的球团会造成竖炉悬料。

直接还原对矿石粒度的要求，随工艺的不同而区别很大。悬浮法要求矿粉粒度很细（< 200μm），流态化要求粒度小于 1~2mm，且粒度均匀，上下限不超过 1mm。竖炉与反应罐对原料粒度的要求与高炉相似，由于精矿粉在入竖炉或回转窑之前需要造球，故造球工序所要求的条件，在此也同样需要。

原料是冶炼的物质基础，相对于传统的高炉炼铁工艺，直接还原与熔融还原是在不同原料、能源条件下生产和发展起来的冶炼工艺，方法繁多。因此可以认为，凡是技术上可行、经济上合理的各种含铁原料均可作为直接还原与熔融还原的冶金原料。

天然富矿、高品位铁精矿都是直接还原与熔融还原的良好原料，而那些不适宜高炉—转炉传统钢铁生产工艺使用的复合矿、难选矿以及各种工艺含铁废弃物（化工含铁尾渣、有色金属尾矿、钢铁厂含铁粉尘等）也都是直接还原与熔融还原的重要原料来源，例如，南非的海维尔德钢钒铁公司、新西兰钢铁公司采用回转窑—电炉炼钢联合流程成功地处理了含钒钛磁铁矿，回收铁和钒；澳大利亚西部钛公司处理钛铁矿生产人造金红石和铁红；希腊处理贫镍铁矿，同时回收其他有价金属元素；我国也研究出综合利用攀枝花钒钛磁铁矿的工艺，实现了铁、钒、钛的回收。

较之高炉炼铁，直接还原与熔融还原工艺对原料的要求较为宽松，适应性较强。但从具体工艺看，直接还原与熔融还原与其他冶金工艺一样对原料有相对严格的要求，以满足工艺条件、产品质量的需求，取得最佳的技术经济和社会效果。

直接还原与熔融还原对炼铁原料的要求可以从原料的化学成分、物理性质及冶金性能三方面进行讨论。

4.1.1 含铁原料的化学成分

对含铁原料化学成分的要求，主要包括含铁品位、含硫量、含磷量以及其他有害杂质元素含量。

4.1.1.1 含铁品位

品位是指矿石中的铁含量，这一指标决定着矿石的价格及冶炼的经济性。我国的富矿储量较少，绝大部分为含铁量在30%左右的贫矿，要经过富选才能使用。精料是一切冶炼方法的共同要求，矿石品位越高，所能得到的冶炼效果越好。由于直接还原法的生产工艺决定了原料中所含的脉石在生产中将全部保留在直接还原产品中，而直接还原产品大多用于电炉炼钢，为了避免炼钢电耗剧增、生产率下降、造渣和各种消耗材料增加、炉衬寿命缩短，电炉炼钢对直接还原含铁品位和脉石含量有严格的要求，矿石应该是高品位的块矿（> 64%）或经精选造块后的球团矿，碱性脉石 CaO 和 MgO 是炼钢过程希望的成分，而酸性脉石成分 SiO_2 和 Al_2O_3 的含量应尽可能低，一般要求 SiO_2 和 Al_2O_3 的总含量小于5%，以便减少造渣剂的用量和总渣量，降低电耗。例如，对于 MIDREX 工艺而言，矿石的含铁品位和 SiO_2 含量直接决定了海绵铁的渣量，特别是 SiO_2 的含量影响最大，因而电炉冶炼的电耗随着 SiO_2 含量的增加急剧升高，海绵铁的售价受 SiO_2 含量的影响很大。

各类熔融还原工艺允许入炉原料的含铁品位有较大的变化范围，但生产和研究均表明，随含铁品位的提高，能耗降低，生产率提高。

4.1.1.2 含硫量

大部分非高炉炼铁法都有一定的脱硫能力，因此对矿石中硫的要求不太严格，具体应根据工艺的要求来确定。

当采用气体直接还原法时，一些工艺要求用炉顶煤气作为制备还原气的转换气，参与循环进入重整转化器，如果炉顶气含硫量过高将会引起反应管内催化剂中毒，因此气体直接还原工艺所用原料的含硫量必须严格控制在0.01%以下，对于采用炉顶煤气做冷却气的改进流程，则可将矿石的含硫量放宽到0.02%。

如果采用回转窑直接还原法，由原燃料带入的硫，部分挥发进入废气，部分被脱硫剂吸收，其工艺本身具有一定的脱硫能力。但综合考虑冶炼效果，铁矿石的含硫量应尽可能低。

电炉法可根据入炉原料的含硫量，适当调整炉渣碱度，从而保证铁水的质量，因此对原料的含硫量要求不严格。

采用粒铁法生产时，虽然温度较高，硫的挥发条件较好，但因为采用强酸性渣作业，脱硫能力太差，使大量的硫转入产品，所以原料的含硫量也应尽可能低。

各种熔融还原法都有造渣脱硫能力，但由于以原煤作为燃料和还原剂，入炉硫负荷通常都偏高。为保证产品质量，除了限制燃料硫含量外，也应尽量选用低硫含铁原料。

4.1.1.3 含磷量

各种非高炉炼铁法都不具备脱磷的条件。

对于直接还原工艺，由原料带入的磷，小部分可以挥发，大部分将保留在直接还原铁产品中，若这种产品用于炼钢，这会使后续的炼钢工序渣量增加，从而影响电炉生产的能耗和生产率。故直接还原所用原料的含磷量最好低于 0.015%。

对生产液态产品的熔融还原工艺和生产半熔态产品的粒铁法，原料中的磷容易被还原而进入产品。因此，其使用的含铁原料的磷含量也应以低于 0.02% 为宜。

4.1.1.4 其他元素

铅、锌、砷、铜及碱金属都属于有害元素，其含量应尽量低。

砷、铜易还原为单质直接进入产品中，对直接还原铁及其后钢材的性能产生不利影响。铅、锌及碱金属不能进入生铁，但容易挥发，易于破坏炉衬或在炉内形成循环累积造成结瘤事故，给生产带来困难；另外碱金属氧化物会使矿石或球团在还原过程中膨胀、粉化，造成生产障碍。这些对冶炼不利的成分，应在选矿和其他处理工序中尽可能分离去除，直至达到钢铁原料入炉冶炼的界限含量为止，否则不能单独冶炼。

有些与 Fe 伴生的元素可被还原进入生铁，并能改善钢铁材料的性能，这些成分应尽可能保留在各个工艺环节的半成品或成品中；有些矿石含有益元素，分离且具有提取价值的元素，如 Ti、Mo，包头白云鄂博铁矿还含有 Nb、Ta 及稀土元素 Ce、La 等，应作为宝贵资源加以综合利用。

4.1.2 含铁原料的物理性质

4.1.2.1 机械强度

机械强度表示矿石料在冲击力下和摩擦过程中不被破坏的能力。

对直接还原和熔融还原原料的机械强度的要求较高炉低。但回转窑和竖炉要求原料有一定的机械强度，因为球团的粉碎和热裂都会造成不良后果。软化温度低的矿石易黏结，引起回转窑结瘤结圈。热膨胀大的球团会造成竖炉悬料。熔融还原法可直接采用粉矿冶炼，对强度没有特殊要求；而直接还原所用的原料不仅在入炉前要经受多次物料倒运时运输和装卸的破坏作用，在反应器内更要经受碰撞、挤压和摩擦作用，如果原料的强度差，则容易破碎产生粉末，使竖炉的透气性变坏，也容易引起回转窑结圈。回转窑法和竖炉法对矿石强度的要求可归结为表 4-1。

表 4-1 直接还原法炉料的强度要求

炉料	强 度		回转窑法		竖炉法	
			要求值	实测值	要求值	实测值
块矿	ASTM 转鼓指数/%	>6mm	≥80	95	≥80	79~85
		<595μm	≤10	5	≤10	10~11
球团矿	ASTM 转鼓指数/%	>6mm	≥92	78~93	≥92	92~96
		<600μm	≤5	3~5	≤5	4~6
	抗压强度/kN·球$^{-1}$		≥0.98	2.14~3.07	≥1.96	1.68~5.55

4.1.2.2 粒度

粒度要求包括粒度大小及粒度均匀性两个方面，这两方面对料柱的透气性和矿石的还原性都有重大影响。直接还原工艺不同，对矿石粒度的要求也不同。竖炉法和反应罐法要求中等粒度的均匀炉料，以保证料柱的透气性，炉料粒度过小会严重影响料柱的透气性，破坏正常作业进行。

回转窑法因为没有透气性的问题，所以对原料粒度的要求不像竖炉法那样严格，允许的粒度范围较大。一般认为适宜的粒度范围为 3~20mm。粒度过大不利于还原，影响产品质量和生产率；粒度过小使吹损量增加，还容易造成结圈。

如前所述，流态化法对原料粒度的大小和均匀性都有严格的要求，这是由其工艺特点所决定的。不同粒度的原料，其流化速度不同，若粒度范围过宽，则粗颗粒料会沉于流化床的底部，而过细的炉料会被气流带走，导致尘损增加；若粒度范围过窄，会使流化床产生较大的"冲撞颠簸"现象，降低反应器内还原气体与还原料的接触效率。因此最佳粒度组成应根据工艺特点的不同，通过实践加以确定。一般来说，上下限差不应超过 1mm，粒度上限以 1~2mm 为宜。

对于熔融还原法来说，因为主要使用矿粉作为原料，所以对原料的粒度大小及均匀性要求不严，一般希望原料粒度尽可能小一些（<200μm），以加快还原反应的速度。

4.1.3 含铁原料的冶金性能

4.1.3.1 还原性

无论是高炉炼铁法还是非高炉炼铁法，铁矿石的还原反应都是其中最基本最重要的还原反应，尤其对于直接还原工艺来说，此反应在较低的温度下进行，因此矿石的还原性好坏就成了决定直接还原工艺生产率的最重要因素。直接还原法应选用还原性好的块矿和球团矿作为原料。

4.1.3.2 软化温度

因为直接还原法采用固态还原，不允许在反应过程中出现熔化现象，否则会造成原料之间或原料与炉墙之间的黏结，给生产带来困难。因此矿石的软化温度也决定了直接还原工艺的作业温度。一般直接还原法的作业温度应低于矿石软化温度 50~100℃。

4.1.3.3 高温强度

矿石的高温强度和热稳定性反映了矿石在加热状态下的破裂倾向，这两个性质的好坏直接影响到直接还原过程的顺利进行，因此应选用高温强度和热稳定性都好的矿石做原料。然而对于直接还原工艺来说，只关注高温强度还不够，还应考察矿石的高温还原强度，即矿石在还原过程中体积膨胀变形、破碎粉化和强度变化情况。有些矿石的高温强度和热稳定性都很好，但在还原条件下却出现体积异常膨胀现象，最终导致矿石粉化，完全失去强度，给直接还原正常生产带来危害。

直接还原工艺中，除直接使用粉矿的流化床法和罐式法外，竖炉和回转窑等直接还原含铁原料低温还原性好，还原粉化率低，还原膨胀小，具有适宜的冷态强度和高温还原强度。尤其是在直接还原竖炉中，炉内料柱完全由含铁原料组成，完全没有焦炭，料柱的透气性完全取决于原料的强度、还原粉化性能和还原膨胀特性。因此，直接还原竖炉对原料的强度、还原粉化性能和还原膨胀特性的要求特别严格。

为保持料柱具有良好的透气性，COREX 熔融还原竖炉也对矿石的冷态强度、碎裂性、还原粉化性能、膨胀特性和高温还原强度等指标提出了相应的要求。

4.2　直接还原与熔融还原的燃料与还原剂

非高炉炼铁使用的燃料主要有各种非焦煤、天然气和石油等，作为冶金反应的热量提供和还原剂。对于有些工艺，热量提供和还原剂可由一种燃料满足，有些则要求用多种燃料。直接还原炼铁所选用的燃料和还原剂，有固态（煤）、液态（重油和焦油）和气态（天然气和人造煤气）三种，燃料和还原剂的选定，大体上决定了工艺类型。

4.2.1　固体燃料

非高炉炼铁使用的固体燃料主要是各类非焦煤，或直接使用，或用其生产冶金还原气。褐煤、烟煤和无烟煤等煤种资源丰富、分布广、价格低，供应来源稳定可靠，均可用于非高炉炼铁。

煤基直接还原主要以回转窑工艺为主。回转窑用燃料煤应能满足长焰燃烧、沿回转窑长度方向均匀加热的要求，因此，燃料煤应选用挥发分含量较高、燃烧性好的烟煤。生产实践证明，用烟煤作燃料，其挥发分含量为 25% 时，燃煤粒度小于 0.074mm 的部分宜占 40%；如果配入无烟煤，使混合煤挥发分含量降到 20% 时，则需将燃煤粒度磨至小于 0.074mm 的部分大于 60%。一般来说，无烟煤不能单独用作燃料煤。另外，回转窑工艺对燃料的煤灰分软化温度也有严格要求，灰分软化温度低，易导致炉料之间以及炉料与窑衬之间的渣化黏结，以致造成生产故障。此外，煤灰分含量不宜太高，水分含量要低。

COREX 工艺是最具代表性的熔融还原炼铁技术，其使用的燃料包括煤和 10% ~20% 的焦炭。COREX 对熔炼煤的要求主要有：（1）煤的有效热值是选择熔炼煤的重要参数，选取有效热值适当的熔炼煤是降低煤耗的有效措施之一；（2）煤的含氢量在热力学方面应使还原气利用率降低，在动力学方面应有利于提高气体利用率，因此，熔炼煤的含氢量应适中；（3）为了减少焦炭的使用量并保证在熔炼造气炉内形成稳定的固定床，熔炼煤应具有较好的热稳定性；（4）含硫量要低；（5）COREX 工艺对煤的块度也有严格要求。因此，煤种的选择和合理利用是 COREX 工艺的关键技术，也是 COREX 工艺发展的主要限制因素之一。

4.2.2　固体还原剂

非高炉炼铁生产的固体还原剂主要是各种非焦煤。非高炉炼铁法对还原剂用煤的要求包括化学成分和冶金性能两方面。化学成分的要求有：

（1）固定碳。碳是燃料的有效成分，也是还原反应的还原剂，因此其含量应越高越好。固定碳含量低，则需要配加的还原煤量增多，在反应容积一定的条件下，会直接影响到反应器的容积利用系数，同时还会影响到煤的燃烧率。煤的煤化程度越高，固定碳含量就越高，因此无烟煤含碳最高，烟煤次之，褐煤较差，泥煤最差。

（2）灰分。灰分是指煤在规定条件下完全燃烧后剩下的固体残渣。它是煤中的矿物质经过氧化、分解而来，其含量应该尽可能的低。灰分对煤的加工利用极为不利。灰分越高，热效率越低；燃烧时，熔化的灰分还会在炉内形成炉渣，影响煤的气化和燃烧，同时造成排渣困难；炼焦时，全部转入焦炭，降低了焦炭的强度，严重影响焦炭质量。煤灰成分十分集中，成分不同直接影响到灰分的熔点。灰分熔点低的煤在燃烧和气化时，会给生产操作带来许多困难。为此，在评价煤的工业用途时，必须分析灰成分，测定灰熔点。

灰分是煤中不能燃烧的矿物质，如果灰分含量高，则煤中固定碳含量低，会导致煤的发热值降低，在燃烧时由于部分碳表面被灰分所覆盖，减少了氧气与碳表面的接触面积，降低了燃料的化学活性，同时还会使消耗于灰分加热的能量增加。一般直接还原法应选用固定碳含量大于50%、灰分小于20%的煤种。灰分过高的煤，在使用前最好进行洗选。

（3）含硫量。含硫多的煤在燃烧时生成硫化物气体，不仅腐蚀金属设备，与空气中的水反应形成酸雨，污染环境，危害植物生产，而且煤中的硫和磷冶炼时转入钢铁中，严重影响钢铁质量，不利于钢铁的铸造和机械加工。

各种非焦煤炼铁工艺都应尽量选用低硫煤。在使用固体燃料和还原剂的非焦煤炼铁法中，入炉料硫负荷的50%～80%是由燃料和还原剂带入的。这部分硫在高温下分解挥发，分解后的硫化物和单质硫部分随窑气排出炉外，大部分被新还原出的铁相所吸收。而为了获得低硫产品，必须使用过量的脱硫剂，这会影响到还原反应的进行，并且使能耗增加。回转窑直接还原法的还原剂用煤的含硫量应低于1%。

（4）挥发分。挥发分是指煤在加热过程中释放出的挥发性物质的产率（百分含量）。挥发物的放出可以促进煤的燃烧，有利于还原反应的进行，还可以调节反应区域的温度分布。

挥发分与煤的反应性有关。挥发分随煤的煤化程度升高而降低。挥发分高的煤燃烧时产生火焰，对供热是有利的，但对还原则相反，因为挥发分在达到还原温度之前已挥发跑掉，起不到还原剂的作用。一般来说，地质年代短的煤，如泥煤、褐煤、烟煤，挥发分较高，反应性也好。实践证明挥发分在20%～30%为宜。

（5）水分。水分指单位质量的煤中水的含量。煤中的水分有外在水分、内在水分和结晶水三种存在状态。一般以煤的内在水分作为评定煤质的指标。煤化程度越低，煤的内部表面积越大，水分含量越高。水分对煤的加工利用是有害物质。在煤的储存过程中，它能加速风化、破裂，甚至自燃；在运输时，会增加运量，浪费运力，增加运费；炼焦时，会消耗热量，降低炉温，延长炼焦时间，降低生产效率；燃烧时，会降低有效发热量；在高寒地区的冬季，还会使煤冻结，造成装卸困难。只有在压制煤砖和煤球时，需要适量的水分才能成型。

冶金性能的要求有：

（1）反应性。煤的反应性又称反应活性，是指在一定温度条件下，煤与不同的气体介质（CO_2、O_2和水蒸气）相互作用的反应能力。煤的反应性随反应温度的升高而加强；各种煤的反应性随变质程度的加深而减弱，这是由于C和CO_2的反应不仅在燃料的外表面进行，而且也在燃料的内部微细空隙的毛细管壁上进行，孔隙率越高，反应表面积越大。不同煤化程度的煤及其干馏所得的残碳或焦炭的气孔，化学结构是不同的，因此其反应性显著不同。褐煤的反应性最强，烟煤次之，无烟煤最次，焦炭最差。煤的灰分组成与数量对反应性也有明显的影响。

煤的反应性与煤的气化和燃烧有密切关系，是评价煤基还原法还原用煤的重要指标。反应性强的煤在气化和燃烧过程中，反应速度快，效率高，可使回转窑内维持较高的 CO 浓度，有利于还原反应的进行，因此可采用较低的作业温度。回转窑的作业温度降低之后，一方面可减少回转窑的结圈现象，另一方面可相应降低对还原用煤灰分软化温度和矿石软化温度的要求，从而扩大煤种和矿石种类的使用范围，有利于降低生产成本。反之，则必须采用较高的还原作业温度和配用较多的煤。

（2）灰分软化温度。对于煤基直接还原法来说，无论是还原剂用煤还是燃料用煤，对其灰分熔点都有严格要求。低熔点灰分会使炉料之间或炉料和炉墙之间发生黏结，给生产带来困难。一般要求灰分软化温度高于操作温度 50~100℃。

还应该注意，灰分软化温度只能用来对还原用煤进行初步评价，在使用之前，还应将选定的煤种与其他原料相混合，进行详细的实验，以确定其实际使用状况。一般灰分软化温度在 1150~1500℃ 以上。应尽量选用灰分软化温度高的煤作为还原用煤。回转窑法要求使用煤的灰分熔点大于 1150℃。对于电炉法和熔融还原法，由于有造渣的过程，所以也希望煤的灰分软化温度高，这样有利于形成物理热高的炉渣，有益于冶炼过程。

（3）热稳定性。煤的热稳定性是指煤在高温燃烧或气化过程中对热的稳定程度，也就是煤块在高温作用下保持其原来粒度的性质。热稳定性好的煤，在燃烧或气化过程中能以其原来的粒度燃烧或气化掉而不碎成小块，或破碎较少；热稳定性差的煤在燃烧或气化过程中则迅速裂成小块或煤粉。

非焦煤冶金希望选用热稳定性适当的煤，因为这种煤在升温过程中破碎适当，可以减少用前破碎处理；而热稳定性太差的煤，在升温过程中会过度粉碎，产生大量的粉末，引起炉料偏析和正常作业。

一般认为烟煤的热稳定性较好，褐煤和无烟煤的热稳定性次于烟煤。无烟煤的热稳定性差，由于其结构致密，加热时内外温度差很大，引起膨胀不同而破裂。

（4）黏结性和膨胀性。煤的黏结性是指煤粒在隔绝空气受热后能否黏结其本身或惰性物质（即无黏结力的物质）成焦块的性质；煤的结焦性是煤粒隔绝空气受热后能否生成优质焦炭的性质。两者都是炼焦煤的重要特性之一。煤的膨胀性是指煤在受热时由于挥发物的挥发而产生的自然膨胀。

煤的黏结性强，会使煤粒在受热时结块长大，造成物料偏析。煤的膨胀性好则意味着煤在受热过程中会产生膨胀破裂，生成大量细颗粒粉末。在非焦煤冶金中，希望这两个指标尽可能低。

（5）粒度。对于回转窑直接还原工艺来说，对煤的粒度要求不严格。因为回转窑的填充率低，料层薄，而且炉料在不停地运动，料层透气性对作业影响不大。试验表明，煤的平均粒度应与矿石料的平均粒度相近为宜，这样可以使炉料混合均匀，避免出现偏析现象。对于热稳定性差的煤，应适当扩大粒度范围。一般来说，适宜范围是 6~20mm。对于熔融还原法来说，还原用煤的合适粒度范围为 6~50mm。

4.2.3 气体还原剂

气基直接还原法使用的气体还原剂，也称冶金还原气，在还原过程中起到还原剂和作为载体向反应区输送热量的双重作用。不同的还原工艺，对冶金还原气的质量要求是有差异的，其基本要求如下：

（1）化学成分。要求冶金还原气中（$CO + H_2$）含量高，而且要具有一定的 $H_2/(H_2 + CO)$ 比值；氧化度 $(CO_2 + H_2O)/(H_2 + CO + CO_2 + H_2O)$ 低；CH_4 含量和 H_2S 含量要低；含有适量的氮气。

CO 和 H_2 是冶金还原气中的有效成分，其含量在满足还原反应和发热量需求的前提下，CO 的含量不应过高，因为 CO 含量高，在还原过程中容易发生析碳反应，对还原反应不利。由于 H_2 在还原动力学方面具有反应速度常数高和扩散系数高的优点，可以加快还原反应的进程，另外还可以降低炉料的黏结倾向，所以要求还原气中具有一定的 $H_2/(H_2 + CO)$ 比值，一般竖炉条件下，冶金还原气的最佳 $H_2/(H_2 + CO)$ 比值为30% 左右。

要求 CH_4 含量低是因为在还原过程中，CH_4 容易分解析出炭黑，会阻碍煤气流的通过，并妨碍还原反应的进行。

煤气中的 H_2S 会腐蚀管件，还会使催化剂中毒（硫化物和镍系催化剂接触会生成比较稳定的硫化镍，从而使催化剂活性下降），所以其含量要尽可能的低，一般要求还原煤气中 H_2S 少于 0.1% 。

氮气虽然不参与还原反应，但它可以提高还原气的载热能力，这样在不提高还原气温度的条件下，能为反应输入更多的热量。因此，许多气体还原工艺都要求还原气中含有适量的氮气。一般在 10% ~ 60% 之间。

（2）温度。冶金还原气的温度不能高于矿石或灰分的开始熔化温度，所以一般在 900 ~ 1100℃ 之间。而对于流态化法来说，由于原料粒度很细，高温下容易发生黏结，所以还原气的温度一般在 700℃ 左右。

符合上述要求的还原气在自然界是没有的，因此需要使用一些天然能源进行转化才能得到。

在气基直接还原过程中，还原煤气不仅用作还原剂，而且提供过程所需的热量。所以，还原煤气利用率的高低，消耗量的大小，在很大程度上决定着还原过程的经济性。所以还原煤气生产的方法是各种气基直接还原工艺的关键。

直接还原要求还原煤气具有较低的氧化度（一般低于 6% ）和较高的温度（900 ~ 1100℃）。值得注意的许多直接还原工艺过程中，供热所需的煤气量往往超过还原剂的煤气量，因此，可适当地增加煤气的 N_2 含量，以增大煤气的热能，从而提高煤气的利用率。

制备还原煤气的原料有气体燃料，液体燃料和固体燃料，下面分别简要介绍制气原理和工艺。

4.2.3.1 用气体燃料制备还原气

制备还原气的最重要的气体燃料是天然气（如我国四川地区天然气平均干成分为：0.04% C_4H_{10}、0.07% CO、0.54% CO_2 + H_2S、96.92% CH_4、0.92% C_2H_2、0.21% C_3H_3、1.19% N_2），其次是脱硫后的焦炉煤气（干成分一般为：6.5% CO、2.0% CO_2、57.0% H_2、25.2% CH_4、2.0% C_2H_4、0.8% O_2 和 6.5% N_2），合成氨的剩余气及原油气所产生的富煤气等。

CH_4 是天然气的主要成分。油田气中的烃均为饱和烃——C_nH_{2n+2}，其中乙烷以上的高碳烃在转化反应的同时，存在着甲烷化的反应：

$$C_n H_{2n+2} + (n-1)H_2 \longrightarrow nCH_4$$

故转化反应一般都以 CH_4 来表示。所以，用气体燃料制备还原气将以 CH_4 为例加以讨论。

按氧化剂的不同，还原气的制备方法可分为热裂解法、部分氧化法和水蒸气转化法等。

A　热裂解法

热裂解法是在高温（1100～1300℃）下使 CH_4 裂解，其反应为：

$$CH_4 \longrightarrow C + 2H_2 + Q$$

此法因供热困难，加之伴有炭黑的生成，气体不易净化，故目前很少采用。

B　部分氧化法

部分氧化法是用纯氧、富氧空气或者空气将 CH_4 进行部分氧化（燃烧）生成 CO 和 H_2。其反应为：

$$CH_4 + \frac{1}{2}O_2 \longrightarrow CO + 2H_2$$

这是一放热反应。在无催化剂的情况下，需要加热到1300～1400℃；在有催化剂（镍基）时，需要加热到850～900℃。否则将有大量 CH_4 不能裂化或生成较多的 CO_2 和 H_2O。部分氧化天然气所得还原气的成分见表4-2。

表4-2　部分氧化法天然气所得还原气成分

成分	CO	H_2	CO_2	CH_4	H_2O	$N_2 + A$
含量/%	32.02	59.20	1.24	0.48	5.99	1.07

由于上述反应放热不多，要达到所需要的反应温度须使用纯氧或富氧，才能实现"自热过程"。这不仅需要制氧设备供氧，不经济，而且使煤气的氧化度升高，还使煤气含 N_2 很低。如使用普通空气并实现自热过程，则需要把空气预热到1400℃以上，这在当前还很难达到。如果用部分天然气完全燃烧放出的热来维持自热过程，则必须用较大的过剩氧量，生成的还原气中 CO_2 和 H_2O 的含量就会相应增大，若用于直接还原，还须设置 CO_2 和 H_2O 的脱除设备，也不经济。但是如果是靠外部来提供反应所需的热量，用化学当量的氧（纯氧或空气），就有可能不经其他任何中间处置，便达到符合还原要求的还原气。这在工业上已由 PUROFER 法成功地采用。该法是用空气或循环作用的竖炉废气中的 CO_2 来裂化天然气的。每一竖炉设有两个蓄热式换热器（相当于高炉的热风炉），炉内的填充物同时作为载热体和催化剂，依靠燃料竖炉废气加热，当加热至一定温度时，换炉，将天然气、空气和炉顶煤气通入炉内，通过催化剂裂化成还原气。这时，另一个蓄热式换热器在燃料加热，两个循环作业，以维持连续生产。

C　水蒸气转化法

水蒸气转化法是用水蒸气作氧化剂，基本反应为：

$$CH_4 + H_2O \longrightarrow CO + 3H_2$$

这是一个吸热反应。在有催化剂的情况下，转化反应可在1000～1050℃下进行，这需使用蓄热式热风炉（或称换热器）。如使用高效能的催化剂，则转化温度可降至900℃左右，用耐热钢管即可实现，从而使设备和操作大大简化，用在工业上的如 HYL 法。将脱过硫的天然气用化学当量一倍的蒸汽预热到 430℃，然后进入 850℃ 的装有催化剂的换热器中进行转化反应，转化气再经换热器将热量传给蒸汽锅炉，而本身冷却至 230℃，这"冷凝"的还原气成分为：73% H_2、13% CO、1% H_2O、8% CO_2 和 5% CH_2，氧化度为 9.1%，即可用于还原。

用纯蒸汽转化的还原气含 N_2 很少，为了提高其载热能力，常在转化过程中加入适量的空气。这样既补充了必需的 N_2，又使部分氧化法与蒸汽法相结合，提供了一部分热供转化之用。

还原用过的煤气由于利用率不高，但仍含有一定量的 CO 和 H_2，除用作燃料之外还可循环再生使用，即将其中含有的 CO_2 和 H_2O 当作气化介质使用，如 ARMCO 法。该法用高铝热风炉还原和裂化的原理如图 4 – 1 所示。

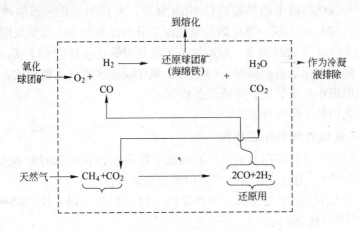

图 4 – 1 用过的还原气循环再生使用示意图

D 二氧化碳转化法

二氧化碳转化法是由 CO_2 与 CH_4 反应生成有用的 CO 和 H_2，是近年来的研究热点。该工艺的特点有：（1）发生强吸热反应，只有温度高于 645℃ 时，在热力学上才可行；（2）反应温度过高不仅造成高能耗，而且对反应器材质也提出了更高的要求；（3）降低反应温度、减少能耗最有效的办法就是选择适宜的催化剂。目前，该工艺还处于研究的初始阶段。

E 自热式转化法

Topsoe 公司开发的 ATR 天然气自热式转化工艺如图 4 – 2 所示。它是将非催化部分氧化法与水蒸气转化法结合而开发的一种新工艺。

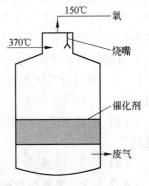

图 4 – 2 ATR 天然气
自热式转化工艺

ATR 在部分氧化段使用特制的烧嘴且通入水气，故可避免炭黑的形成；此外，还可借水蒸气量或 CO_2 量的变化而使合成气中 xH/xCO 的比值在 1.0 ~ 3.0 的宽范围内调节，以适应不同的后续过程。虽然此工艺的结构简单，但是控制较难，能耗、物耗较高。

F　甲烷的二氧化碳和氧气催化部分氧化耦合法

甲烷与二氧化碳的重整（MCR）和甲烷与氧的催化部分氧化（POM）分别作为两个独立的反应体系，都存在各自的优缺点。POM 反应制合成气具有效率高、反应器体积小、能耗低、总体投资和操作费用低等优点；但在催化剂和操作安全等方面还有一些难题有待解决，如工业化时，在高温高压下操作，该体系是一个非常危险的爆炸体系，因此很难实现工业化。而天然气和二氧化碳的 MCR 重整技术，虽然在原料、产品价值及环保方面具有较多的优点，但也存在工艺能耗太高、催化剂容易积炭等缺点；另外，受传热的限制，工业化时反应器直径放大有限，从而限制产量的提高。

因此，有人提出将两种反应体系进行耦合，使 CH_4-CO_2 重整反应与 CH_4 的催化部分氧化反应处于同一体系之内，这样不但有效地克服了两种体系存在的缺点，同时还使这一路线具有 CH_4-CO_2 重整和 CH_4 催化部分氧化制合成气所没有的优点，如：（1）能量耦合。利用甲烷催化部分氧化所放出的热量进行 MCR 反应，对控制催化剂床层的温度及节约能耗有重要的意义。（2）可实现一氧化碳与氢气摩尔分数比的调变。改变反应进料比，可使 xH/xCO 的值在 0.5～1.0 之间调变，对后续工艺有更强的适应性。（3）部分氧气的加入，可在一定程度上降低催化剂的积炭量。（4）与二氧化碳和水蒸气重整相比，该工艺可以提高反应速率，从而缩小反应装置，降低设备投资。

目前，该工艺仍处于研究开发阶段。

4.2.3.2　用液体燃料制备还原气

制备还原气的液体燃料可用原油以及原油加工所得的任何石油烃（包括汽油、煤油、柴油、重油、渣油等）。为经济起见，多采用重油和渣油。

重油成分可用 C_nH_m 化学式表示，国产重油一般含 11%～13% H_2，85%～88% C，硫较低（一般为 0.1%～0.2%）。

用油制气的方法较多，在直接还原工艺中，目前主要是用部分氧化法制气。其原理为液态烃在 1300～1400℃高温下与氧化剂（氧及水蒸气，其中以氧为主）进行氧化（燃烧）反应，生成以 H_2 和 CO 为主的气体。其整个过程的基本反应可用下式概括表示：

$$C_nH_m + \frac{n}{2}O_2 \Longrightarrow nCO + \frac{m}{2}H_2 + 热$$

如用氧化裂化，则由于放热较多而造成温度过高，故一般采用氧气蒸汽裂化，以吸收利用过剩的热量。如希望还原气中有一定的 N_2 时，也可加入部分空气。从理论上计算分析，单用空气裂化则需要把空气预热到 1000℃以上，才能维持"自热过程"，但这还缺乏实践经验，值得进一步研究。

液体燃料制气生产工艺步骤主要是：

（1）原料及气化剂的准备，包括重油过滤、加热和预热（一般为 120℃）、氧化加压以及氧气与蒸汽的预热。

（2）原料油通过喷嘴雾化，并在喷嘴处与气化剂充分混合，然后进入气化炉进行反应。

（3）对生成的还原气进行适当处理（有时需去除炭黑、脱除 CO_2 等）。

4.2.3.3　用固体燃料制备还原气

各种煤或焦炭可用作原料。气化剂可用空气、氧、蒸汽、CO_2 等。

固体燃料制气的过程，实际是气化剂对固体燃料进行热加工的过程，也可看作是广义的不完全燃烧反应，如高炉。

制气作业一般在竖炉中，以逆流方式连续进行。按高度的不同，可将炉内分成六个区层。在煤气发生炉算上面，有一层由固体残渣所形成的灰层，它的作用是分配气化剂，保护炉算、预热气化剂。往上为由氧化区和还原区所组成的气化区。在氧化区，碳被气化剂氧化（燃烧）成 CO 和 CO_2，并放出热量；在还原区，燃料被上升的热气体加热达到高温，气体中的 CO_2 又被还原成 CO，水蒸气分解为 H_2。再往上为干馏区，在这里燃料依靠热气体的加热进行分解。在干燥区，依靠气体的显热来蒸发燃料中的水分。最上边为自由空间，起积聚煤气的作用。

煤气的最终成分主要取决于燃料的种类、气化剂的种类以及进行气化过程的条件。

工业用煤气有四种，其中以水煤气（38% ~ 40% CO，45% ~ 50% H_2）较符合直接还原的要求，但目前国内外用例甚少，这主要是在工艺上不如用油或天然气方便以及经济上的原因所致。古老的威伯直接还原法是采用固体燃料制造的还原气，它是焦炭在一个电加热的直筒形反应器（通称增碳器）中，同循环使用的炉顶废气中的 CO_2 作用来制造还原气的，其成分为：22.1% H_2、74.4% CO、1.2% H_2O 和 3.2% CO_2，氧化度相当于 4.4%。

煤炭气化是以煤或煤焦为原料，以氧气（空气、富氧或工业纯氧）、水蒸气或氢气等作气化剂（或称气化介质），在高温条件下通过化学反应，将煤或煤焦中的可燃部分转化为可燃性气体的工艺过程。气化所用的原料以煤为主，其次是煤焦（主要是化工焦、初级土焦、型焦等）。

煤气化工艺主要分类方法有：

（1）按气化剂分类。按使用气化剂的不同，气化方法可分为空气—蒸汽气化法、氧气—蒸汽气化法和氢气气化法三种。

空气—蒸汽气化法以空气（或富氧空气）—蒸汽作为气化剂，其中，又有空气—蒸汽内部蓄热的间歇制气方法和富氧空气–蒸汽自热式的连续制气方法两种。一般以空气为气化剂制得的煤气，称为空气煤气，主要成分为大量 N_2、CO_2 和一定量的 CO 和 O_2；以水蒸气为气化剂制得的煤气，称为水煤气，主要成分为 H_2、CO、CO_2 及 CH_4；以空气和水蒸气的混合物为气化剂制得的煤气，称为发生炉煤气；此外，合成氨工业将 $(x_{CO} + x_{H_2})/x_{H_2} = 3:1$ 的煤气，称为半水煤气。

氧气—蒸汽气化法是以工业氧和水蒸气作为气化剂。现代煤气化技术几乎都是以工业氧和高压蒸汽作为气化剂。

氢气气化法是在煤的气化过程中，用氢气或富含氢气的气体作为气化剂，生成富含 CH_4 的煤气。该法也称为加氢气化法。

（2）按气化炉供热方式分类。煤的水蒸气气化过程总体上是吸热反应，因此，必须供给热量。不同气化过程所需要的热量各不相同，这主要取决于工艺过程和煤的性质。气化方法按气化炉供热方式的不同，可分为自热式气化法、间接供热气化法、煤的水蒸气气化和加氢气化相结合法、热载体供热法等几种。

自热式气化法采取直接供热方式，即气化过程中没有外界供热，也称为部分气化方法。煤与水蒸气气化反应所需要的热量，通过另一部分煤与气化剂中的氧气进行燃烧放热来提供。这是目前工业气化炉中最常用的供热方式。含氧气体可以是工业氧气或富氧空气，也可以是空气。气化过程可以是间歇蓄热气化或连续自热气化。

间接供热气化法使煤仅与水蒸气进行气化反应，从气化炉外部通过管壁供给热量，因而也称为外热式（或配热式）煤的水蒸气气化。此类技术多采用流化床和气流床气化手段。外热可采用电加热或核反应热，只在丰电地区的电力利用时或充分利用核反应堆的余热时，才有经济性。

煤的水蒸气气化和加氢气化相结合法，是使煤与氢气在 800~1800℃温度范围内和加压下反应生成 CH_4。该反应为放热反应，利用该放热反应直接供热，进行煤的水蒸气气化。该过程的原理在于煤首先加氢气化，加氢气化后的残焦再与水蒸气进行反应，产生的合成气为加氢阶段提供氢源。

热载体供热法是在一个单独的反应器内，用煤或焦炭和空气燃烧来加热热载体以供热，热载体可以是固体（如石灰石）、液态、熔盐或熔渣。

（3）按煤气热值分类。气化方法可分为低热值煤气、中热值煤气和高热值煤气三类。低热值煤气的发热值低于 $8340kJ/m^3$；中热值煤气的发热值处于 $16000~33000kJ/m^3$；高热值煤气的发热值高于 $33000kJ/m^3$。

（4）按煤与气化剂在气化炉内运动状态分类。按煤与气化剂在气化炉内运动状态，气化方法可分为移动床（固定床）、流化床（沸腾床）、气流床和熔融床气化法四类，这是目前比较通用的分类方法。

固定床气化一般以块煤或煤焦为原料。煤由气化炉炉顶加入，而气化剂由炉底送入。流动气体的上升力不致使固体颗粒的相对位置发生变化，即固体颗粒处于相对固定状态，床层高度也基本上维持不变，因而称为固定床气化。另外，从宏观角度看，由于煤从炉顶加入，含有残炭的灰渣自炉底排出，气化过程中，煤粒在气化炉内逐渐并缓慢往下移动，因而又称为移动床气化。固定床气化的特性是简单可靠，同时，由于气化剂与煤逆流接触，气化过程进行得比较完全，且使热量能得到合理利用，因而具有较高的热效率。

流化床气化，又称为沸腾床气化，其以小颗粒煤为气化原料，这些细粒煤在自下而上的气化剂的作用下，保持以连续不断和无秩序的沸腾和悬浮状态运动，迅速进行混合和热交换，其结果使整个床层温度和组成均一。流化床气化能得以迅速发展的主要原因在于：1）生产强度较固定床大；2）直接使用小颗粒碎煤为原料，适应采煤技术发展，避开了块煤供求矛盾；3）对煤种和煤质的适应性强，可利用褐煤等高灰劣质煤作为原料。

气流床气化是一种井流式气化。气化剂（氧与蒸汽）将煤粉（70%以上的煤粉通过 0.074mm 筛孔）挟带入气化炉，在 1500~1900℃高温下将煤一步转化成 CO、H_2、CO_2 等气体，而残渣以熔渣形式排出气化炉。也可将煤粉制成煤浆，用泵送入气化炉。在气化炉内，煤炭细粉粒与气化剂经特殊喷嘴进入反应室后，会在瞬间着火，直接发生火焰反应，同时，处于不充分的氧化条件下。因此，其热解、燃烧以及吸热的气化反应几乎是同时发生的。随气流的运动，未反应的气化剂、热解挥发物及燃烧产物包裹着煤焦粒子高速运动，运动过程中进行着煤焦颗粒的气化反应。这种运动形态相当于流化技术领域里对固体颗粒的"气流输送"，习惯上称为气流床气化。

熔融床气化，也称为熔浴床气化或熔融流态床气化，其特点是有一个温度较高（一般为 1600~1700℃）且高度稳定的熔池，粉煤和气化剂以切线方向高速喷入熔池内，池内熔融物保持高速旋转。此时，气、液、固三相密切接触，在高温条件下完成气化反应，生成

以 H_2 和 CO 为主要成分的煤气。目前，熔融床气化技术还处于开发阶段，仍未实现完全商业化。

（5）按气化炉压力、排渣方式和进煤粒度分类。按气化炉操作压力的不同，可将气化技术分为常压气化和加压气化。一般将气化压力高于 2.0MPa 的煤气化技术，统称为加压气化技术。由于加压气化生产强度高，且在燃气输配和后续化学加工方面的经济性优势明显，所以加压气化技术的开发得到更多重视。

气化技术按照残渣的排出方式，可分为固态排渣和液态排渣。气化残渣以固体形式排出气化炉外的气化技术称为固态排渣；气化残渣以液态形式排出，即气化残渣经过急冷后变成熔渣排出气化炉外的气化技术称为液态排渣。

煤气化方法很多，主要有水煤浆气化工艺和粉煤气化工艺。水煤浆气化工艺的典型代表是美国 Texaco（德士古）水煤浆加压气化工艺，粉煤气化的典型代表是荷兰 Shell（壳牌）的 SCGP 粉煤气化工艺。

德士古加压水煤浆气化技术是由美国德士古公司在重油气化的基础上开发成功的第二代煤气化技术，是一种以水煤浆为进料、氧气为气化剂的加压气流床并流气化工艺，属于气流床湿法加料、液态排渣的加压气化技术。气化过程包括煤浆制备、煤浆气化、灰水处理等工序。

德士古水煤浆气化工艺如图 4-3 所示，其工艺原理是：煤经破碎至粒度不大于 6mm 后，进入湿式球磨机，与水、添加剂磨制成固体物含量为 60%±2% 的水煤浆，将其用隔膜泵送入气化炉烧嘴，与含量大于 99% 的氧气在烧嘴出口处混合雾化，然后进入气化炉内进行气化反应（炉内压力为 3.84MPa，温度约 1400℃），生成以 CO 和 H_2 为主要成分的粗合成气。

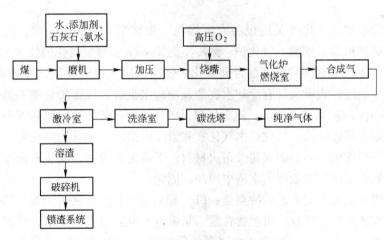

图 4-3　德士古水煤浆制气工艺

在气化炉内进行的反应相当复杂，一般分为三步进行：（1）煤的裂解和挥发分的燃烧。煤粉变成煤焦，放出大量反应热。（2）燃烧及气化反应。煤焦一方面和剩余的氧气发生燃烧反应，生成 CO 和 CO_2 气体；另一方面，煤焦又与水蒸气和 CO_2 等发生化学反应，生成 CO 和 H_2。（3）气化反应。主要是煤焦、甲烷与水蒸气、CO_2 之间发生化学反应，生成 CO 和 H_2。产生的煤气经过下降管进入激冷室，在除去灰、尘、渣后，含有饱和水蒸气的 Texaco 煤气经气水分离和换热器的热量回收后，进入脱硫、脱碳工序。净化后的合成气被送入后续工序。

　　Texaco 气化工艺有激冷流程和废热锅炉流程，典型的激冷流程工艺流程如图 4 - 4 所示。原料煤与水、添加剂、石灰石、氨水，经磨机研磨成具有适当粒度分布的水煤浆，由煤浆泵送入煤浆槽中。水煤浆经加压后与高压氧气经德士古烧嘴混合后呈雾状喷入气化炉燃烧室，在里面进行了复杂的气化反应，生成的煤气（又称为合成气）和熔渣经激冷环及下降管进入气化炉激冷室底部冷却、固化，定期排出。激冷的合成气进入洗涤器中进一步冷却和除尘，并控制水气比，然后进入后续工序。落入激冷室底部的固态熔渣，进入锁斗系统，定期排出。黑水沉降槽主要用于水的回收处理。

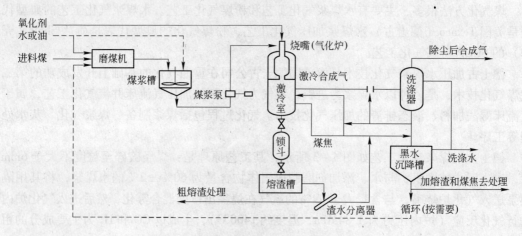

图 4 - 4　激冷式德士古水煤浆制气工艺流程

　　Texaco 水煤浆加压气化的关键设备有磨煤机、煤浆泵、Texaco 烧嘴、气化炉、碳洗塔、激冷环、破渣机等。喷嘴、气化炉、激冷室为 Texaco 水煤浆气化的技术关键。德士古烧嘴主要用于水煤浆和氧气的高度混合和雾化。烧嘴采用 3 通道设计，工艺氧走 1、3 通道，水煤浆走 2 通道。烧嘴头部有冷却水夹套及冷却水盘管，以保护烧嘴不被烧坏。由于水煤浆以约 30m/s 的较高线速流动，对金属材质的冲刷磨蚀较大，所以烧嘴头部采用耐磨蚀材质，并用耐磨陶瓷喷涂。气化炉由气化室和激冷室组成。上部为气化室，是气化反应的场所，内衬三层作用不同的耐火砖及耐火材料；下部为激冷室，安装有激冷环和下降管等，煤粉燃烧后产生熔渣在激冷室水浴中冷却、固化。

　　Texaco 水煤浆加压气化工艺的特点是：（1）原料适应性广，各种烟煤、气煤等都可以用来制气，对煤的水分、灰分、可燃物含量、灰熔点等没有苛刻的要求，有利于厂家就近选煤，可大大节约成本。（2）对高压煤浆泵的质量要求较高。（3）仅有一个装在气化炉顶部的烧嘴，在生产合成气时，通常是三流道型，为固定式非可调，需用喷嘴本身的弹性范围来适应生产负荷变动的工况。（4）气体有效成分（$CO + H_2$）含量高达 80% ~ 82%，排渣无污染，污水少，易处理。由于是高温气化，气体中甲烷含量小于 0.1%，无焦油，废渣可以综合利用。（5）气化压力范围大，215 ~ 615MPa 工业化装置皆有，尤以 410MPa 装置较为普遍。因气化压力高，可节省合成压缩功。（6）碳的转化率约为 98%。（7）气化炉热量利用有激冷、废热锅炉或两者相结合 3 种流程，可以根据产品选择合适的流程。

由激冷工艺制得的合成气，汽气比达1.4，特别适合作生产合成氨和甲醇的原料气。（8）激冷型水煤浆气化工艺，夹带在煤气中所有灰分全部转入激冷室排出黑水，温度高，水量大，渣水系统流程较长，而且减压阀、部分管道磨损较为严重。

Shell 粉煤气化（SCGP）技术是 Shell 公司于 20 世纪 70 年代开始基于以油为原料的壳牌气化技术上开始进行研究的一项技术。现已成为较为先进的第二代煤气化工艺的典范之一。其工艺大体上可分为煤粉制备、煤粉输送、气化、气体净化四个单元。

粉煤制气的工艺原理为：由载气携带的煤粉与氧气和蒸汽混合后进入气化炉，在高温高压的条件下，碳、挥发分及部分反应产物（H_2、CO 等）以发生燃烧反应为主。在 O_2 消耗殆尽之后发生碳的各种转化反应，气化炉顶部约 1500℃的高温煤气由除尘冷却后的冷煤气激冷到 900℃左右进入废热锅炉。经废热锅回收热量后的煤气进入干式除尘及湿法洗涤系统，处理后的煤气尘含量小于 $1mg/m^3$，送往后续工序。

由于煤粉夹带在气流中，固相颗粒的体积浓度较气体低，各个颗粒可以认为是被气体隔开而独立进行的燃烧和气化反应。在气化炉中进行燃烧和氧化时，受空间的限制，反应必须在数秒内完成。入炉煤小于 0.1mm 的粒度需达 100%，以保证有足够的反应面积。气固相对速度低，反应朝反应物浓度降低的方向进行。因此必须提高反应温度，以增加反应推动力。在 SCGP 工艺中因炉内气化温度高、反应速度快，尽管煤粉在气化炉中停留时间很短，但碳的转化率仍然大于 99%，由于火焰中心温度在 2000℃以上属高温气化，故液态排渣是其必然结果。

Shell 粉煤气化工艺流程如图 4 - 5 所示。

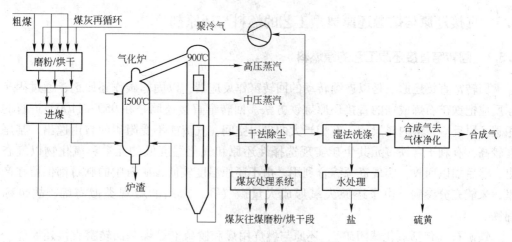

图 4 - 5　Shell 粉煤气化工艺流程

其工艺大体上可分为煤粉制备、煤粉输送、气化、气体净化四个单元。原料煤经破碎后在热风干燥的磨机内磨制成颗粒度 90% 都小于 $100\mu m$ 的煤粉，由常压料斗进入加压料斗。其加煤方式采用密封料斗法，常压粉煤落入变压煤仓，经充 N_2 升压后落入操作压力略高于气化炉的工作煤仓，由星形加料器或螺旋输送器送出，用 N_2 浓相输送到气化炉喷嘴。来自空气的氧气经预热后导入喷嘴。粉煤、氧气及蒸汽在气化炉内高温加压条件下发生部分氧气反应，出气化炉顶部约 1500℃的高温煤气由除尘冷却后的冷煤气激冷到 900℃左右，经输气管进入合成气冷却器。回收热量后的合成气进入干法除尘、湿法洗涤系统，

洗涤后尘含量小于 $1mg/m^3$ 的合成气送出供给后续工序。合成气冷却器产生的高、中压蒸汽配入粗合成气中，气化炉水冷壁副产的中压蒸汽可供压缩机透平使用。

Shell 煤气化关键设备是气化炉、输气管和合成气冷却器。气化炉内件由气化段、渣池、激冷段三个部分构成，该内件首先要形成气化空间，气化反应在此完成；炉渣收集空间，反应完后的炉渣通过淬冷排出炉外；激冷空间，高温合成气被快速激冷到900℃左右。输气管内件主要是把经激冷后的合成气输送到合成气冷却器。为了使煤粉气化和气体冷却过程得到有效控制，内件均采用膜式水冷壁结构即管子—翅片—管子结构形式，气化炉水冷壁的内壁形成渣保护层，以防煤气的冲刷和磨蚀。

Shell 煤气化技术有以下技术特点：1）煤种的广泛适用性，原料煤的选择范围更宽，对煤的反应活性几乎没有要求，对高灰熔点、高灰分、高水分、高含硫量的煤种同样也适应。因此合成气成本更低。2）加煤方式用氮气密封和输送，并由程序控制进行，操作可靠安全性有保证，但占地和造价比水煤浆大。3）采用成双层对称布置多个喷嘴，遇到负荷变动时，可以增减进喷嘴的粉煤量，也可调整喷嘴运行个数来适应生产要求。且喷嘴寿命长，使得气化炉坚固耐用。4）碳转化率高，任何煤种碳的转化率均大于99%。5）氧耗和煤的消耗低。Shell 工艺与 Texaco 工艺相比，每吨煤可多产 10% 的合成气，氧气消耗量可节省 15%～25%。有效气体成分（$CO + H_2$）高达93%。6）Shell 的工艺炉内壁采用水冷壁技术及熔态排渣，利用熔渣在炉壁上冷却硬化结成的渣层保护炉壁不受磨损。7）煤气中携带的细灰大部分在干法除尘中分离，从而湿法洗涤的排水含灰量低，温度也不高，大部分可进行循环使用。

4.3　直接还原与熔融还原典型工艺的燃料与还原剂

4.3.1　回转窑直接还原工艺的原燃料

回转窑直接还原法是以连续转动的回转窑作反应器，以固体碳作还原剂，通过固相还原反应把铁矿石炼成铁的直接还原炼铁方法。回转窑直接还原是在950～1100℃进行的固相碳还原反应，窑内料层薄，有相当大的自由空间，气流能不受阻碍的自由逸出，窑尾温度较高，有利于含铁多元共生矿实现选择性还原和气化温度低的元素和氧化物以气态排出，然后加以回收，实现资源综合利用。由于还原温度较低，矿石中的脉石都保留在产品里，未能充分渗碳。由于还原失氧形成大量微气孔，产品的微观类似海绵，故也称海绵铁。

铁矿石（包括氧化球团矿）、还原与燃烧用煤和脱硫剂是煤基回转窑直接还原生产的主要原料，是直接还原生产的物质基础。原料的质量不仅对直接还原的生产效率、产品质量和能源消耗等技术经济指标有直接影响，还决定着直接还原工艺的成败。因此，做好原料选择和加工准备是直接还原生产十分重要的基础工作，是能否生产出直接还原铁的关键。

用于回转窑直接还原生产的含铁原料可以是天然铁矿石（即块矿），也可以是氧化球团。决定含铁原料质量的主要因素是：化学成分、物理性质和冶金性能。适宜于回转窑直接还原生产的铁矿石必须含铁量高、脉石含量少、有害杂质少、化学成分稳定、粒度适宜，并且具有良好的还原性及一定的强度。

含铁原料的化学成分要求是：

(1) 选用的含铁原料必须含铁量高、脉石含量低。含铁原料以铁氧化物为主，还含有 SiO_2、Al_2O_3、CaO、MgO 等成分。在回转窑还原过程中，所发生的主要化学变化是在固态下脱除含铁原料中的氧，而不能脱除脉石成分和其他杂质。因此通常要求含铁量在 66% 以上，脉石总量小于 8%。

CaO 与 MgO 通常在矿石中含量不多，在炼钢过程中不是有害成分，对回转窑工艺也没有大的影响。一般要求原料中 $CaO < 2.5\%$，$MgO < 1.5\%$。保留在直接还原铁中的酸性脉石 SiO_2 和 Al_2O_3 导致炼钢电耗增高，生产率下降，渣量和各种材料消耗增加，炉衬寿命缩短。铁矿石中（$SiO_2 + Al_2O_3$）应小于 5.5%。

(2) 含铁原料的含硫量应尽可能低。硫对钢材是最有害的成分，因为它使钢材具有热脆性。在回转窑直接还原生产中，原料带入的硫，部分挥发进入废气，部分被脱硫剂吸收，工艺本身有一定的脱硫能力。但综合考虑冶炼效果，一般要求小于 0.03%。

(3) 铁矿石原料中磷含量也应尽可能低。磷也是钢材的有害成分，它使钢材具有冷脆性。铁矿石中的磷，在回转窑还原过程中不能脱除。直接还原铁的含磷量取决于矿石的带入量。高磷直接还原铁用于炼钢，迫使炼钢增加渣量，提高炉渣碱度，使炼钢能耗增加和产率下降。因此铁矿石原料中磷含量最好在 0.03% 以下。

(4) 其他成分。铅、锌、铜、砷、锡是优质钢中的受控成分。一般要求含铁原料中这些元素与其他有色金属元素的总含量不大于 0.02%。钾、钠等碱金属氧化物的腐蚀性很强，易与窑衬生成低熔点硅酸盐，造成窑衬黏结，以致结圈，影响回转窑正常作业。另外，含铁原料内含有碱金属氧化物，将会促使其在还原过程中产生膨胀、粉化，造成粉尘损失。含铁原料中碱金属氧化物含量一般以低于 0.02% 为宜。

含铁原料的物理性质要求是：

(1) 入窑矿石粒度主要取决于矿石的还原性，粒度上限与还原性成正比，它以回转窑卸料端排出物的核心得到还原为原则；粒度下限的选择要能保证料层具有足够的透气性，而且能与其他原料较均匀地混合，有利于防止低熔物生成和局部区段过热。一般认为采用块矿时粒度为 5~20mm，其中小于 5mm 和大于 20mm 量分别不大于 5%；采用球团矿时，粒度为 9~16mm，其中 10~16mm 量不少于 95%。

(2) 矿石强度表示矿石在窑内抗冲击和摩擦的能力。原料强度不高，在回转窑内将被破碎，产生粉末，容易引起结圈。另外，还原过程产生粉末会增加后续处理工作，影响经济效益。通常用转鼓指数和抗压强度表示矿石的这一性能。

含铁原料的冶金性能要求是：

(1) 还原性是指铁矿石中与铁结合的氧被气体还原剂（CO、H_2）夺取的难易程度。与铁结合的氧容易被气体还原剂夺取的矿石，还原性好，反之则还原性差。

在回转窑里把铁矿石还原成金属化直接还原铁的时间，主要取决于矿石的还原性。还原性越好，物料在回转窑内停留的时间越短，窑的生产率越高，且允许适当降低还原作业温度，提高回转窑作业的安全性。另一方面，还原性好的矿石可放宽入窑粒度上限，能改善矿石的利用率和还原产品的利用，取得直接经济效益。

回转窑直接还原工艺应该选用还原性好的块矿和球团矿作原料。一般情况，经过充分氧化固结的球团矿，其还原性优于天然块矿。通常铁矿石还原性指标用还原度在 40% 时的还原速率表示，这项指标应大于 0.55% /分。

（2）在回转窑直接还原生产中，铁矿石的爆裂现象是由于受热爆裂和还原引起爆裂的综合效应所产生的。矿石爆裂严重时，回转窑作业铁损高，产量下降，还易引起窑内结圈。因此要求其应尽可能少地发生。

选用铁矿石，尤其是天然块矿，全面符合上述回转窑直接还原工艺要求是困难的，也是不多的。往往某种矿石含铁品位高，脉石含量少，但硫、磷含量偏高；或是含铁量高，硫、磷杂质含量合适，而有害金属元素偏高；或是矿石的化学成分都比较理想，而其冶金性能或物理性质不好。因此，对矿石作出正确的综合评价，是选用含铁原料的重要前提。选用回转窑直接还原含铁原料，不能单纯重视化学成分，必须兼顾矿石的冶金性能和物理性质。

煤是回转窑直接还原生产不可缺少的原料，它是煤基直接还原的还原剂和供热燃料。煤的品质对回转窑直接还原的工艺流程、生产结果、经济效益均有重大影响。做好煤的选择是回转窑直接还原生产中至关重要的前提。作为煤基回转窑直接还原用煤的质量要求，主要从化学成分和冶金性能进行评价。

煤的化学成分要求是：

（1）固定碳和灰分。生产直接还原铁的煤耗主要取决于煤的固定碳含量。固定碳含量越高，煤耗就越低。煤的固定碳含量低，则灰分增多，占去回转窑的有效容积增加，从而降低设备效率，同时消耗于加热灰分的能量增加。大量实践证明，直接还原用煤最好选用固定碳含量大于50%、灰分小于20%的煤种。

（2）挥发分。挥发分是指煤在加热过程中释放出的挥发性物质。挥发分的放出有利于促进还原反应，为还原反应提供燃烧热量和调节反应区域的温度分布。但挥发分过高，使废气量增加，废气热损失大，导致热量消耗的增加，而控制不好则易产生局部过热。煤的挥发分一般在30%为宜。

（3）含硫量。入窑原料中硫负荷的 80% ～90% 是由煤带入的。减少还原煤的含硫量是降低直接还原铁产品含硫量的主要措施。煤的含硫量应小于 1.0%。使用含硫量高的煤作为还原剂，需增加脱硫剂的使用量，以保证产品含硫量合格，从而也导致热量消耗的增加。

（4）水分。煤的水分过高，同样会增加回转窑直接还原的热消耗，导致降低回转窑的产率，并影响喷煤的正常作业。加入煤的含水量一般应小于 10% ~15%，窑头喷吹煤最好小于 5%。并且，煤的含水量应稳定，以保证还原过程的稳定。

煤的冶金性能要求：

（1）反应性。煤的反应性是指煤在某温度下，煤中固定碳与 CO_2 反应生成 CO 的能力。煤的反应性是评价固体还原剂的重要指标。反应性好的煤可以使回转窑反应窑间维持较高的 CO 浓度，促进铁氧化物的还原，允许采用较低的还原作业温度，有利于防止窑内结圈，可以相应降低对还原煤灰分软化温度的要求。通常希望煤的反应性值在 950℃ 时达到 90% 以上。

（2）灰分熔融性。灰分熔融性是指煤的灰分在高温条件下开始软化（T_1）、变形（T_2）到完全熔化为液态（T_3）的温度。这也是评价煤的一个重要指标。煤灰软化温度（T_1）越高，在正常操作温度下，窑内物料越不容易黏结，防止窑内结圈。回转窑所允许的操作温度应低于煤灰软化温度150℃。一般认为灰分软化温度最好大于1200℃。

（3）热稳定性。热稳定性是指煤在加热过程中维持其原始粒度的性质。热稳定性差的煤在使用中将过度粉碎，生成大量粉末，引起偏析，影响正常作业。热稳定性适当的煤，在升温过程中粉碎适当，可以减少用前破碎处理。在回转窑直接还原工艺中，煤的热稳定性指标 $T_S + 6$ 大于70%即可适用。

（4）自由膨胀指数和结焦指数。自由膨胀指数是测定挥发物在挥发过程中煤产生自由膨胀的指标。煤在窑内超常膨胀会引起炉料体积增大，堆密度下降，炉料偏析，恶化热传导条件。回转窑用煤，通常要求煤的自由膨胀指数小于1。结焦指数大，易使煤粒黏结块长大，导致物料偏析和炉料黏结，造成煤的利用率下降。为了保证窑内不产生结焦，通常要求煤的结焦指数小于3。

（5）粒度。煤的平均粒度应与矿石（或球团）的平均粒度相近，以保证炉料混合均匀，不产生偏析。热稳定性差的煤，其粒度上限可适当放宽。窑尾加入的煤应尽量减少粉末的数量，避免吹损和结圈。窑头喷入煤的粒度必须严格控制，并力求稳定。

回转窑加入脱硫剂的目的是去除物料的硫，改善直接还原铁的质量。回转窑直接还原生产常用的脱硫剂是石灰石（$CaCO_3$）或白云石（$CaMg(CO_3)_2$）。

回转窑直接还原生产对脱硫剂的质量要求是：

（1）碱性氧化物（$CaO + MgO$）含量高，否则，脱硫剂的用量多，增加热量消耗。一般要求脱硫剂中酸性氧化物（$SiO_2 + Al_2O_3$）不大于3.5%。酸性氧化物含量高，即降低了碱性氧化物含量。

（2）硫、磷含量要低。

（3）石灰石应有一定的粒度。粒度过大，石灰石分解速度慢，增加高温区的热量消耗。

4.3.2　COREX 熔融还原工艺的原燃料

生产实践表明，为使炉况稳定、顺行、高产和低耗，对于其原燃料都应有一定的质量要求。

COREX 工艺可以使用块矿、球团矿或者两者的混合矿作为其含铁原料。应该采用精料，即选择高品位、低 S 含量、低 SiO_2 含量和低 Al_2O_3 含量的铁矿石。COREX 工艺要求矿石含铁量应满足：对于块矿，$w(TFe) \geqslant 55\%$；对于球团矿，$w(TFe) \geqslant 58\%$。对矿石中的 TiO_2 含量也应加以限制，以免炉渣黏度升高。由于不同的铁矿石和矿种在 COREX 炉内的行为和实际使用效果差距甚大，因此，要求供矿条件长期稳定。COREX 工艺对铁矿石的理化性能要求见表4-3。

表4-3　COREX 工艺对铁矿石的理化性能要求

原料名称	TFe 含量/%		粒度/mm		
	允许	选优	允许	选优	小于6.3mm 粒级的比例/%
球团矿	≥58	62~66	6~30	8~16	<5
块矿	≥55	62~66	6~30	10~25	<5

由于 COREX 预还原竖炉不像高炉炉身那样存在焦炭，为此要求铁矿石不仅严格筛除小于 6mm 粒级的粉料，而且应具有良好的热稳定性。块矿因含有结晶水，或多或少都有受热爆裂粉化的问题；另外，还有因 $Fe_2O_3 \rightarrow Fe_3O_4$ 晶型转变发生低温还原粉化的问题，粉化严重时将堵塞竖炉料柱，使还原煤气通过量剧减，导致炉况恶化，产量和金属化率下降，甚至无法生产。

球团矿的低温热稳定性能比较好，在 950℃ 时才发生显著的由还原膨胀引起的高温还原粉化问题。COREX 预还原竖炉的操作温度一般在 850℃，因此使用球团矿有利于提高竖炉的透气性。

为了使 COREX 还原竖炉的料柱有良好的透气性，降低炉内压力降，并利于气流分布，应控制入炉原料粒度在 6~30mm 范围内，最好为 8~20mm。另外，在还原过程中，矿石产生碎裂磨损、热爆裂性、还原膨胀和粉化现象，故在矿石入炉前，应测试矿石的碎裂性、低温还原粉化性能、还原膨胀性和还原后强度，以便选择强度好的矿石入炉。

对于 COREX 工艺来说，煤的作用是非常重要的。煤不仅要提供高质量的还原煤气，还要组织好固定床，是承上启下的角色。COREX 工艺煤的消耗量为 900~1200kg/t，取于铁矿和煤的质量。COREX 工艺对用煤的质量要求列于表 4-4 中，主要包括挥发分含量、固定碳含量、灰分含量、粒度等指标。

表 4-4　COREX 工艺对用煤的要求　　　　　　　　　　　　　（%）

煤质量指标	容　许　值	推　荐　值
固定碳含量	≥50	60~75
挥发分含量	15~36	20~30
灰分含量	10~25	5~12
干燥前水分含量	10~15	5~10
干燥后水分含量	3~6	3~5
硫含量	0.5~1.5	0.4~0.6
粒度	0~60（大于 10mm 的占 50%）	5~40

煤中固定碳和挥发分的含量应合适，最好前者为 60%~75%，后者为 20%~30%。挥发分含量高可保证充分的煤气量，固定碳含量高则可保证足够的炉内热量。煤的灰分含量和含硫量应低，最好分别为 5%~12% 和 0.4%~0.6%。高挥发分煤由于裂解吸热会影响炉内温度，同时为了保证足够的固定碳，必须掺和使用无烟煤或焦粉，否则将造成挥发分中重碳氢物质的裂解不完全，会黏堵煤气处理系统。

煤的气化温度越高，就越适用于 COREX 工艺。COREX 工艺是以煤中 H 与 C、O 与 C 的摩尔比来求出该煤的气化温度。

COREX 工艺对用煤的热稳定性有非常严格的要求。煤的原始粒度组成和入炉受热爆裂后的二次粒度组成是非常重要的参数，因为煤干馏后形成的半焦组成固定床，这是 COREX 专利技术之一，奥钢联为此设计了一套特殊的测试装置和方法。ISCOR 公司现采用两种入炉煤粒度：3~50mm 和 20~40mm。

煤的黏结性指标应加以控制，因为强黏结性煤将影响熔化炉内的流化床和固定床，所以一般弱黏结性煤可以使用于 COREX 炉。

　　煤的含水率应控制在 3% ~ 5% 内，水分含量过高将影响炉内温度，因此需设置煤干燥设施。

　　COREX 工艺使用的熔剂通常有白云石、石灰石和硅石等。白云石和石灰石加入预还原竖炉，粒度要求为 8 ~ 16mm；硅石加入熔融气化炉，粒度要求为 4 ~ 10mm。

　　COREX 装置用氧的纯度应不小于 95%。

思 考 题

1. 对含铁原料的冶金性能有哪些要求？
2. 冶金还原气有哪些基本要求？
3. 还原煤气的制备有哪些方法？试述各自的工艺及原理。
4. 试述液休燃料制气生产工艺步骤。

参 考 文 献

[1] 方觉. 非高炉炼铁工艺与理论 [M]. 北京：冶金工业出版社，2002.
[2] 史占彪. 非高炉炼铁学 [M]. 沈阳：东北工学院出版社，1990.
[3] 秦民生. 非高炉炼铁 [M]. 北京：冶金工业出版社，1998.
[4] 储满生. 钢铁冶金原燃料及辅助材料 [M]. 北京：冶金工业出版社，2010.
[5] 于光元，李亚东. 煤气化工艺技术分析 [J]. 洁净煤技术，2005，11(4)：39 ~ 43.

5 直接还原法的热力学

直接还原法的还原热力学与高炉基本相似，但是，由于还原剂不同、还原温度较低，使直接还原具有一定的特点。本章主要讨论氧化铁（指铁的各级氧化物，以下同）用不同还原剂还原的热力学条件，为分析直接还原法和探讨新工艺提供必要的基础知识，此外，还对产品含碳量和含硫量的控制做了热力学分析。

5.1 还原温度的选择

从动力学的观点来看，铁矿石的还原需要较高的温度，因为还原反应速度是随温度的升高而增加的。然而，直接还原法的还原温度一般却较低（多在1100℃以下），这是由直接还原法下列技术原因所致：

(1) 铁矿石不能在此温度下完成还原过程；

(2) 较低的温度避免黏结；

(3) 较低的反应温度能减少使反应物加热到反应温度所需的热能，同时还可以延长炉衬寿命和减少热损失；

(4) 可使用低发热值燃料；

(5) 炉气带走的热能较小（如回转窑的热效率达85%），可简化回收装置或不用回收；

(6) 可避免某些元素的还原，因而可处理复合矿石。

虽然直接还原法操作温度较低，且某些还原气体的形成和氧化铁的还原反应（用CO时）是放热的，其热能可供利用，但总的来说，是不足以达到整个还原过程的热量要求的，必须另外提供能量，即要消耗燃料或电能。

5.2 直接还原的热力学

直接还原方法的共同特点是把矿石在其软化温度以下进行还原，在还原过程中，矿石仍保持固相，仅氧化铁中的氧被还原剂夺走，得到多孔性的金属铁，即仅完成固相氧化铁的还原而不涉及液相生成及炉渣反应。所用的还原剂有C、CO及H_2，这些还原剂来源很广，不仅能单独使用，也可组合使用。

5.2.1 用CO还原

各级氧化铁的还原在Fe-C-O体系内进行，还原是逐级进行的。反应为：

(1) 570℃以上

$$3Fe_2O_3 + CO \Longrightarrow 2Fe_3O_4 + CO_2 \tag{5-1}$$

$$Fe_3O_4 + CO \Longrightarrow 3FeO + CO_2 \tag{5-2}$$

$$FeO + CO \Longrightarrow Fe + CO_2 \tag{5-3}$$

（2）570℃以下

$$\frac{1}{4}Fe_3O_4 + CO \rule[0.5ex]{1.5em}{0.4pt}\!\!\rule[0.5ex]{1.5em}{0.4pt} \frac{3}{4}Fe + CO_2 \tag{5-4}$$

氧化铁被 CO 还原的平衡常数和标准自由能的变化列于表 5-1。

表 5-1 CO 还原氧化铁的平衡常数和标准自由能的变化

反应式序号	反 应 式	$\lg K = 2g\frac{p_{CO_2}}{p_{CO}}$	$\Delta G^{\ominus}$	温度范围/K
式（5-1）	$3Fe_2O_3 + CO = 2Fe_3O_4 + CO_2$	$\frac{1735}{T} + 2.20$	$-7925 - 10.38T$	298~2460
式（5-2）	$Fe_3O_4 + CO = 3FeO + CO_2$	$-\frac{1834}{T} + 2.17$	$-8390 - 9.98T$	843~1642
式（5-3）	$FeO + CO = Fe + CO_2$	$\frac{914}{T} - 1.097$	$-4182 + 5.02T$	298~1843
式（5-4）	$\frac{1}{4}Fe_3O_4 + CO = \frac{3}{4}Fe + CO_2$	$\frac{100}{T} - 0.009$	$-458 + 0.041T$	298~843
式（5-5）	$CO_2 + C = 2CO$		$-40500 + 4.25T$	

另外，由于此体系内存在着下列反应：

$$CO_2 + C \rule[0.5ex]{1.5em}{0.4pt}\!\!\rule[0.5ex]{1.5em}{0.4pt} 2CO \tag{5-5}$$

其平衡常数和标准自由能也列于表 5-1 中。

因为在此体系内气相中仅有 CO_2 和 CO，故有

$$(\%CO_2) + (\%CO) = 100$$

这样就可求出式（5-1）、式（5-2）、式（5-3）、式（5-4）不同温度下的平衡气相组成，并得到如图 5-1 所示的平衡图，但还原法中不像高炉炼铁那样总有过剩的固体碳存在，而有 Fe、FeO、Fe_3O_4 的稳定存在区。

从两种情况进行讨论：

第一种情况为，在没有烟炭析出条件下，当气相中 p_{CO_2}/p_{CO} 小于平衡时的 p_{CO_2}/p_{CO} 时，还原才有可能，即 abc 线以上是金属铁出现的区域，并且还原的温度越高，为了获得金属铁，所需的 CO 浓度越高。

第二种情况为，由于存在 $CO_2 + C = 2CO$ 反应，且气相中 CO 浓度高于此曲线。有烟炭析出时，由于被还原出现的金属铁对 CO 的分解有催化作用，故有如图 5-2 所示的情形，图中 A 区（$CO_2 + C = 2CO$ 反应平衡以上的区域）为烟炭析出的热力学区，B 区为金属铁出现烟炭析出的理论区，C 区则为 CO 实际分解区。

由此可见，直接还原法仅用 CO 作还原剂时，氧化铁在 750℃ 以下是不能得到金属铁的，因为在该温度以下，CO 将发生分解，不仅阻碍还原反应所需气相成分的获得，而且大量烟炭析出，常使还原操作处于不平衡的状态之下（如回转窑法）。所以图 5-1 中碳气化反应平衡曲线之左的氧化铁还原的平衡曲线用虚线表示，即它们是介稳定的平衡状态。

用 CO 还原的另一特点是还原反应是放热的，因此为避免矿石内部过热点的形成，保持多孔性结构以及消除黏结，应适当降低还原区的温度，但不能低于烟炭析出的温度。

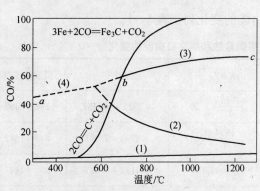

图 5-1 CO 还原铁氧化物的气相平衡图

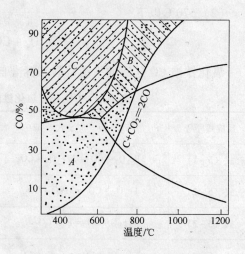

图 5-2 烟炭析出的热力学区域图

5.2.2 用 H_2 还原

氧化铁的还原在 Fe-H-O 体系内进行，存在的化学反应有：

（1）570℃以上

$$3Fe_2O_3 + H_2 \Longrightarrow 2Fe_3O_4 + H_2O \qquad (5-6)$$
$$Fe_3O_4 + H_2 \Longrightarrow 3FeO + H_2O \qquad (5-7)$$
$$FeO + H_2 \Longrightarrow Fe + H_2O \qquad (5-8)$$

（2）570℃以下

$$\frac{1}{4}Fe_3O_4 + H_2 \Longrightarrow \frac{3}{4}Fe + H_2O \qquad (5-9)$$

这些反应的平衡常数和标准自由能列于表 5-2，其平衡常数（即 p_{H_2O}/p_{H_2} 之比）与温度的关系，可用 Fe-C-O 体系相似的方法求得，并示于图 5-3 中。图中还绘出了 Fe-C-O 体系的相应反应的平衡曲线作为比较。

表 5-2 H_2 还原氧化铁的平衡常数和标准自由能的变化

反应式序号	反 应 式	$\lg K = \lg \dfrac{p_{H_2O}}{p_{H_2}}$	$\Delta G^{\ominus}$	温度范围/K
式（5-6）	$3Fe_2O_3 + H_2 \Longrightarrow 2Fe_3O_4 + H_2O$	$-\dfrac{188}{T} + 4.74$	$860 - 20.83T$	298～1460
式（5-7）	$Fe_3O_4 + H_2 \Longrightarrow 3FeO + H_2O$	$-\dfrac{3577}{T} + 3.74$	$16365 - 17.11T$	843～1642
式（5-8）	$FeO + H_2 \Longrightarrow Fe + H_2O$	$-\dfrac{827}{T} + 0.468$	$3784 - 2.14T$	843～1642
式（5-9）	$\dfrac{1}{4}Fe_3O_4 + H_2 \Longrightarrow \dfrac{3}{4}Fe + H_2O$	$-\dfrac{1742}{T} + 1.557$	$7512 - 7.12T$	298～843

由此可以得出：

（1）用 H_2 还原氧化铁时，H_2 的平衡浓度低温下比高温下要高，因此在低温下采用

H_2 作还原剂必须用高浓度的 H_2 或纯 H_2（在这种低温还原中不能混入 CO 否则出现烟炭）。

（2）用 H_2 作还原剂时，随着反应的进行，产物 H_2O 将阻碍反应的进行，因为它不像 Fe-C-O 体系中出现的 CO_2 能为 C 所分解，转变为 CO。为消除或减弱这种阻碍，必须在反应过程中利用副反应区内的水蒸气加速排出，以降低 H_2O 的浓度。

（3）在 810℃ 左右，CO 和 H_2 对氧化铁具有同等的还原能力。在 800℃ 以下，CO 比 H_2 有效；在 800℃ 以上 H_2 比 CO 有效，因此，仅用 H_2 还原时，应在 800℃ 以上为佳。但是有的方法采用了 480～530℃ 的低温，为的是消除黏结，维持稳定操作。

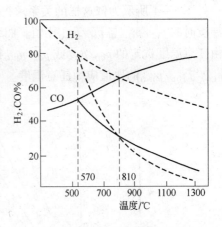

图 5-3 H_2 还原氧化铁的气相平衡图

（4）比较用 H_2 或用 CO 作还原剂还原氧化铁的热效应可知，从热能利用的观点看，用 H_2 不及用 CO 有利。

5.2.3 用 CO + H_2 混合气体还原

氧化铁的还原的在 Fe-C-O 体系中进行。在该体系中除反应式（5-1）~式（5-9）之外，还有下列反应发生：

$$CO + H_2O \Longrightarrow H_2 + CO_2 \qquad (5-10)$$

$$2CO + 2H_2 \Longrightarrow CH_4 + CO_2 \qquad (5-11)$$

$$2H_2 + C_{(固)} \Longrightarrow CH_4 \qquad (5-12)$$

因此，此体系内除了气相反应之外，还有气固相的反应，这就使体系的反应的复杂性增加。但在平衡时，这种关系也就变得简单。因为气相反应的平衡由式（5-10）来确定。由此也就确定了其余气相反应的平衡。

CH_4 的形成对氧化铁的还原是不利的，因为它不仅妨碍还原反应的进行，而且相当多的消耗了有价值的还原气体 CO 和 H_2（每形成 1mol CH_4，不仅产生 1mol 的非还原气体 CO_2 或 H_2O，而且消耗 4mol 的还原气体）。可是从热力学条件上看，CH_4 在低温（300℃）及高压下才易于形成，因此在一般直接还原条件下（1000～1100℃）可以不考虑 CH_4 的存在（如在 720℃ 时，$p_{CH_4} = 6.38Pa$），体系的气相平衡成分由式（5-10）反应来确定。

由此，最后气相成分与氧化铁—铁固相之间建立平衡，即：

$$K_W = \frac{p_{CO_2}p_{H_2}}{p_{CO}p_{H_2O}} = \frac{p_{CO_2} \, p_{H_2}}{p_{CO} \, p_{H_2O}}$$

或

$$\frac{p_{CO}}{p_{CO_2}} K_W = \frac{p_{H_2}}{p_{H_2O}}$$

平衡时是气相组成有一定温度下的氧化铁的氧压所决定，这时，氧化铁的氧压无论与 CO-CO_2 混合气体中的 O_2 还是与 H_2-H_2O 混合气体的氧压都是相等的。由于一定温度下的氧化铁的氧压一定，所以一定温度下的 K_W 是一定的。p_{H_2}/p_{H_2O} 与 p_{CO}/p_{CO_2} 在数值上成正比的直线关系。也就是 p_{H_2}/p_{H_2O} 不是任意的，而是欲选定的 p_{CO}/p_{CO_2} 及该温度下的 K_W 而确定的。

图 5 - 4 所示为依这样的关系求得的 Fe-C-H-O 体系的热力学关系。图中放射线为不同温度时的 p_{CO}/p_{CO_2} 与 p_{H_2}/p_{H_2O} 比值，曲线为各级氧化铁被 CO 还原的平衡曲线。利用此图可由任意温度选定的 p_{CO}/p_{CO_2} 或 p_{H_2}/p_{H_2O} 得出与之平衡的固相，或为了得到需要的固相，p_{CO}/p_{CO_2} 与 p_{H_2}/p_{H_2O} 的比值应为任意温度。

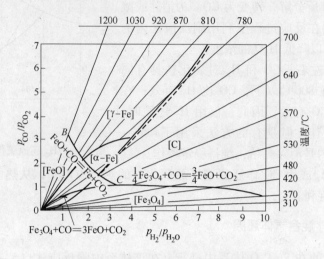

图 5 - 4　Fe-C-H-O 体系还原平衡图

由图 5 - 4 可以得出：

（1）图中 *BC* 线为 FeO - Fe 相的平衡线，当气相成分维持在此线以上时，能使氧化铁还原到铁，而且温度越高，反应达到平衡状态时的 p_{CO}/p_{CO_2} 与 p_{H_2}/p_{H_2O} 的比值就越大，即为了达到同样的还原度，p_{CO}/p_{CO_2} 的值要比 p_{H_2}/p_{H_2O} 的值高。因此在 $H_2 + CO$ 作还原剂时，在较高的温度下（1100℃左右）保持较高的 H_2/CO 在比值能达到较高的还原度。

（2）利用 $H_2 + CO$ 作还原剂，在维持脉石不成渣的条件下，应尽可能提高温度。因为温度高，H_2 的还原能力增加，其平衡浓度降低，有利于铁矿石的还原。另外，高温下由于下列反应：

$$C + H_2O \rule[0.5ex]{2em}{0.4pt} CO + H_2$$
$$C + CO_2 \rule[0.5ex]{2em}{0.4pt} 2CO$$

气相中 H_2O 及 CO_2 的浓度低，CO 和 H_2 的浓度增大，也有利于铁矿石的还原。

（3）从能量消耗角度而言，大量使用 H_2 是不合算的，因为 H_2 在还原氧化铁时吸热，而 CO 是放热，据计算，含有等量的 CO 及 H_2 还原浮氏体时，其热量可以互相抵消，然而，还原气体中 H_2 和 CO 的比值主要取决于这种还原气体产生的方法。

5.2.4　用固体碳还原

某些直接还原法（如 SL/RN、KRUPP-RENN 等方法）都是用无烟煤等固体碳作还原剂的，其反应有：

（1）570℃以上

$$3Fe_2O_3 + C \rule[0.5ex]{2em}{0.4pt} 2Fe_3O_4 + CO \tag{5-13}$$
$$Fe_3O_4 + C \rule[0.5ex]{2em}{0.4pt} 3FeO + CO \tag{5-14}$$

$$FeO + C \rule[0.5ex]{3em}{0.4pt} Fe + CO \tag{5-15}$$

（2）570℃以下

$$Fe_3O_4 + 4C \rule[0.5ex]{3em}{0.4pt} 3Fe + 4CO \tag{5-16}$$

这些反应都是吸热的，需要消耗环境大量热能，它们的平衡常数可由各级氧化铁分解的氧压与 C 和 O_2 形成 CO 的反应的氧压相等求得。即因为

$$2C + O_2 \rule[0.5ex]{3em}{0.4pt} 2CO$$

$$K_P = \frac{p_{CO}^2}{a_C^2 p_{O_2}} \text{（以纯石墨为标准态，故 } a_C = 1\text{）}$$

$$\Delta F^\ominus = -53400 - 41.90T$$

所以 $RT\ln p_{O_2} = -53400 - 41.90T + 2RT\ln p_{CO}$，再分别将各级氧化铁分解的 O_2 代入上式，则得式（5-13）、式（5-14）、式（5-15）、式（5-16）各反应式的平衡常数式：

式（5-13）为： $\lg p_{CO} = -\dfrac{7197}{T} + 11.930$

式（5-14）为： $\lg p_{CO} = -\dfrac{19686}{T} + 11.20$

式（5-15）为： $\lg p_{CO} = -\dfrac{7938}{T} + 7.92$

式（5-16）为： $\lg p_{CO} = -\dfrac{8853}{T} + 9.01$

图 5-5 所示为各级氧化铁被 C 还原的 p_{CO} 与温度的关系。由图看出，当体系的 $\lg p_{CO}$ 维持在 OD 线以下时，才可能获得金属铁。于是可知：

（1）用固体碳作还原剂时，由于各反应都是吸热的，热能消耗较大，必须使用高发热值燃料作热源。因为氢能加快铁矿石的还原度，所以使用含高氢量的碳氢化合物代替部分固体碳作还原剂能使产量增加。

（2）氧化铁被固体碳还原的热力学条件是体系中气相的 p_{CO} 小于该反应的 K_P 值，为此在直接还原法中使用空气燃烧燃料。引入 N_2，这一方面可对 CO 有稀释作用，能降低 CO

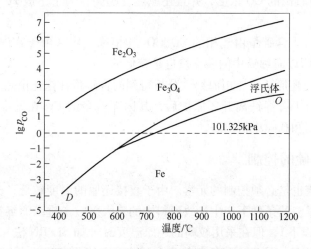

图 5-5 C 还原各级氧化铁的平衡关系图

的分压；另一方面可增大加热气体的热容量。此外，如 KRUPP-RENN 法，反应区内产生的 CO 在炉料表面燃烧（$2CO + O_2 = 2CO_2$），又能使 p_{CO} 降低。又如 SL/RN 法在沿回转窑长度上，安装有若干空气喷嘴或燃料辅助喷嘴，不仅能使炉内温度分布均匀，不产生黏结或结圈，而且可控制炉内气氛，有利于降低 p_{CO}，易于获得较高的还原度。

5.3　还原铁渗碳的热力学

直接还原产品—海绵铁一般含 C 为 0.2% ~ 1.5%，也有高达 2% 的（海绵铁根据用途的不同，对碳含量有不同的要求，对作为炼钢原料来说，C 含量的多少无关紧要，但作为粉末冶金和焊接试剂，则要求 C 含量低。另外在某些方法中，为了防止黏结，常希望能形成含大量碳化铁 Fe_3C 的海绵铁）。在直接还原中，铁的渗碳主要是由如下反应进行的：

$$2CO = CO_2 + C$$
$$\underline{+ \quad C + 3Fe = Fe_3C}$$
$$2CO + 3Fe = Fe_3C + CO_2 \tag{5-17}$$

即 Fe 是由 CO-CO$_2$ 混合气体发生渗碳的。反应向右进行，发生渗碳。

从 Fe-C 状态图可知，在 700 ~ 1000℃ 范围内，渗碳过程有两种情况，一个是 Fe-C 固溶体（α 及 γ 铁碳固溶体）和 CO-CO$_2$ 混合气体组成的二相系，在一定温度和压力下，与此固相平衡的气相组成，随着 Fe-C 固溶体的 C 的浓度的变化而变化。另一个是由为 Fe$_3$C 饱和了的 Fe-C 固溶体（γ 铁 C 固溶体）、Fe$_3$C 及 CO-CO$_2$ 混合气体构成的三相系。在一定温度和压力下，气相组成不随固相碳含量的变化而变化，具有一定不变值。

反应式（5-17）向左还是向右进行，即在一定条件下是渗碳还是脱碳的热力学，可由气相的碳压（或称碳势）与反应达到平衡时 Fe$_3$C 的碳压确定，当达到平衡时，两者碳压相等。

该反应的热力学性质的推导较复杂，在此不作介绍。但从直接还原角度来看，需明确以下几点：

（1）还原铁中 C 的控制主要在两方面，一是 Fe$_3$C 的形成，二是 C 在铁中的溶解。在某些用 CO 作还原剂的流态化的还原炉中，企图较多地生成 Fe$_3$C，以防止黏结。应努力抑制 CO 的分解，保持较高的 CO 浓度，并且还原温度越高，为了生成 Fe$_3$C 所需的 CO 平衡浓度也越高。

（2）奥氏体的最大含碳量由气相的 CO/CO$_2$ 比值来决定。由于在许多直接还原法中，p_{CO_2}/p_{CO} 的值不高，所以海绵铁中的碳含量也是较低的。

（3）在一般直接还原法中，由海绵铁分析得到的含碳量往往比由热力学条件计算的碳含量高，这可能是由于海绵铁离开还原炉后，其内部残余的 CO 在温度下降时发生分解，有烟炭在海绵铁表面和孔隙中析出。

5.4　还原过程中硫的控制

直接还原法中硫也是必须控制的元素。由于直接还原的温度较低，产品均在矿石软化点以下，脉石在不成渣的条件下产生。故原料中的硫大多数未进入海绵铁中，因此其含硫量较低（在 0.05% 以下），但在采用较高的还原温度时（如 SL/RN 法），其产品含硫量也有高达 0.2% ~ 0.3% 的，从而会降低其价格。因此，在使用高硫矿或高硫燃料时，应对进入产品的 S 加以控制，如设置气体燃料脱硫装置或在炉料中加石灰石除 S 等。

S 在矿石中存在的形态多种多样，一般为 FeS_2，其在氧化气氛下，易形成 SO_2 排放，但在还原条件下，则较为复杂，从热力学及其他方面的研究认为，在还原条件下有中间物质 COS 形成：

$$FeS_2 + CO \Longrightarrow FeS + COS_{(气)} \tag{5-18}$$

$$FeS + CO \Longrightarrow Fe + COS_{(气)} \tag{5-19}$$

或

$$FeS_2 + 2CO \Longrightarrow Fe + 2COS_{(气)} \tag{5-20}$$

这些反应都是吸热的。在有 CaO 或 MgO 存在时，COS 能与 CaO 或 MgO 反应，生成 CaS 或 MgS：

$$COS + CaO \Longrightarrow CaS + CO_2 \tag{5-21}$$

$$COS + MgO \Longrightarrow MgS + CO_2 \tag{5-22}$$

由式（5-20）得：

$$K_{COS} = \frac{a_{Fe} \, p_{COS}^2}{a_{FeS_2} \, p_{CO}^2} = \frac{1}{(S\%)_{Fe}} \frac{p_{COS}^2}{p_{CO}^2}$$

由式（5-21）得：

$$K_{COS} = \frac{a_{CaS} p_{CO_2}}{a_{CaO} p_{COS}} = \frac{p_{CO_2}}{p_{COS}}$$

以上两式整理得：

$$(S\%)_{Fe} = \frac{1}{K_{COS} K_{CaS}^2} \left(\frac{p_{CO_2}}{p_{CO}} \right)^2$$

由此可以看出，p_{CO} / p_{CO_2} 比越高，还原铁的硫量就越低。这个条件和氧化铁还原的条件是一致的。因此，在有 CaO 或 MgO 存在的条件下，保证氧化铁还原的同时，可以去除一部分 S。

在实际操作中，CaO 和 MgO 分别是以石灰石和白云石加入的，在还原温度下，它们分解为 CaO 和 MgO，并与 CO 发生气固相反应，形成 CaS 或 MgS，使用细粒料，在动态条件下，增加气固相的接触（如 SL/RN），则可得到比静态条件下（如 HoganaS 法）更高的去 S 效果。

思 考 题

1. 分别给出用 CO 还原、用 H_2 还原、用 CO 和 H_2 混合气体还原以及用固体碳还原的直接还原热力学条件。
2. 从热力学角度分析直接还原中硫的控制。

参 考 文 献

[1] 史占彪. 非高炉炼铁学 [M]. 沈阳：东北工学院出版社，1990.

[2] 方觉. 非高炉炼铁工艺与理论 [M]. 北京：冶金工业出版社，2002.

[3] 秦民生. 非高炉炼铁 [M]. 北京：冶金工业出版社，1998.

[4] 黄希祜. 钢铁冶金原理 [M]. 北京：冶金工业出版社，1981.

[5] 黄希祜. 钢铁冶金原理（第3版）[M]. 北京：冶金工业出版社，2004.

6 主要的直接还原法

目前已经工业化生产的直接还原方法主要有4类：竖炉法、固定床法、流态化法和回转窑法。前3种方法采用的是气体还原剂和燃料，后一种方法采用固体燃料。

6.1 以 MIDREX 法为主的竖炉法

竖炉法生产海绵铁是当前世界上发展很快的一种工艺，它具有以下特点：

（1）以高品位铁精矿制成的氧化球团为原料，MIDREX 竖炉法对原料质量的要求见表 6-1。

（2）还原剂为天然气或燃料油转化而得的还原煤气（参见第 4 章），还原煤气同时又是载热体，供竖炉过程所需的全部热量。

（3）产品质量好，含碳和硫、磷杂质少，可代替废钢，具有成分稳定的优点，并便于实现连续装料和简化电炉装料作业。

表 6-1　MIDREX 法对原料质量的要求　　　　　　　　（%）

成　分	TFe	SiO_2	Al_2O_3	CaO	MgO	P	S	备注
MIDREX 法要求	65 ~ 67	0.3 ~ 2.6	0.4 ~ 1.13	0.5 ~ 2.5	≤1.40	0.01 ~ 0.04	0.006 ~ 0.015	
迁安精矿粉	68.87	4.22	0.09	0.22	0.43	0.011	0.019	二级

6.1.1 竖炉生产海绵铁的工艺原理

竖炉生产海绵铁的过程与高炉软熔带以上的过程相似。铁矿石自炉顶装入，高温还原气（750 ~ 900℃）从还原带的下部吹入，铁矿石在下行的过程中经过预热、还原、冷却，最后从炉底排出。

炉内有关气体还原、热交换、炉料与煤气相对运动的基本原理与高炉相同。但由于炉料比高炉更为单一和均匀，堆密度较大，因而煤气分布更均匀，顺行条件较好，热交换进行得更充分，生产的关键在于炉料不发生熔结和粉碎，因而煤气炉温度就不能过高（一般限制在 1100℃ 以下）。供热和还原的速度主要取决于煤气流量。对一定的原料来说，当煤气成分和入炉温度一定时，竖炉生产率随煤气流量的增加而增加；如煤气流量不变而增产，那么产品的还原度就低。当然，产量和还原度也与煤气的利用率有关。尽管增加煤气流量可以提高产量，但过分增加将导致煤气单耗的升高和煤气利用率降低。因此，实际生产中必须根据具体条件确定适当的煤气流量，把生产率和煤气单耗的矛盾统一起来，为此应做好以下方面的工作：

（1）加强原料的准备工作，改善原料质量。

（2）改进操作，使煤气合理分布，提高煤气热能和化学能的利用，最好将出口煤气进行转化后循环使用。

（3）适当调整煤气成分，当供热和还原所需煤气量不等时，应采取措施缩小其差距。例如当供热需要的煤气量大于还原需要的煤气量，总的煤气消耗量取决于供热，这时就可用部分 CO 代替 H_2 以减少能耗，另外补充一定的 N_2 来增大煤气的热焓，又可节省能量消耗。

竖炉生产海绵铁时，根据炉子的结构，炉顶气体循环的方法和还原气的制造方法的不同，可分为不同的方法。其中的 MIDREX 法是竖炉气体还原法中最成功的一种，其工艺流程和主要设备示意如图 6-1 所示。

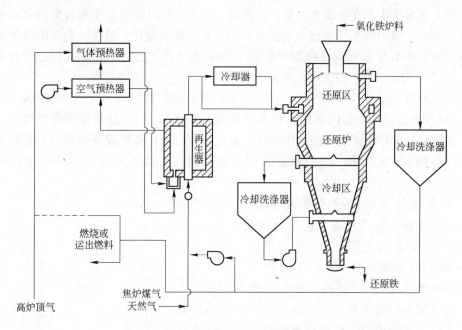

图 6-1 MIDREX 法流程示意图

此方法是采用天然气和部分炉顶气经转化炉转化为 800℃ 的热还原气体（H_2 + CO），然后送进还原竖炉里与铁精矿造球、焙烧而成的氧化球团发生还原反应，得到金属化率大于 90%、含硫量小于 0.05% 的金属化球团或海绵铁。

铁精矿造球后先经过焙烧而成氧化球团，筛除粉末（返料）后运至料仓。为防止布料的粒度偏析，保证竖炉煤气流分布，氧化球团由许多根装料管装入还原竖炉，装料管经常装满料，也起密封的作用。竖炉如图 6-1 所示，呈圆筒状，其下部按阶梯状逐步缩小，沿高度方向分为还原带、中间带和冷却带三部分。竖炉内按气体循环区位置的不同分为两个：一个是位于还原煤气进口与炉顶之间（炉料通过时间为 5 小时左右，在这里矿石被加热到要求的温度并进行还原）。另一个是在还原区以下，在这里海绵铁被冷却气体（含氮气为 40% 的惰性气体）冷却到大约为 35℃，冷却气体从冷却带下部鼓入，再由冷却带上部抽出，并循环使用。在还原带与冷却带之间的中间带，设一专门设置（液压转动圆辊），防止还原气和冷却气混合，影响上部的还原，并且可强制炉料运动，防止黏结卡料。

还原煤气一般用天然气和部分（约 2/3）炉顶煤气一起转化而成，转化温度为 900 ~ 950℃，用特殊的镍催化剂和高级耐热钢管换热器连续转化。转化热由剩余的炉顶煤气燃烧热提供。这种转化系统由于氧化剂能有效地准确控制，且反应和燃烧是分开的，因而操作稳定，产品成分能准确控制，热效率和转化效率高，转化得到的煤气不需再进行处理就可直接进入还原炉。

6.1.2　竖炉法的应用和发展

MIDREX 法的优点是设备简单，一个竖炉可连续生产，热耗较低，工艺较成熟，投产的工厂已达到或接近设计能力，其缺点是设备内部结构比较复杂。

由于此方法工艺比较成熟、操作简便、生产率高、热耗低、产品质量好，所以在世界直接还原工艺方法中一直居领先地位。据报道，此方法已经连续 6 年超过世界直接还原铁总产量的 50%。MIDREX 法也已实现了装置的系列化和大型化。目前一套 MIDREX 法装置的产量已由日产 1.5t 提高到日产 2485t。还原竖炉的日产量已达 12t/m³，超过炉缸直径为 6.8m、日产量为 2.5t/m³ 的现代化高炉。

MIDREX 法取得了不少的进展，如扩大了原料的选择范围（可使用 35 种球团矿和块矿）；可使用含硫量小于 0.02% 的原料（一般为 0.01% 以下）；还可使用焦炉煤气、高炉煤气、油汽化气等作为天然气的代用能源；现已采用计算机监控设备的运行；每吨海绵铁的能耗已经降到 10674MJ；产品的金属化率能控制在 86% ~ 96%；含碳量也能控制在 1% ~ 3%。

近年发展起来的煤电直接还原法——美国的 MIDREX-EDR 法，即"米德兰电热直接还原法"，为 MIDREX 竖炉法的改进型，是一种以煤作还原剂、以电作热源的直接还原法（图 6 - 2）。

此方法是将铁矿石（球团或块矿）、碎煤和石灰石从竖炉顶部装入即进入预热段，这时铁矿石被从炉底导入的还原气部分还原，石灰石被燃烧成石灰煤不断焦化，所产生的挥发分随炉顶气导出，供加热发电或作燃料使用，或者经过闭路循环返回还原段作还原剂。随后，物料进入炉壁上装有固定电极板的还原段，利用点加热提供的热量使物料的温度达到预期的还原温度，促使煤粒加速气化、矿石直接还原和气体净化脱

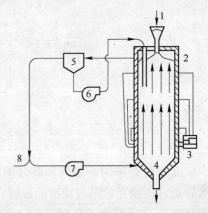

图 6 - 2　MIDREX-EDR 法流程

硫等综合反应的连续剧烈进行，从而不断地生成金属铁 CO、H_2、$CaSO_4$、CO_2 和水蒸气等。与此同时，气体继续上升供返回使用，固体则下降进入冷却段并排出炉外。据介绍，这个方法是迄今各种直接还原方法中单位能耗最低、能源利用率最高的一种，每吨海绵铁的能源净耗（包括电耗）仅为 8372MJ，比 MIDREX 天然气法还少 2511MJ/t 海绵铁。因而可能获得的经济效果也最好。国外将此法与回转窑作了比较，列于表 6 - 2。

表 6 - 2　MIDREX-EDR 与回转窑法的比较

方　法	能　源	能耗/MJ·t⁻¹	规模/万吨·年⁻¹	投资/美元·(年·吨)⁻¹
MIDREX-EDR 法	高反应性低 S 块煤	8288	40（两个炉）	200
回转窑法	高反应性低 S 块煤	23273	40（两个炉）	190

此方法的工业试验（6 吨/日）已经过关，设计年产 20 万吨的工厂将在美国乔治城德克萨斯钢铁公司建成。

6.1.3 MIDREX 法工艺流程

MIDREX 法是最具有代表性的典型气基竖炉法，1968 年由美国提出，其生产能力已占全部直接还原法的 55%，该工艺的典型工艺流程如图 6 - 3 所示。

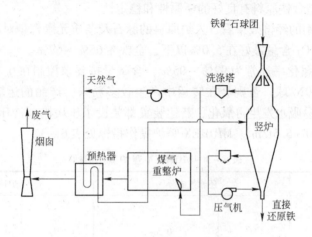

图 6 - 3 MIDREX 法工艺流程

MIDREX 法使用的还原气以天然气为原料，用炉顶气作为转化剂制成。炉顶气（300 ~ 400℃）经冷却净化后，将其 60% ~ 70% 用气体压缩机送入混合室，与天然气按反应化学当量混合，再送入装有镍催化剂反应管的重整转化炉。重整转化炉用剩余的炉顶废气兑加少量天然气将转化管加热，使通气转化管的转化原料气在 900 ~ 950℃ 下进行重整转化反应：

$$CH_4 - H_2O \xrightarrow{\hspace{1cm}} CO + 3H_2 + 9158kJ/m^3 CH_4$$

重整转化时不另加氧、空气和水蒸气，转化后获得 $H_2 + CO$ 占 95%，温度为 850 ~ 900℃ 的还原气，恰符合竖炉还原工艺的要求，可直接送入竖炉。在转化炉与竖炉间还设有冷却器，可将少量还原气冷却用以调节入炉还原气温度。

还原竖炉炉体为圆形，分上、下两部分。上部为还原带和预热带，断面为圆形，外部是钢板，内衬保温层和耐热层。炉料装入炉顶仓料，经下料管均匀进入炉内，炉料在还原带大约停留 6h。还原气从竖炉中部周边入口送入，参加反应后从炉顶排出。煤气口的数目及其布置应保证气流分布均匀并防止被炉料堵塞。经洗涤和冷却后的废气中 $CO + H_2$ 含量为 70%，还原气一次利用率为 26.3%。

从还原段出来的海绵铁温度高达 800℃ 以上，这样的海绵铁如果不加处理直接出炉，马上会引起强烈的再氧化反应。冷却段的设置就是为了解决这一问题。冷却段是炉内构造最复杂的区域，主要装置是一套冷却系统。冷却系统由冷却气洗涤器、加压机、脱水器、冷却气分配器和复杂的管路组成。下部冷却带没有炉衬，使用单独的冷却器循环，海绵铁被底部气体分配器送入的含氮气 40% 的冷却气冷却到 100℃ 以下，然后用底部排料机排出炉外，冷却带装有 3 ~ 5 个弧形断路器、阀节弧形断路器和盘式排料装置，可以改变海绵铁的排出速度。冷却气由冷却带上部的集气管排出炉外，经冷却器冷却净化后再用风机送入炉内。为了防止空气吸入和再氧化发生，炉顶装料口、下部卸料门都采用气体密封，密封气是重整转化炉排出的含氧量小于 1% 的废气。

由于煤气很好地吸收了矿石中的硫而具有较高的 H_2S 含量，这样对煤气裂化管中的催化剂有极大的危害，因此这一流程只允许铁矿石含有 0.01% 以下的硫。

含铁原料多为铁矿球团、块矿或混合料，入炉粒度为 6~30mm，小于 6mm 粒度的原料应低于 5%。希望含铁原料有良好的还原性和稳定性。

从后续电炉炼钢的经济效果看，入炉原料的脉石及杂质元素含量对冶炼影响很大，竖炉原料的 $SiO_2 + Al_2O_3$ 含量最好在 5.0% 以下，全铁在 65%~67%。

还原产品的金属化率通常为 92%~95%，含碳量按要求控制在 0.7%~2.0%。产品抗压强度应达到 490N/球，否则会在转运中产生较多粉末，产品的运输和储存应注意防水，因为海绵铁极易吸水发生再氧化，新建装置都装设了压块机（冷压或热压），压制团块的表压密度达 4.0~5.5t/m³。MIDREX 竖炉操作指标见表 6-3。

表 6-3 MIDREX 竖炉操作指标 （%）

产品成分		还原气成分		炉顶气成分	
TFe	91~95				
MFe	>91	CO_2	0.5~3	CO_2	16~22
η_{MFe}	>92	CO	24~36	CO	16~25
$SiO_2 + Al_2O_3$	约3	H_2	40~60	H_2	30~47
CaO + MgO	<1	CH_4	约3		
C	1.2~2.0	N_2	12~15	N_2	9~22
P	0.25	还原气氧化度	$\dfrac{H_2O + CO_2}{H_2O + CO_2 + H_2 + CO} < 5\%$	还原气利用率	
S	0.01				
产品抗压强度	>490N/球				$\dfrac{H_2O + CO_2}{H_2O + CO_2 + H_2 + CO} > 40\%$

为了放宽对矿石中硫的要求，MIDREX 直接还原工艺提出另一种改进流程，如图 6-4 所示。

这一流程的特点是改用炉顶煤气作为冷却气，这部分煤气在冷却带中用低碳的海绵铁进行脱硫反应，以降低还原气中硫的含量。其反应式为：

$$H_2S + Fe \longrightarrow FeS + H_2$$

这一流程虽然使产品含硫量有所提高，但不超出标准。脱硫后的冷却气含硫量降低，将其与天然气混合后进入转化炉重整，由于煤气含硫量降低，可以延长裂化煤气催化剂的使用寿命，这一流程允许入炉原料含硫量由小于 0.01% 放宽到 0.02%。

但总的说来，MIDREX 法的煤气重整设备是十分昂贵的，且易损坏，因而对矿石和煤气含硫量提出了相当严格的要求。

希德贝克-多斯科（Sidbec-Dosco）公司孔特尔（Contrecour）的大型 MIDREX 竖炉直径为 5.5m，设计生产能力为 60 万吨/年，于 1978 年 4 月 11 日投产。1978 年 10 月的产量

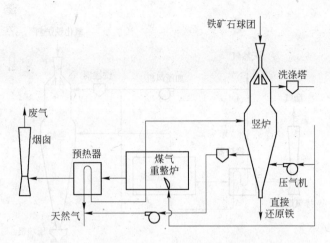

图 6-4 用炉顶煤气作为冷却气的 MIDREX 法流程

达到 6.8 万吨，实际产量大大超过设计能力，年作业率达 90% 以上。热量消耗为 10.5GJ/t，金属化率为 92.4%，热耗指标是 MIDREX 工厂中最好的。

阿倍达尔（Abinder）公司设计了生产能力为 42 万吨/年的 MIDREX 竖炉，1979 年产量达 55.83 万吨，月平均热能消耗 11GJ/t，电耗 122kW·h/t。目前该法最大单机产量为 2485t/d，炉容利用系数达 12t/(m³·d)，与此同时，该工艺还取得如下重大技术进展：扩大了原料使用范围，由以前使用单一瑞典球团，扩展到美国、加拿大、巴西等十个国家的 25 种球团和块矿；为防止催化剂中毒，冷却气改用炉顶气，实现了循环还原气脱硫的目的；可使用焦炉煤气、高炉煤气、石油液化气、矮高炉煤气等作为天然气代用能源；产品金属化率可控制在 86% ~ 96%，含碳量在 1% ~ 3%，单位产品能耗已降至 10.7GJ/t。

沙巴天然气工业公司（SGI）是 1981 年作为东马来西亚沙巴州工业基地建立起来的一家州属公司，总投资 10 亿美元，其中间包括年产 65 万吨的 MIDREX 热压块铁（HBI）直接还原厂。该直接还原厂为 MIDREX 系列 600 型，包括一座直径 5.5m 竖炉，一座 12 室 423 支反应管的重整炉和热压块装置。热压块装置包括 3 台能力为 50t/h 的热压机，3 台破碎机和 2 个水冷槽，如图 6-5 所示。

入炉料中一半是瑞典球团，一半是巴西或澳大利亚块矿。炉料先装入炉顶料仓，经 6 个下料嘴进入竖炉。在竖炉还原带有 72 个进气口送入热还原气。炉料在炉内停留 10 ~ 11h。竖炉的圆锥形炉形保证了赤热金属铁（约 700℃）的连续排料，不会产生形变或被压实的现象（图 6-6）。

赤热的金属料由竖炉底部落入一个成品料仓，该料仓的作用是吹除成品料里的残留可燃性气体，降低成品的质量波动。吹洗气预先经过加热，以保证金属铁料维持适宜的制压温度。

由成品料仓将赤热的金属铁料均匀地分配给 3 个压块生产线，送往各自的螺旋给料机和压块机，压制成 90mm×30mm×60mm、质量为 0.5kg 的团块。热压块落入水冷槽冷却后送至成品仓。沙巴厂有代表性的操作指标和热压块的典型化学成分见表 6-4 和表 6-5。

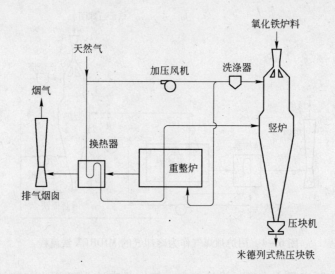

图 6-5　沙巴 MIDREX 式热压块工艺流程

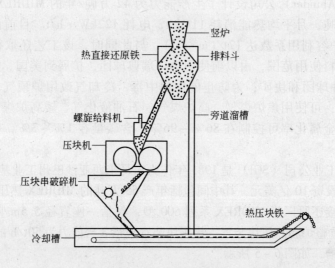

图 6-6　热压块设备

表 6-4　沙巴厂有代表性的 10 天操作指标

项　目	指　标	项　目	指　标
总产量/t	20767	产品含碳量/%	1.23
产率/t·h⁻¹	86.5	产品含渣量/%	3.2
产品 TFe/%	94.2	天然气消耗/GJ·t⁻¹	9.5
产品 MFe/%	89.1	电耗/kW·h·t⁻¹	127
产品 η_{MFe}/%	94.6		

表6-5 沙巴厂热压铁块的典型化学成分

项 目	指标/%	项 目	指标/%
TFe	94.2	S	0.004
MFe	89.1	P（以 P_2O_5 形态存在）	最高0.04
C	1.23	Cu、Sn、Ni、Cr、Mo	痕量
脉石	3.2	η_{MFe}	94.6

6.2 WIBERG-SODERFORS 法

WIBERG-SODERFORS 法的工艺流程如图6-7所示，该流程主要由立式气化炉（气体重整炉）、还原气脱硫炉和还原竖炉组成。

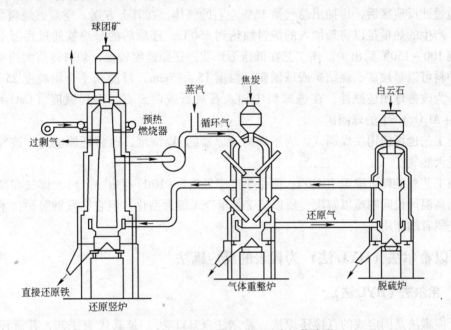

图6-7 WIBERG-SODERFORS法工艺流程

气化炉是内衬耐火材料的竖式炉，炉身上、下装有两组加热电极，顶部装有带闭锁器的料斗，其内充填焦炭或木炭，底部装有闭锁排料器。作业时，从顶部加入焦炭或木炭，被电弧加热后，保持炽热状态，一部分还原竖炉尾气用高温风机加压后，补充一部分水蒸气作为气化剂由炉顶通入气化炉，形成自上而下的气流，穿过被加热的焦炭柱产生还原气，其反应为：

$$CO_2 + C \Longrightarrow 2CO + 14009kJ/kgC$$
$$H_2O + C \Longrightarrow H_2 + CO + 10513kJ/kgC$$

消耗掉的燃料从炉顶密封料斗补充，用过的残焦和煤灰从底部排出。新还原气含75% CO 和21% H_2，温度约为1100℃从气化炉下部排出送入脱硫炉。脱硫炉也为内衬耐火材料的立式炉。顶部与底部装有闭锁器。脱硫剂采用白云石或石灰石，在炉内温度下形成一个主要由 CaO 和 MgO 组成的料柱。还原气自下部送入脱硫炉，穿过料柱向上流动，在流动过程中高温还原气含有的硫被高温煅烧的石灰石或白云石块吸收。完成脱硫反应，新的石灰石或白云石可连续不断地由炉顶料斗补充，由底部排出吸硫后的废料。形成的还原气温度也降至945℃左右，还原气自脱硫炉上部排出，通往还原炉。

脱硫后的还原气从靠近还原竖炉底部的位置送入。竖炉高约25m，底部直径2.75m，炉顶直径1m，内有耐火砖衬，顶部有钟式装料斗存装矿石料，炉底有钢结构水冷密封排料器装置。上升的还原气与向下运动的炉料接触，先把初步预还原的铁氧化物还原成金属铁（FeO→Fe），此还原区占竖炉高度的三分之二。从炉身高度的三分之二处，将还原气的65%用高温风机抽出，补加水蒸气后返回到气化炉作为转化气，剩余的反应气与被加热到850℃的矿石料接触，进行高价铁氧化物的还原反应：

$$Fe_2O_3 + CO \stackrel{}{=\!=\!=} 2FeO + CO_2$$
$$Fe_2O_3 + H_2 \stackrel{}{=\!=\!=} 2FeO + H_2O$$

通过此反应区后，再抽出总气量15%左右的气体，在其上方送入空气燃烧剩余的可燃气体，产生的热量足以将新加入的炉料加热到850℃。还原后的海绵铁通过底部水冷段被冷却到100~150℃后出炉。该工艺在低压下作业，还原速度较慢，炉料停留大约48h。

炉料可以是块矿、烧结矿或球团矿，粒度15~25mm，目前几乎全用粒度25mm的球团矿。为改善球团还原性，在造球料中加入石灰石或白云石，得到碱度（CaO + MgO）/（$SiO_2 + Al_2O_3$）= 1的球团矿。

此工艺也可使用块煤制气。为了提高还原器的H_2浓度，改善还原能力，造气时可配用少量天然气。

该工艺总能耗可降至10GJ/t，但由于产率低（8~10tFe/（$m^3 \cdot d$）），煤气在高温循环时使用高温风机问题难以解决，所以该工艺至今未能大型化，但它在发展竖炉技术过程中起了先驱者的作用。

6.3　以希尔法（HYL 法）为代表的反应罐法

6.3.1　希尔法（HYL 法）

反应罐法是固定式的直接还原法。希尔法（HYL 法）是其代表工艺，其流程和主要设备示意如图6-8所示，其装置由一座水蒸气转化炉和四座反应器组成。还原反应器是一个固定床的反应罐，原料从上部装入后不再加料，还原煤气由上向下流动并在870~1050℃进行还原反应。为了提高生产率，改善煤气利用率，采用4个反应罐交替进行"出料和装料、初次还原、最终还原、冷却"四个阶段、四步一循环的间歇式生产模式，还原煤气是用蒸汽转化天然气法制取的，也可使用其他气体燃料和石油。

该法是在圆筒状的反应罐（图6-9）中，铁矿石（块矿或球团矿）在还原时始终是静止的，还原气在矿石层中自上而下地流动，每只反应罐均按照装料—初次还原—二次还原—冷却卸料的周期循环进行生产，因而是不连续的。

由图6-8可见，四只反应罐按下列四个次序进行交替操作：

（1）卸料及装料（可进行临时小修）；

（2）初次煤气还原，对装入的矿料用最终还原阶段反应炉所排出气体进行部分还原；

（3）最终还原，用新鲜的还原气对已部分还原的矿石作最终还原；

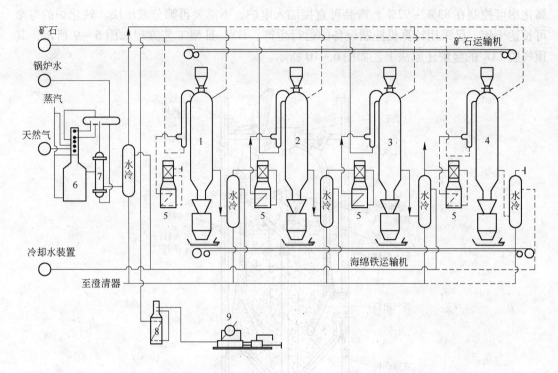

图 6－8　希尔法（HYL-Ⅰ）生产流程示意图

1—反应器Ⅰ，冷却；2—反应器Ⅱ，初次还原；3—反应器Ⅲ，二次还原；4—反应器Ⅳ，周转小修、装料；
5—煤气预热器；6—天然气转化炉；7—锅炉；8—空气预热器；9—空压机

（4）冷却对高温还原的铁进行冷却、渗碳、还原的均匀化及还原气的加热。

还原气是用天然气和蒸汽在换热式催化转化中制取。裂化气通过锅炉或热交换器，把过剩的显热用来生产蒸汽，并再经喷淋冷却后，便可直接进入反应器首先用来冷却最终还原得到的海绵铁。煤气流动的顺序是：

转化炉→冷却罐→最终还原罐→初次还原→燃烧器

其间，脱水采用喷淋冷却的方法，目的是去除煤气中的 H_2O 以提高其还原能力。预热是用预热器及空气部分燃烧还原煤气达到 1000℃以上，以满足还原反应的需要。

此法由于煤气热能不能直接利用，热效率较低，虽然有两次还原，但煤气的化学能利用率也不高，故单位产品的煤气消耗量较大，整个煤气处理系统也比较复杂，这是其缺点。除此之外，由于矿料在反应炉内是静止的，还原气始终是自上而下地流动，故使料层上下还原率不同（上下还原率差 3%左右），质量不均。但由于此法具有操作管理和设备维修容易的优点，因此投产后很快达到设计指标，生产正常、稳定，设备利用系数较高。目前运行的最大设备年产为 63 万吨，反应炉内径为 5.32m。

此法与其他方法相比，还原温度较高（1093.3℃），渗碳较多，同时由于多与电炉连接（电炉钢脱磷的需要），为经济起见产品金属化率多控制在 85%左右。

新研制成的 HYL-Ⅲ型装置有很大的革新。已由一座竖炉取代了四座反应罐，能够连续进行生产，不仅产量高（单体设备的设计年生产能力可达 30～100 万吨），而且可以使用天然气，煤和油的气化或焦炉煤气，可以使用球团或矿块，获得的海绵铁质量稳定。金属化率可控制在 83% ~92% ，产品可直接加入电炉，不需要再筛分或压块。转化炉的寿命可长达十年。已采用计算机控制设备的运行生产。HYL-Ⅲ型工艺流程如图 6 – 9 所示，其顶气脱 CO_2 的竖炉还原法工艺如图 6 – 10 所示。

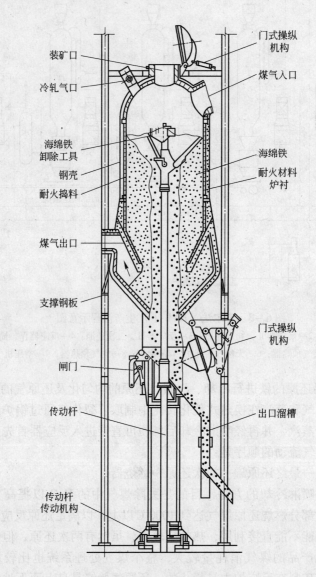

图 6 – 9 HYL 法反应炉结构图

6.3.2 HYL-Ⅲ法

用 HYL-Ⅲ法代替 HYL-Ⅰ、HYL-Ⅱ体现了由间歇运行到连续运行的进步趋势，此法是 HYL 法的改进工艺。中间实验装置于 1975 年投入运转，生产能力为 25t/d。1980 年 5 月一座生产能力为 25 万吨/年的 HYL-Ⅲ法工业装置投入使用。它是由 1960 年建成的一套固定床装置改建而成的。1983 年 4 月，又将一套从 1974 年一直生产的固定床装置改建成生产能力为 50 万吨/年的 HYL-Ⅲ法工业装置，HYL 法的工艺流程如图 6 – 11 所示。

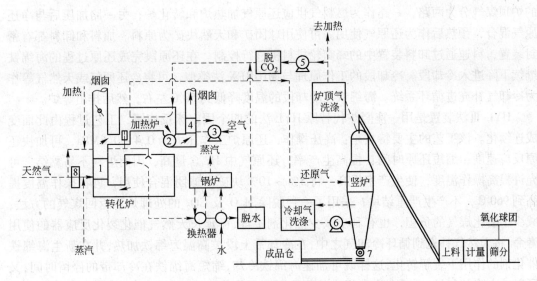

图 6 – 10　HYL-Ⅲ顶气脱 CO_2 的竖炉还原法工艺图
1—原料气换热器；2—排风机；3—空气风机；4—空气预热器；
5，6—压缩机；7—海绵铁排料装置；8—天然气脱硫

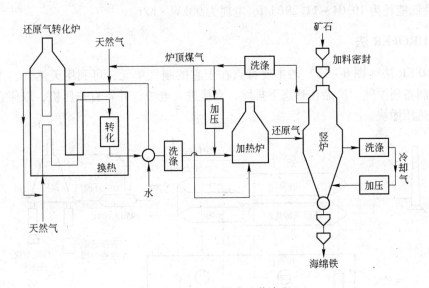

图 6 – 11　HYL-Ⅲ法工艺流程

　　还原气以水蒸气为裂化剂，以天然气为原料，通过催化裂化反应制取。还原气转化炉以天然气和部分炉顶煤气为燃料。燃气余热在烟道换热器中回收，用以预热原料气和水蒸气。从转化炉排出的粗还原气首先通过一个热量回收装置，用于水蒸气的生产。然后通过一个还原气洗涤器清洗冷却，冷凝出过剩水蒸气，使氧化度降低。净还原气与一部分经过清洗加压的炉顶煤气混合，通入一个以炉顶煤气为燃料的加热炉，预热至 900 ~ 960℃。

　　从加热炉排出的高温还原气从竖炉的中间部位进入还原段。在与矿石的对流运动中，还原气完成对矿石的还原和预热，然后作为炉顶煤气从炉顶排出竖炉。炉顶煤气首先经过清洗，将还原过程产生的水蒸气冷凝脱除，提高还原势，并除去灰尘，以便加压。清洗后

的炉顶煤气分为两路，一路作为燃料气供应还原气加热炉和转化炉；另一路加压后与净还原气混合，预热后作为还原气使用。可使用球团矿和天然块矿为原料。加料和卸料都有密封装置，料速通过卸料装置中的蜂窝轮排料机进行控制。在还原段完成还原过程的海绵铁继续下降进入冷却段。冷却段的工作原理与 MIDREX 法类似，可将冷还原气或天然气等作为冷却气补充进循环系统。海绵铁在冷却段的温度降低到 50℃ 左右，然后排出竖炉。

HYL-Ⅲ法装置是用一座竖炉代替原 HYL 法的四个固定床反应罐，工艺过程由此而变成连续化。该工艺的主要特点是：高压操作，还原炉工作压力为 0.4 ~ 0.6MPa，可加快还原反应速度，缩短还原时间，提高生产率；还原气中 H₂ 含量高，因而炉料不易黏结。可允许提高操作温度，使生产率提高：将 5% ~ 10% 块矿与球团混合使用，可将操作温度提高到 960℃，不产生严重结块；采用了一种脱除 H_2O 及 CO_2 的处理炉顶返回煤气的方法，减少了裂化煤气的负担，也有利于减少催化剂中毒，可延长天然气催化裂化反应器的使用寿命，将天然气补充到循环冷却气之中，在冷却带上段被高温海绵铁加热，并在新生海绵铁催化剂的作用下裂解转化，这样既可加速海绵铁冷却，缩短海绵铁在冷却带的停留时间，又可以减少冷却气量，还可允许在提高的作业温度下操作，把结块减少到最低程度，产品含碳量高，性能稳定，不易气化生锈；竖炉运转失常时，不影响还原气转化炉的工作。

HYL-Ⅲ法的技术指标通常是：直接还原铁平均金属转化率为 90.9%，平均含碳量为 1.9%，最低能耗为 10.04 ~ 11.29GJ/t、电耗为 90kW·h/t。

6.3.3 PUROFER 法

PUROFER 法（图 6-12）的主要特点在于它的制气单元，可利用天然气、焦炉煤气或重油来制备还原气。产品在热态下排除，直接进入电炉，并备有热压机，以便在特殊需要时生产热压团块。

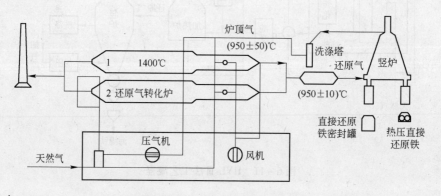

图 6-12 PUROFER 法工艺流程

制气单元配备有两个像热风炉那样交替工作的转化炉，分别称为 1 号和 2 号转化炉。当 1 号烧炉时，2 号炉进行还原气转化。反之，当 2 号炉烧炉时，则 1 号炉进行还原气转化。转化炉中充填有催化剂。工作过程如下。

6.3.3.1 烧炉

燃料为文氏管清洗过的炉顶煤气，空气助燃。烧炉时间约为 40min，要求转化室温度达到 1400℃，然后切换气流，转入还原气转化工作状态。

6.3.3.2　还原气转化

还原气转化可采用两种方案。

A　蓄热式空气重整转化法

炉顶气经文氏管洗剂器冷却清洗后，送入 1 号转化炉，用空气助燃，将放有催化剂的重整转化室加热到 1400℃、燃烧废气由烟囱排出。经 40min 后，切换气流，将混合好的空气与天然气送入 1 号炉进行如下反应：

$$CH_4 + \frac{1}{2}O_2 \longrightarrow 2H_2 + CO$$

将制得的 1200℃ 左右的还原气温度调整到（950±10）℃ 后进入竖炉。切换气流后，同时向 2 号转化炉送入净炉顶气和空气进行燃烧加热。

B　蒸热式炉顶气转化法

与上述过程相似，用炉顶净化煤气和空气燃烧，将 1 号转化炉加热到 1400℃（约 40min）后，切换 2 号转化炉气流，将接近化学反应比例的炉顶气与天然气的混合气送入已加热好的 1 号转化炉，进行下列催化反应：

$$CH_4 + CO_2 \longrightarrow 2CO + 2H_2$$

$$CH_4 + H_2O \longrightarrow CO + 3H_2$$

由于重整转化反应为吸热反应，转化炉降温，当温度降至 1200℃ 后重新换炉，再将炉顶气与天然气混合送入加热好的 2 号转化炉。在重整过程中，天然气可能使催化剂形成硫中毒，但转入燃烧加热期后，沉积的硫将被氧化并随燃烧废气一起排出。

由于这两种转化制气工艺均采用高温转化方式，并有催化剂作用，因此，天然气转化比较充分，所得还原气的氧化度（$CO_2 + H_2O$）/（$CO_2 + H_2O + H_2 + CO$）小于 2%，且无有害的烟炭沉积。

1976 年，巴西的爪纳巴拉（Cosigua）公司一座日产 1000t 用重油部分氧化法制备还原气的 PUROFER 式竖炉投产。

1972 年阿姆考科（ARMCO）公司在休斯敦（Houston）建立了年产 30 万吨的 ARMCO 法工业装置，如图 6-13 所示。

该装置采用了 Fesfer-Wholer 公司的水蒸气转化制气工艺。转化炉内装有反应管 96 支，用还原炉排出气加热。余热锅炉产生的蒸汽作为转化剂，按工艺要求将 1.3:1 气碳比的水蒸气和天然气混合原料气，预热到 540℃，并增压至 0.34MPa，然后送入反应管。在 915~955℃ 下进行催化转化，得到含有约 70% H_2、20% CO、6%~7% H_2O、2%~3% CO_2 和少量 CH_4 的还原气。从反应管排出时温度为 955℃，压力为 0.152MPa。

该装置有两套各自能供应还原气需要量 60% 的转化炉，一台转化炉发生故障，仍可保证还原竖炉的连续作业。

入炉料由炉顶料仓的 4 个下料管落入，下料管装有阀门。该竖炉全高 35m，炉顶直径 4.6m，送气口区直径 5.03m，送气口以下是倒锥形冷却带。冷却带底部设有带密封阀门的 200mm 排料管，还原得到的海绵铁进入冷却带后，被底部送入的冷却气冷却到常温后经排料管卸出。炉内炉料下降速度由调节排料机的速度来控制。

炉顶气全部经文氏管除尘，炉顶气的 60%~70% 作为转化炉燃料；余下的 30%~

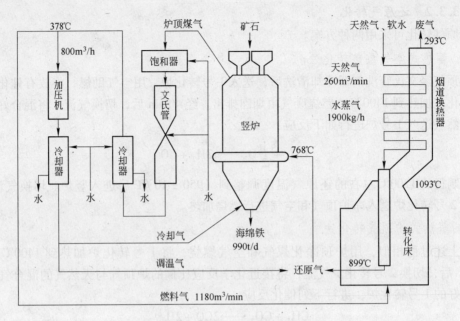

图 6 – 13　ARMCO 法流程设备装置

　　40% 用压缩机存入气柜，其中的大部分作为冷却气，另一部分用于调节入炉还原气的温度。从冷却带进入的冷却气在冷却炉料的同时被加热，然后沿料柱继续上升与送风口吹入的热还原气合流。

　　该工艺使用 80% 粒度为 5～18mm 的氧化球团和 20% 的块矿作为原料。天然气消耗为 13.4Gt/t，电消耗为 39kW·h/t。

6.3.4　PLASMARED 法

　　PLASMARED 法是 WIBERG 法的改进流程。第一座 PLASMARED 装置于 1981 年在 Horfors 厂投入使用。该流程与 WIBERG 流程的区别主要在造气工艺应用了等离子技术，从而大大提高了装置的生产能力。Horfors 厂原来年产 2.5 万吨，经改装后生产能力提高至年产 7 万吨。流程不设还原气脱硫炉，还原炉基本构造和工作原理与原流程相同。

　　等离子烧嘴装在制气炉顶端。炉顶煤气经除尘处理后分出一小部分进一步将 CO_2 清洗掉，然后在等离子烧嘴内被加热至 4000～5000K 的超高温，形成等离子气。循环炉顶煤气的主要部分则作为气化剂与造气燃料一起在烧嘴前方喷入造气炉。气化剂、燃料与等离子气流迅速混合、升温，并转化成还原气。由于使用了等离子烧嘴，气化炉对燃料的适应能力很强，可使用气、液、固三种状态的燃料。

　　1968 年，意大利达涅利公司与瑞士蒙特福瑞诺公司开始合作研究铁矿石直接还原，并于 1971 年成立 KINGLOR METOR 矿业和冶金公司，专门从事用煤还原铁矿石的竖炉法的研究。1973 年年产 6500t 直接还原铁的中间试验工厂投产，1978 年年产 4 万吨直接还原铁的工业生产装置在米兰附近的阿尔韦迪（Arvedi）公司建成，该直接还原装置由完全相同的两组装置组成（图 6 – 14）。

　　KINGLOR METOR 流程简称 KM 流程，KINGLOR METOR 矿业和冶金公司成立于 1971

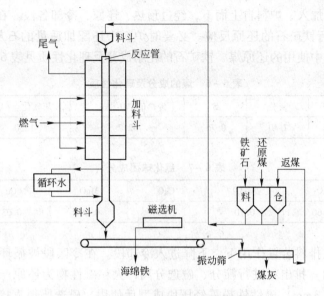

图6-14 KINGLOR METOR法工艺流程

年，是意大利和瑞士在直接还原领域科技合作的产物。这个公司的首要任务就是开发煤基直接还原新技术。该公司成立两年后，一座年产6500t海绵铁的中试装置即投入运转。1978年，由Arvedi公司在意大利建成第一个KM法工业生产装置，年生产能力为4万吨。1981年在缅甸又建造了两套年产2万吨的工业装置。KM流程的工作原理与EDR流程类似，但采用气体燃料燃烧供热，取代电力。

Arvedi的工业装置由两套相同的系列组成，每套还原装置由6个垂直的自承式反应器组成，反应器呈矩形断面（（300~600）mm×1600mm），高12000mm。反应器由三部分组成，上部为矿石预热段，用AISI310耐热钢制成；中部是矿石还原段，由黏土—碳化硅黏结砖砌成；下部是用普通钢板制成的水套护围的海绵铁冷却段。上、中部在加热炉炉膛内，下部暴露在炉膛外。

加热炉由钢板外壳和耐火砖衬构成，内设6层煤气燃烧器。使用天然气或煤气等气体燃料，预热空气助燃。燃烧产生的热量通过反应管壁传递给管内的炉料。温度分布可通过各层的燃烧强度进行调节。预热段温度和还原段温度分别控制在850℃和1050℃左右。

加热炉外墙用钢材围成，内砌耐火砖（$Al_2O_3 + TiO_2$含量为28%）。根据炉内温度分布要求，沿加热炉膛高度设置若干层（通常为6层）煤气燃烧器。作业时，先将助燃空气用燃烧废气预热，用天然气或其他气体燃料（包括还原反应废气）作为燃料，燃烧产生的热量以辐射和对流方式传递给反应管，通过碳化硅壁，将反应管内的矿石和还原煤等加热到还原反应所要求的温度。

由铁矿石和还原煤组成的混合料自炉顶加入，在预热段和还原段内经过13h的还原生成海绵铁。海绵铁和残煤进入冷却段。经过约10h的冷却，混合产物温度降至约50℃，然后排出炉外。混合产物在炉外首先经过磁选。磁性物为海绵铁，非磁性物为残煤。残煤经筛分处理，筛上物作为返煤重新入炉使用。

经过筛分的矿石（6.5~25mm）、还原煤及回收碳（3~20mm）按要求比例混合后，从反应管顶部料斗加入。炉料自上而下，经过预热、还原、冷却各段。在高温下，还原煤被气化成 CO，进行铁矿石的还原反应。必要时炉料中还配加适量的石灰石（或白云石）作为脱硫剂。生产中使用的还原煤、铁矿石的化学成分及理化性质见表 6-6 和表 6-7。

表 6-6　煤的成分及理化性质　　　　　　　　　　　　　　（%）

挥发分	Ca	灰分	S	发热值/MJ·kg⁻¹	灰软化点/℃	热膨胀系数
32.75	59.10	7.40	0.75	32.7	1250	1.50

表 6-7　氧化球团成分　　　　　　　　　　　　　　　　　　（%）

TFe	SiO$_2$	Al$_2$O$_3$	CaO	MgO	Cu	S
64.0	3.60	0.70	2.30	0.60	0.03	0.02

经过的炉料在排料装置作用下，下降进入冷却段。在冷区段被循环惰性气体冷却后通过闭锁料斗排出。排出料进行筛分、磁选分离，大粒磁性物为还原产品，非磁性料为返回碳，细颗粒（3mm）磁性铁粉需经压块成型后使用。磁选所得直接还原铁成分见表 6-8。

表 6-8　直接还原铁成分　　　　　　　　　　　　　　　　　（%）

TFe	MFe	SiO$_2$	Al$_2$O$_3$	CaO	MgO	Cu	S	C	η_{MFe}
86.20	77.40	6.0	1.20	2.30	0.90	0.03	0.04	0~1	90

该工艺的能量消耗为：还原煤（25.1MJ/kg）310kg，加热燃料（50.2MJ/kg 液化气）134kg 或天然气（34.8MJ/m³）193m³，总热耗值为 16.1GJ/t 海绵铁。其能耗分配比例见表 6-9。

表 6-9　能耗分配比例　　　　　　　　　　　　　　　　　　（%）

海绵铁中碳	脉石混入	散热	产品冷却	废气损失	加热料	还原
1	7	7	11	19	14	38

这里，热利用率为 58%，电耗 80kW·h/t，生产工时 1.6h/t。据介绍，建造生产能力为 30 万吨/年的设备要比其他工艺的投资低。

在新设备的设计中，为改善炉料还原过程的条件，将一部分还原排出气从反应管底部送入，另一部分作为加热燃料。这样也能使工艺总能耗得到降低。

1981 年在缅甸建造的两座年产 2 万吨的 KINGLOR METOR 竖炉以及配套的炼钢电炉和连铸机等设备，目前还在运行中。

此法对原料、燃料的适应性强，可以用天然矿、球团或烧结矿；还原剂可以用非焦煤；工艺简单，投资和生产费用低。但它生产率低、规模小，特别是碳化硅反应管很贵，易损坏。

海绵铁单位能耗为 16.1GJ/t，其中还原煤 310kg，天然气 193m³。新的设计方案将一部分还原尾气从反应管底部重新送入反应管，其余尾气则作为加热炉燃料。这一改进将使总能耗有所降低。

6.4 流态化法

当气体通过固体散料层时，气体作用于散料颗粒的力随气流速度的增大而增大，对一定的粒度和比重的散料层来说，有一个临界气流速度，超过这一临界气流速度，散料就要产生"沸腾"，即流态化。粒度小比重轻的散料达到流态化的临界气流速度较小。

流化床由于气流速度大的强烈搅动，以及粒度小表面积大等条件，传热和还原的速度较快，有利于提高生产率，但实际生产上流态化法的生产率却不高，这主要是因为：

（1）操作温度（600~800℃）较低。过高（>800℃）会引起黏结而破坏流态化。

（2）流化床层中炉料密度小，因而设备容积利用系数低。

目前达到工业生产的具体方法有氢铁法（H-Iron）、菲奥尔法（FIOR）、希伯法（HIB）、诺法尔弗法（Noraifer）等。其中以 FIOR 和 HIB 法应用较广。

6.4.1 FIOR 法

美国 1962 年建成 FIOR 法试验设备（5 吨/日），1965~1969 年建成示范性设备（300 吨/日），1976 年在委内瑞拉建成生产厂（40 万吨/年）。

此法工艺流程如图 6-15 所示。它主要包括以下部分。

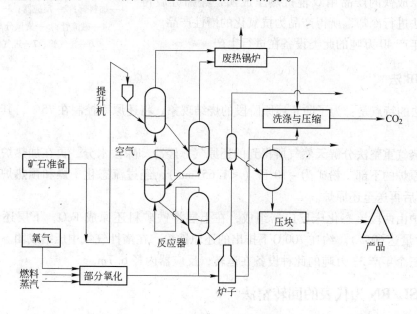

图 6-15 FIOR 法工艺流程示意图

6.4.1.1 矿石准备

矿石准备包括矿石的破碎、筛分和干燥。要求矿石含铁品位高，脉石量小（<300），含水量低，粒度在 4 网目（4.699mm）以下（<325 网目（0.043mm）的不得超过20%）。因为此法不能脱磷，故要求含磷低。

6.4.1.2 还原气的制备

还原气可用水蒸气重整法裂解天然气制成含 CO 低的煤气，除去 CO_2，得到含 H_2 约

90%的还原煤气,新制造的和循环使用的还原煤气混合后,预热到538℃以上,从与矿石还原过程相反的方向鼓入反应器,再由最先的一个还原反应器逸出。这用过的还原气经冷却、洗涤、脱水和除尘后,压缩回收,循环使用。

6.4.1.3 反应器系统

反应器系统是由几级流态化床反应器(图6-16)串联起来的。铁矿粉在第一级反应器里通过在流态化铁矿粉层内的天然气和预热空气的燃烧,把矿石预热到还原温度,在氧化气氛下被预热的燃烧烟气预热到所需的温度,同时矿粉中的结晶水和大部分硫被除掉,然后铁矿粉依次进入串联起来的第一级、第二级、第三级还原反应器。矿石与逆向流动的还原气接触,分阶段地还原。正常情况下金属化率达90%~95%。由于反应器是在大于大气压下进行操作,为了定量、均匀地将矿粉加入反应器,设计了专门加料器。

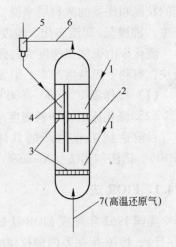

6.4.1.4 压球与冷却

已还原成铁的产品用双辊机热压成团,经筛分后再用专门方法进行冷却,所得产品为抗氧化的惰性产品。

现有年产40万吨的此类设备在进行生产。

图6-16 流化床反应器示意图
1—加料管;2—反应器;3—分布板;
4—磁流管;5—旋风分离器;
6—排气管;7—进气管

6.4.2 HIB法

HIB法的特点是:为了防止还原阶段的烧结现象,将还原率控制在75%,其产品作高炉原料用。

用水蒸气重整法分解天然气所得到的还原气,经冷却除去水分,再在加热炉重新加热后鼓入还原炉的下部。粉矿为-10目(<1.651mm),经过流态化干燥和预热炉,温度达800℃以上后再送至还原炉。

还原炉由两段流态化床反应器组成,在上层将铁矿料还原成FeO,下层还原为金属(金属铁含量达60%)。约在700℃下排出的还原铁粉,在惰性气氛中压结成团。

现有三个年产33万吨的此种设备在运转,反应器内径6.7m。

6.5 以SL/RN为代表的回转窑法

炼铁用的回转窑同水泥、耐火材料工业用的回转窑结构基本相同,炉体由钢壳及耐火炉衬组成,一般以窑体的长度和内径来标定其大小。回转窑法早在1934年便有第一套设备投产,在1964年停产,自20世纪60年代末又有几套设备投产,但因作业稳定性低等技术问题发展缓慢。近些年由于一些技术关键得到突破,才有较大发展。最大的在南非,年设备生产能力为80万吨。

6.5.1 回转窑炼铁的工艺原理

铁矿石和还原剂同时由窑尾加入窑内,借助于炉体的倾斜和转动(一般1°~1.5°,约

1.0r/min），在使炉料向窑头方向运动，经过预热带，还原带而得到产品，炉料在炉内停留的时间可由以下经验式计算：

$$t = \frac{1.77L/\sqrt{\theta}}{PDN}$$

式中　t——炉料在炉内停留时间（即冶炼周期），min;

　　　L——炉体有效长度，m;

　　　θ——炉料堆角，(°);

　　　P——炉体倾角，(°);

　　　D——炉体内径，m;

　　　N——炉体转速，r/min。

　　回转窑炼铁可用多种燃料，这是一大优点，一般供热用液体燃料或气体燃料较方便，固体燃料需要粉碎后喷吹燃烧。如果燃烧在窑头一端，气流方向与炉料运动方向相反，称为逆流式。如果燃烧在窑尾一端，气流方向与炉料运动方向相同，称为顺流式，目前多采用逆流式，其优点是热效率较顺流式高。但顺流式能使炉料迅速被加热，温度分布较均匀，可减少结圈故障。当使用挥发分高的煤作还原剂时，顺流式还可使挥发分在炉内充分燃烧而利用其热量。

　　为了弥补逆流式的缺点，最近采用所谓"延伸燃烧"的新技术，即沿炉体长度安装多排烧嘴，使燃烧向窑尾伸延，以提高炉内的平均温度，并使炉内温度分布均匀化（图6-17）。这种烧嘴安装在炉体上，并随之转动，因此结构较复杂。

　　从能量消耗上分析，由于回转窑中炉气仅与炉料表面接触、故热效率很低（废气温度一般在600℃以上，废气带走的热量占总热收入的30% ~ 50%），特别是顺流式和延伸燃烧的逆流式更为严重，但回转窑内可完

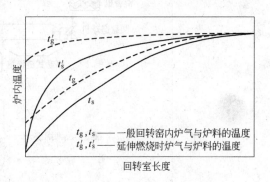

图 6-17　回转窑内炉气与炉料的温度分布

全燃烧（在生产海绵铁时还原产生的 CO 燃烧所提供的热占总热量的 70% ~ 90%），所以总的燃烧消耗并不多。

　　回转窑内的还原基本上是直接还原，因此提高沿炉体长度的平均温度对促进还原有显著效果。另外由于固体碳还原产生金属铁的温度在 800℃以上，因此使炉料尽快达到 800℃，缩短预热段的长度，扩大还原段的长度，也有利于还原。此外，在设计和操作时要保证炉料在还原段有必要的停留时间，以达到规定的还原度。

　　回转窑由于窑头温度的不同可得到不同的产品，在 1250℃左右时，脉石和金属达到半熔化状态，金属聚集成粒，故名粒铁。当温度达到 1400℃左右时，粒铁进一步渗碳和熔化，成为液态生铁。这两种产品生产的共同的缺点是炉衬易损坏、结圈，因此近代发展的是低温不熔化的生产工艺，产品是海绵铁，窑头温度不超过 1100℃。

　　当炉料含有易挥发元素时，由于回转窑废气出口温度高、且易挥发元素不易被炉料再吸收，而使其具有较高的挥发率（某些元素的挥发率见表 6-10。其中砷、硫和磷三个元

素，因炉料中 CaO 能与其形成稳定的化合物，故挥发率较低）。正因为如此，回转窑成为处理复合矿和硫酸渣（氯化焙烧）的有效手段之一。

表 6 - 10　回转窑中某些元素的挥发率

元　素	Pb	Zn	Na	K	As	P	S
挥发温度/℃	1550	907	880	780	622	590	445
挥发率/%	微	>90	>90	>90	60~100	20~50	38~80

6.5.2　回转窑生产海绵铁

SL/RN 法是回转窑固体还原法中工艺较成熟、应用较广泛的一种方法。KRUPP 法也是用煤作还原剂，利用回转窑进行直接还原的方法。两个方法实质一样。回转窑法工艺流程和主要设备如图 6 - 18 所示。

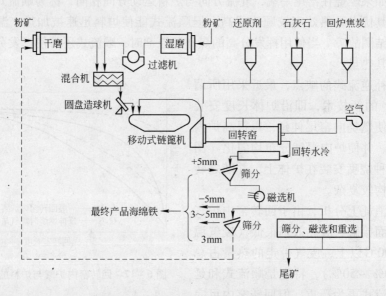

图 6 - 18　回转窑法生产流程示意图

回转窑的工作原理是：固体碳和矿粒（球团）组成的原料在倾斜炉体的回转窑内运动连续向前推进，在运动中炉料被以逆流或顺流方法燃烧生成的煤气预热（<800℃区域）和还原（900~1000℃区域），最后得到产品——固态海绵铁。

SL/RN 回转窑法可以处理多种不同的含铁原料（如贫铁矿、钒钛磁铁矿以及钢铁厂的粉尘等）。也可以使用多种类型的能源特别是能够使用储存丰富但高炉却不能使用的非炼焦煤，煤的价格低于天然气和石油，因而能源成本也低。所以此方法具有广阔的发展前景。还原煤的选择很重要，应选择灰分低（<20%）、含 S 量低（<1%）、反应性好、固定碳较高、挥发分适量、煤灰软熔性好的煤种作还原剂。

但是该方法的设备庞大，投资费用高，试运转时间长，生产率比气体还原低，而能耗却较高。

现代发展的海绵铁回转窑具有以下特点：

（1）使用含铁品位很高的铁精矿（含铁达65%上，酸性脉石3%～5.5%）球团为含铁原料（表6-11）。虽然也可使用品位不高的块矿，还原后再经破碎磁选和压团，但不如使用高品位球团矿经济。

表6-11　国外一些煤基回转窑直接还原厂用的铁矿石化学成分和粒度

方法	厂名	矿类	Fe/%	SiO₂/%	Al₂O₃/%	CaO/%	MgO/%	S/%	P/%	其他/%	粒度/mm
SL/RN	加拿大 STECO	球团									
SL/RN	秘鲁 Siderpero	球团	66	2.2		1.0					6～18
SL/RN	印度 SIIL	块矿	63	4.5		0.1					5～20
SL/RN	南非 ISCOR	块矿	66	2.5	1.3	0.2	0.6				5～18
CODIR	南非 Dunswart	块矿	66.3～67.1	1.2～2.9	0.8～1.09			0.013～0.07	0.038～0.04	MnO 0.01	5～25
ACCAR	印度 OSIL	块矿	66.5～67.6	1.76～2.25	0.62～1.73	0.03	0.01	0.002	0.022	TiO₂ 0.06	6～40

（2）在逆流式回转窑窑尾设置链箅机，可利用窑内出来的废气干燥和预热球团矿。这既提高了热能利用率，缩短回转窑的预热段，同时又提高了生球强度，减少球团粉碎和粉料吹损量，还为提高窑内填充率提供前提条件。链箅机在材质耐热性允许的条件下，预热温度可达300℃。

（3）沿炉身设多排二次烧嘴，实行"延伸燃烧"，二次烧嘴可鼓入空气（也可同时加入适量的液体或气体燃料），以燃烧煤的挥发分、炉料还原中产生的 CO 和主喷嘴喷出的未被燃烧的煤粉或油等。延伸燃烧可使炉内温度分布均匀，炉料被迅速加热，使还原段延长，减少结圈等，从而提高回转窑的效率。

（4）在回转窑内沿圆周可设三层挡料板，可提高炉料的填充率，但这必须与链箅机预热相配合，否则会引起预热困难。挡料板的材质和结构还有待进一步研究。

（5）还原剂配入量一般比理论需求量应多20%～50%，造球前混入精矿粉制成综合料球，还原效果更好。炉料中应配以脱硫剂。

回转窑法还有其他一些工艺，如 Allis-Chalmer 法，这种方法是在回转窑窑壁中装特殊的喷嘴。从矿石层下部的喷嘴向炉内喷入天然气或重油，其通过被加热的料层时进行热分解而产生 CO 和 H_2 使矿石还原。在还原时未利用的 CO 和 H_2 以及在通过料层时未分解的天然气或重油，依靠位于料层上部的喷嘴所吹入的空气而燃烧，使炉料加热到所需要的温度。这种方法是唯一一种能调节还原铁中的碳含量且不需要气体发生炉的方法。

6.5.3　回转窑直接还原法

目前煤基直接还原法主要是回转窑法，其中 SL/RN 法生产能力占回转窑法总生产能力的55.6%，CODIR 法占22.3%，DRC 法占9.2%，其他为 TDR 法、ACCAR 法和DAV 法。

20 世纪 70 年代末至 80 年代初，以研究煤基直接还原技术和设备出名的鲁奇公司、克虏伯公司和戴维麦奇公司，在总结以往回转窑生产经验的基础上，经过深入研究，从工艺技术和设备上进行了重大改进，特别是石油、天然气价格的上涨，更促使回转窑直接还原技术稳步发展。

从世界煤基回转窑直接还原铁厂的情况来看，煤基回转窑直接还原主要分布在缺乏焦煤和天然气资源的南非和印度等地。其中，南非回转窑 DRI 生产能力为 123.0 万吨，印度为 93.0 万吨。

回转窑是固体还原剂直接还原工艺，利用回转窑还原铁矿可按不同作业温度生产海绵铁、粒铁及液态生铁。回转窑是一个稍呈倾斜放置在几对支撑轮上的筒形高温反应器。作业时窑体按一定转速旋转，含铁原料与还原煤（部分或全部）从窑尾加料端连续加入，并加入脱硫剂控制产品含硫。随窑体转动，固体物料不断翻滚，向窑头排料端移动。排料端设置主燃料烧嘴和还原煤喷入装置，提供工艺过程所需要的部分热量和还原剂。沿窑身长度方向装有若干供风管（或燃料喷嘴），向窑中供风燃烧煤释放的挥发分。还原反应产生的 CO 和煤中的 C，用以补充工艺所需大部分热量和调节窑内温度分布。物料移动过程中，被逆向高温气流加热进行物料的干燥、预热、碳酸盐分解、铁氧化物还原以及渗碳反应，铁矿石在保持外形不变的软化温度以下转变成海绵铁。

回转窑直接还原方法繁多，各具特色，原料和产品也各有差异，但基本工艺过程和原理相同。生产高品位海绵铁供炼钢用的方法有 SL/RN 法、KRUPP-CODIR 法和 DRC 法；用于处理含铁粉尘和复合矿综合利用的方法有川崎（KAWASAKI）法、住友（SDR）法、久保田（SPM）法、新日铁（KOHO）法和维尔兹（WELZE）法等。

6.5.3.1　回转窑法的工作原理

A　窑内炉料运动

随着回转窑的运转，窑中的固体炉料产生运动，在断面的转动方向上炉料运动有下列形式：滑落，如果炉料与炉衬之间摩擦力太小，不足以带动炉料，则炉料不断产生上移和滑落而且炉料颗粒不混合，在这种情况下炉料与气流的传热现象处于近似停滞状态；塌落，炉料与炉衬间有足够的摩擦力，但窑的转速很小时，则炉料反复被带起，达到一定高度而塌落；滚落，当窑体转速加快时，则炉料由塌落进入滚动落下的状态，这是回转窑炉料的正常运动状态；瀑布形落下，进一步加快转速，带动的炉料则离开料层散落形成瀑布状落下；离心转动，转速太快，则炉料随窑壁离心转动而不落下，这是不允许在回转窑中产生的现象。

a　物料横断面运动

含铁原料与还原煤的粒度、形状和密度差异形成了物料运动中的偏析现象。粒度大、形状规则（近球形）、密度大的炉料，随窑体转动迅速滑落到底部形成物料断面层；粒度小、形状不规则和密度小的炉料将构成物料的中心，如图 6-19 所示。荒川通过对焦炭和铁矿石的试验研究认为，物料断面偏析取决于物料静止角。研究者通过大量实验发现，形成断面偏析的主要原因是粒度

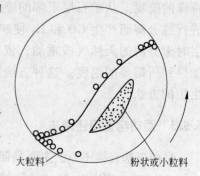

大粒料　　　　粉状或小粒料

图 6-19　回转窑内炉料的
断面偏析现象

差，而不是静止角。煤静止角大于球团，当煤粒小于球团时，分布在外层的是球团，而不是煤；粒度相近时，物料混合较均匀。此外，研究者还研究了窑内填充率、转速和不同物料比的影响。试验表明，填充率从 10% 增加到 20%，铁矿颗粒越多，单位体积物料占有的表面越小，颗粒在运动中互相超越、混匀的机会越少，因此产生或消除偏析的惰性越大。但不能笼统地说，增大填充率会造成或加重物料的断面偏析。在一定粒度组成下，物料总有一个稳定的分布状态，改变窑体转速对物料偏析现象无明显影响，加快转速能防止和消除偏析的论点是没有根据的。

窑内物料不仅呈现断面偏析，轴向也有不均匀分段现象。有时，一区段内铁料多还原煤少，而其前或后则是铁料少还原煤多。这种偏析现象不利于还原，煤的利用也不好；为了保证产品的金属化率，需增加配煤量，也不利于防止结圈。

回转窑内物料运动的特征是物料连续不断地翻滚、物料受热均匀、传热阻力小、铁矿物还原均匀，可防止或减轻再氧化等。力学分析表明，炉料填充角大于 120°（炉料填充率大于 20%）后，窑料不再出现滑移现象。实验证明，提高煤比，也有利于防止滑移。

b 物料轴向运动

还原窑设有挡料圈。增大填充率，沿窑长料层厚度是不一样的，因此，物料移行速度也不是均衡的，如图 6 – 20 所示。

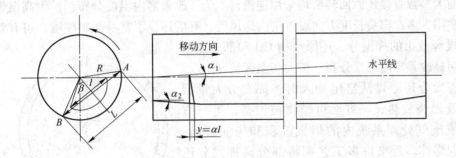

图 6 – 20 回转窑内物料轴向运动和分布示意图

模型研究表明，铁矿和还原煤粒度、形状和密度不同，两者轴向移动速度也不一样。平均移行速度可用下式求出：

$$v_1 = \frac{4}{3} \times \frac{nR\pi a}{\phi f_1} (\cos\phi_0)^3 (\cos\phi_1)^3 (\cos\phi_2)^3 \qquad (6-1)$$

式中　v_1——铁矿石或还原煤轴向平均移行速度，cm/s；

R——窑内半径，m；

n——窑体转速，r/min；

ϕ——物料填充率；

ϕ_0——物料填充角的一半，rad；

f_1——铁矿石或还原煤占总料量之比；

a——回转窑机械参数与物料特性参数的综合系数；

ϕ_1——铁矿石或还原煤运动轨迹外中心角的一半，rad；

ϕ_2——铁矿石或还原煤运动轨迹内中心角的一半，rad。

用下列公式可分别求得铁矿石和还原煤在窑内的总停留时间：

$$\tau_{矿} = \sum \frac{\Delta l_i}{v_{矿}} \qquad (6-2)$$

$$\tau_{焦} = \sum \frac{\Delta l_i}{v_{煤内}} m + \sum \frac{\Delta l_i}{v_{煤外}} n \qquad (6-3)$$

式中　　　　　　　Δl_i——各窑段长度；

$v_{矿}$，$v_{煤内}$，$v_{煤外}$——分别为各区段内铁矿石、内层煤和外层煤的平均移行速度；

m，n——分别为大、小粒度占总煤量的体积比。

同一回转窑内，物料在窑内的停留时间与填充率成正比。提高填充率有利于物料加热和还原，提高单位窑容产量。近年来国内外作业窑的填充率已提高到 20% ~25% 。

B　窑内气体运动

还原性回转窑按气流与物料流向有逆流和顺流之分。顺流窑的优点：挥发分在高温区析出，能得到较好的燃烧和利用；窑内物料加热迅速，有利于提高设备能力；物料加热均匀，不会在窑中后部形成高温点导致窑衬结圈。顺流窑的最大缺点是废气温度高、热效率低，给设备维护和操作带来困难。

目前大多数直接还原回转窑均采用逆流窑。为了改善窑内温度分布，扩大高温带和提高能量利用，多在窑身长度方向设置窑内送风管，有的还设了窑身燃料喷嘴，可有效地燃烧还原煤释放出的挥发分、还原产物 CO 和部分还原煤，能明显改善窑内温度分布、扩大高温区长度。

高挥发分还原煤从窑尾加入时，挥发分大量析出来不及燃烧放热，一方面可燃物被浪费，另一方面将造成废气处理系统内的烟炭沉积和焦油析出，容易引起爆炸。近来许多工艺都将部分高挥发分还原煤从窑头排料端喷入，并在窑尾设置埋入式送风管（图 6 - 21），从而使挥发分得以在高温中析出，并在窑内充分燃烧，改善窑内温度分布和能量利用，提高了窑尾温度，改善了入窑料的加热，提高了设备生产能力。

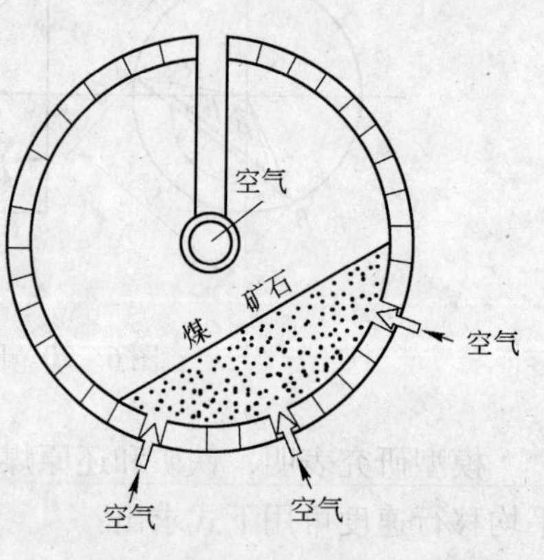

C　窑内燃烧

图 6 - 21　窑身二次送风管及窑尾埋入风嘴送风示意图

要提高回转窑生产率，除了提供充足的热量外，还应尽量扩大高温带长度。直接还原回转窑除在卸料端设燃料供热烧嘴外（作业温度低于950 ~1000℃），还应沿窑身长度方向设若干窑中送风管或燃烧嘴。窑中送风的主要目的是燃烧窑内气体可燃物和少量还原煤。窑头烧嘴和窑身燃料烧嘴（现很少采用）多是燃烧外供粉煤燃料（极少用气体或液体燃料）。

煤粉燃烧是多相燃烧，燃烧过程分为干燥预热和燃烧阶段。干燥预热阶段持续时间取决于燃烧准备带的热交换情况，通常随着粉煤含水量降低、空气量减少和空气预热程度升高而缩短，一般仅 0.03 ~0.05s。

粉煤属不耐热的 C-H-O 系，温度升高，粉煤激烈分解，析出挥发物（CO_2、H_2O、CO、H_2、C_nH_m 等），生成炭粒。由于挥发物在很大压力下析出，在煤粒外形成气膜，因此最初的燃烧反应在气膜外层进行，气膜内煤粒在缺氧条件下焦化，直到外层挥发分燃尽才开始焦化炭粒的燃烧。窑内煤粒燃烧时间可用下式表示：

$$\tau = d^{m+1}\frac{\rho_m}{2z}\int_1^0 \frac{wm(1-e)}{0.21(e+w^3)}dw \qquad (6-4)$$

式中　d——粉煤颗粒直径，m；

　　　ρ_m——粉煤密度，kg/m^3；

　　　w——煤粒燃烧程度；

　　　e——过剩空气量；

　　　m——粒度影响系数；

　　　z——由扩散条件和动力学条件决定的系数。

还原性窑作业时，为了维持窑头气氛，窑头燃烧是在空气不足条件下的不完全燃烧，通常采用单筒式燃料烧嘴。这时的煤粉燃烧不是挥发分未燃尽的不完全燃烧，而是焦粒不能充分燃烧，且发生了还原反应（即 CO_2 与 H_2O 还原）的物理不完全燃烧。

还原性回转窑燃料可以使用性质差异很大的煤。一般情况下，高挥发分煤离烧嘴很近就能发火，火焰长；低挥发分煤（瘦煤）则远离烧嘴发火，火焰集中。引火时间的差异是煤的分解温度所引起的，发火温度则是随挥发分的减少而升高。

燃烧高挥发分煤时，燃烧带发热强度低、温度低，发热过程会延续很长距离；燃烧低挥发分煤时，80%的燃烧热会在很短距离内发散出来，引起局部温度升高。有时因发火过迟使粉煤粒来不及燃尽。

回转窑可用低质煤作为燃料，如泥煤、褐煤、无烟煤等，但会降低回转窑的生产效率。

燃料烧嘴的燃烧必须与燃料种类和性能相适应。一般情况下。粉煤必须将物理水去除。粉煤粉碎细决定于挥发分和灰分含量，挥发分高、灰分低，煤的粉碎细度可粗些；灰分高需相应提高粉碎细度，对挥发分低的煤，提高细度，能加速煤的发火，强化初相燃烧，在燃烧带长度内得以均匀放热。

在使用单筒式烧嘴情况下，粉煤颗粒运动速度大致与烧嘴喷出的气流局部速度相等。这时燃烧带长度可用下式求出：

$$L = v\tau \qquad (6-5)$$

式中　L——燃烧带长度，m；

　　　v——燃烧带气流速度，m/s；

　　　τ——粉煤燃烧总时间，s。此值可参考图 6-22 估算得出。

燃烧带长度与气流速度呈正比，在空气量一定时，烧嘴选定之后燃烧带长度和位置也就被确定下来。

D　回转窑内热交换

回转窑内热气流以辐射和热气流方式加热物料和窑衬，窑衬所得热量又通过辐射传给物料或以传导方式将热量传给与之接触的物料，窑内热交换过程如图 6-23 所示。

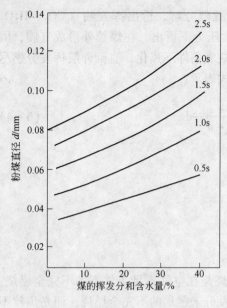

图 6 - 22 粉煤燃烧所需的时间

图 6 - 23   回转窑内热交换过程示意图

w—窑衬；g—热气流；s—物料；$Q_失$—热损失方程中假定窑横断面内各点热气流温度相同，与物料温度一致。窑体回转一周内，窑衬平均温度被视为固定值，高于物料温度，低于热气流温度

窑内低温段，辐射热交换强度低，主要是对流传热，热交换综合强度不大。但由于此区段无大量吸热反应，物料综合水当量小，物料加热迅速、温升大。物料进入高温段后，热气流和窑衬间除以对流和传导传热的方式向物料供热外，辐射热交换强度显著增大，成为主导传热方式。但由于大量吸热反应的进行，物料升温缓慢，物料与热气流的温差变小。另外还有小部分热量以辐射或对流方式向大气散失。取一微元窑长导出如下热平衡方程：

$$Q_g = Q_{g-w}^{对} + Q_{g-w}^{辐} + Q_{g-s}^{对} + Q_{g-s}^{辐} + Q_c \qquad (6-6)$$

$$Q_{g-w}^{对} + Q_{g-w}^{辐} = Q_{w-s}^{辐} + Q_{w-s}^{传} + Q_{w失} \qquad (6-7)$$

$$Q_s = Q_{g-s}^{对} + Q_{g-s}^{辐} + Q_{w-s}^{辐} + Q_{w-s}^{传} \qquad (6-8)$$

由式（6-6）~ 式（6-8）得出：

$$Q_s = Q_s + Q_c + Q_{w失} \qquad (6-9)$$

$$Q_s + Q_{w失} = \dot{Q}_{g-w}^{对} + \dot{Q}_{g-w}^{辐} + Q_{g-s}^{对} + Q_{g-s}^{辐} \qquad (6-10)$$

式中　Q_g——热气流在窑内放出的总热量，kJ/h；

$Q_{g-w}^{对}$——气流以对流方式传给暴露窑衬的热量，kJ/h；

$Q_{g-w}^{辐}$——气流辐射传热传给暴露窑衬的热量，kJ/h；

$Q_{g-s}^{对}$——气流以对流方式传给暴露料面的热量，kJ/h；

$Q_{g-s}^{辐}$——气流辐射传热传给暴露料面的热量，kJ/h；

Q_c——气流传给料中溢出气体和固体微粒的热量，kJ/h；

$Q_{w-s}^{辐}$——暴露窑衬面辐射给暴露物料面的热量，kJ/h；

$Q_{w-s}^{传}$——被覆盖窑衬面以传导方式传给接触物料的热量，kJ/h；

$Q_{w失}$——从窑衬面损失的热量，kJ/h；

Q_s——物料获得的总热量，kJ/h。

a 热气流辐射给窑衬和物料表面的热量

窑内热气体为气体与悬浮微粒的混合体。任何固体都有放出和吸收辐射能的能力，CO_2 和 H_2O 也具有这种能力。

气体相对辐射率（黑度）是射程长度（L）、气体分压（p）和温度（T）的函数。实际上二氧化碳与水汽的混合气体的黑度可表示为：

$$\varepsilon_{CO_2} + H_2O = \varepsilon_{CO_2} + \varepsilon_{H_2O} - \Delta\varepsilon \tag{6-11}$$

式中 $\Delta\varepsilon$——与 $(p_{CO_2} + p_{H_2O})L$ 和 $p_{H_2O}/(p_{CO_2} + p_{H_2O})$ 有关的校正值。

气流中固体颗粒尺寸较大，热辐射不能透过，可将其视为灰体。也就是说，含有这些颗粒的气体对所有波长能量的吸收率是固定的。因此，悬浮在非吸收介质中固体颗粒的吸收能量决定于辐射线路遇到这些粒子的断面积的大小。固体颗粒的相对辐射率可表示为：

$$\varepsilon_s = 1 - e^{-\chi} \tag{6-12}$$

其中，

$$\chi = \frac{\pi d^2 G_s R \times 273 p}{\frac{25}{6}\pi d^3 \rho_s V_g T_g \times 10^4} = -\frac{1.5 G_s R \times 273 p}{d\rho_s V_g T_g \times 10^4}$$

式中 G_s——气体中所含固体颗粒的质量流量，kg/h；

R——窑当量直径，m；

p——气体绝对压力，Pa；

d——颗粒平均直径，m；

ρ_s——固体颗粒密度，kg/m³；

T_g——气体热力学温度，K；

V_g——气体体积流量，m³/h。

由此得出气体和固体颗粒混合气流的相对辐射率方程式：

$$\varepsilon = \varepsilon_{CO_2} + H_2O + \varepsilon_s - \varepsilon_{CO_2} + \varepsilon_{H_2O}\varepsilon_s$$

气流吸收能量与辐射能量相同，因此在气流与窑衬间进行辐射热交换时，窑衬吸收的热量等于气流向窑衬辐射与窑衬向气流辐射热量的差值。气流每小时辐射给 L 窑长内窑衬表面的热量为：

$$Q_{g-w}^{辐} = 4.96\varepsilon_w\left[\varepsilon_g'\left(\frac{T_g}{100}\right)^4 - \varepsilon_g''\left(\frac{T_w}{100}\right)^4\right]L_w\Delta L \tag{6-13}$$

气流每小时辐射给 L 窑长物料表面的热量为：

$$Q_{g-s}^{辐} = 4.96\varepsilon_s\left[\varepsilon_g'\left(\frac{T_g}{100}\right)^4 - \varepsilon_g'''\left(\frac{T_s}{100}\right)^4\right]L_s\Delta L \tag{6-14}$$

式中 L_w——窑衬暴露部分的弧长，m；

L_s——暴露物料表面的弦长，m；

T_g——气流温度，K；

T_w——窑衬温度，K；

T_s——物料温度，K；

ε_w——窑衬黑度（0.95）；

ε_s——物料黑度（0.9）；

ε_g'，ε_g''，ε_g'''——分别为 T_g、T_w 和 T_s 温度下的气流黑度。

　　b　气流对流传热给窑衬和物料的热量

气流以对流方式传给 L 窑长内窑衬的热量为：

$$Q_{g-w}^{对} = \alpha_{对}(T_g - T_w)L_w\Delta L \qquad (6-15)$$

同样，对流传热给 L 窑长物料表面的热量为：

$$Q_{g-s}^{对} = \alpha_{对}(T_g - T_s)L_s\Delta L \qquad (6-16)$$

式中　$\alpha_{对}$——对流传热系数，$W/(m^2 \cdot K)$。

　　这里，在紊流情况下对流传热系数为：

$$\alpha_{对} = 1.78\frac{(v_g D)^{0.8}\lambda_g^{0.2}}{D^{0.2}}$$

式中　v_g——气流速度，m/s；

　　　λ_g——气体热导率，$W/(m \cdot K)$；

　　　D——窑内径，m。

　　c　窑衬辐射给物料的热量

窑衬辐射总热量为 $4.96\varepsilon_w\left(\dfrac{T_w}{100}\right)^4 L_w\Delta L$，其中的一部分被气流吸收，一部分辐射到窑衬，还有一部分传给了物料。

物料辐射的热量为 $4.96\varepsilon_s\left(\dfrac{T_s}{100}\right)^4 L_s\Delta L$，其中一部分被气流吸收，其余辐射给窑衬。

假设辐射线经过气流设想方向长度相等，并认为只有第一次吸收有效，则窑衬辐射被物料所吸收的热量可以表示为：

$$4.96(1-\varepsilon_g'')\omega\varepsilon_s\varepsilon_w\left(\frac{T_w}{100}\right)^4 L_w\Delta L = 4.96(1-\varepsilon_g''')\varepsilon_s\varepsilon_w\left(\frac{T_s}{100}\right)^4 L_s\Delta L \qquad (6-17)$$

当 $T_w = T_s$ 时，则 $\omega = L_s/L_w$。ω 值可求得窑 L 长度内暴露的窑衬面辐射传给物料面的热量：

$$Q_{w-s}^{辐} = 4.96\varepsilon_s\varepsilon_w\left[(1-\varepsilon_g'')\left(\frac{T_w}{100}\right)^4 - \varepsilon_g'''\left(\frac{T_s}{100}\right)^4\right]L_s\Delta L \qquad (6-18)$$

　　d　窑衬传导给物料的热量

窑衬传导给物料的热量计算公式如下：

$$Q_{w-s}^{传} = \sqrt{\frac{\lambda_w c_w \rho_w}{\tau_0}}(T_g - T_s)I(L_{s-w} + L_w)\Delta L \qquad (6-19)$$

式中　λ_w——窑衬对物料的热导率，$W/(m^2 \cdot K)$；

　　　c_w——窑衬比热容，$kJ/(kg \cdot ℃)$；

　　　ρ_w——窑衬料密度，kg/m^3；

　　　τ_0——窑体旋转一周的时间，h；

　　　L_{s-w}——窑衬与物料的接触弧长；

　　　I——准数函数。

　　e　窑皮散热损失

窑体以辐射和对流方式散出的热量为：

$$Q_失 = \alpha_n (T_f - T_\alpha) \pi D_n \Delta L \qquad (6-20)$$

式中　α_n——向空间散失的传热系数，$W/(m^2 \cdot K)$，可用经验式 $\alpha_n = 3.5 + 0.62T_f$ 求得；

　　T_f，T_α——分别为窑皮外表温度与周围大气温度，℃；

　　D_n——窑体外径，m。

f　物料加热

窑内物料只在料层表面和与窑衬接触时受到加热，转速低，物料从热气流和窑衬获得的热量少；提高转速，物料翻滚加剧，传热改善，吸收的热量增加，料层温度均匀化；继续加快，则由于料层内外温差过小，不利于物料加热。

物料颗粒在一次加热中所吸收的热量是傅里叶准数（Fo）和毕渥准数（Bi）的函数。单位窑长物料所得热量由加热次数（N）决定。实验得出的物料一次加热所获得热量的无量纲值 Q/Q_0 与 N 的乘积和标准数 $FoBi$ 的关系如图 6-24 所示。当 Bi 为常数时，Q/Q_0 与 $N(Q/Q_0)$ 最大值之比恰好表示了物料移行一个直径长度时料层内的不均匀系数。当 $FoBi^2$ 接近于 0 时，则曲线最高点相当于均匀系数为 1。

窑内受热气流加热的物料面（弦面 AB）和窑衬与物料的接触面（弧面 AB）都受物料填充率的影响，如图 6-25 所示。

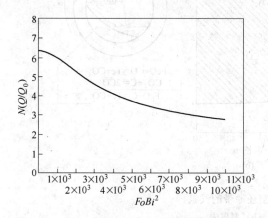

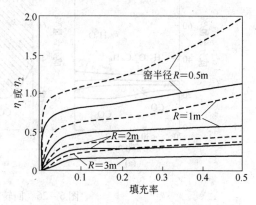

图 6-24　当准数 B 为常数时，窑衬传给
物料的热量同准数 $FoBi^2$ 的关系

图 6-25　单位窑容辐射和对流传热受热面
η_1（实线）及传导传热受热面 η_2（虚线）
与填充率的关系

以单位窑长而言，单位窑容辐射和对流传热受热面可表示为：

$$\eta_1 = \overline{AB}/(\pi R^2)$$

单位窑容传导传热受热面可表示为：

$$\eta_2 = \overline{AB}/(\pi R^2)$$

可见提高窑内物料填充率，能使单位窑容受热面增加，提高窑炉容产量。

g　窑内温度分布

热力学研究表明，提高温度会促进窑内铁氧化物还原反应的进行。但窑内最高作业温度的确定必须要考虑到原料软化温度和还原煤灰分的软熔特性，一般情况下，最高作业温度应低于原料软化温度和灰分的软化温度 100~150℃。

窑尾加料端温度由废气量、废气温度和加入物料决定。一般来说，提高窑尾温度能改善物料加热、扩大中温区、促进碳的气化和铁矿石的还原。

正确运用中温还原区概念，可根据矿石和还原性特性、回转窑结构特征，正确制定回转窑工艺制度，实现回转窑最佳作业和防止窑衬黏结。

E　回转窑内的还原

回转窑内的物料在热气流的加热下被干燥、预热并进行还原反应。还原性回转窑可分为预热带和还原带两部分。

在预热带物料没有大量吸热的反应，水当量少，虽然传热速度比较小，但物料升温却比较大。

由于铁矿石与还原剂密切接触，还原反应约在700℃开始。物料进入还原带后，还原反应大量进行，反应产生的CO从料层表面逸出，形成保护层，料层内有良好还原气氛。料层逸出气体与空气燃烧形成稳定的氧化或弱氧化性气氛。因此回转窑还原带有两种不同的气氛，如图6-26所示。

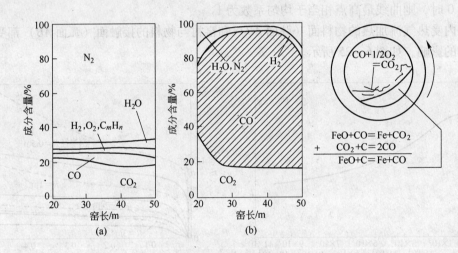

图6-26　回转窑还原带的气氛

(a) 空间区；(b) 料层内

窑内还原反应分为两步：

$$CO_2 + C \rightleftharpoons 2CO$$

$$Fe_nO_m + mCO \rightleftharpoons nFe + mCO_2$$

气化反应在高炉冶炼过程中是不希望发生的，而回转窑过程则是必不可少的。进行得越快，越有利于窑内还原反应。碳的气化反应速度为：

$$v_C = \frac{dn_c}{d\tau} = K_{有效}(n_{CO_2} - n_{CO_2}^{0'}) \tag{6-21}$$

式中　v_C——碳气化反应速度，$mol/(cm^3 \cdot s)$；

$n_{CO_2}^{0'}$——气相中与C和CO（Boudouard反应）平衡的CO_2浓度，mol/cm^3；

n_{CO_2}——气相中CO_2的浓度，mol/cm^3；

$K_{有效}$——有效反应速率常数。

实验结果如图 6-27 所示。

图中可分为三个区域：1000~1100℃以下，化学反应是决定性因素；在较高温度区则是气孔内扩散起决性作用；最后进入气体边界扩散速度范围。可表示为：

$$K_{有效} = K_m M_C \eta \qquad (6-22)$$

在化学反应速度区，K_m 可表示为：

$$K_m = H_c e^{-8600/RT} \quad (cm^3/(g \cdot s)) \qquad (6-23)$$

当 $\eta = 1$ 时，$K_{有效} = M_C H_c e^{-8600/RT}$ （s）。

式中 M_C——含碳量，g/cm^3；

η——气孔表面利用系数；

H_c——固体还原剂反应性。

一般情况下，铁矿石反应速度取决于海绵铁层的气孔内扩散速度。还原速度方程为：

$$\frac{dR}{d\tau} = K_{有效}(1-R)\left(\frac{T}{T_0}\right)^2 \frac{n_{CO_2}^0 - n_{CO_2}}{n_{CO_2}^0} \qquad (6-24)$$

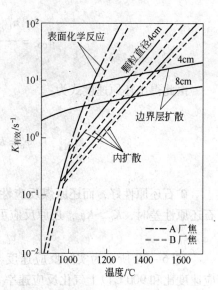

图 6-27 Boudouard 有效反应速率常数变化区域（焦炭分 A、B 两厂）

式中 R——还原速度；

τ——时间，s；

T——实际还原反应温度，K；

T_0——初始还原的温度，K；

$n_{CO_2}^0$——Fe-FeO/CO 和 FeO-Fe$_3$O$_4$/CO 平衡状态下的气相 CO$_2$ 浓度，mol/cm^3；

n_{CO_2}——实际 CO$_2$ 浓度，mol/cm^3。

如果铁矿石含铁量为 M_{Fe}（g/cm^3），则单位时间和体积内炉料失氧量应为：

$$v_0 = 2.69 \times 10^{-2} M_{Fe} \frac{dR}{d\tau} \quad (molO_2/(cm^3 \cdot s)) \qquad (6-25)$$

赤铁矿内 1g 对应氧量为 0.43g。

如果将 $dR/d\tau$ 代入式（6-25），则

$$v_0 = 2.69 \times 10^{-2} M_{Fe} K(1-R)\left(\frac{T}{T_0}\right)^2 \frac{dR}{d\tau} \quad (molO_2/(cm^3 \cdot s)) \qquad (6-26)$$

这里，令 $H_{Fe} = 2.69 \times 10^{-2} M_{Fe} K$，$H_{Fe}$ 代表了铁矿石还原性。为简化计算，引入还原反应速率常数概念。令

$$K_{Fe} = H_{Fe}(1-R)\left(\frac{T}{1173}\right)^2 \frac{1}{n_{CO_2}^0} \quad (s^{-1}) \qquad (6-27)$$

代入式（6-26）得：

$$v_0 = K_{Fe}(n_{CO_2}^0 - n_{CO_2}) \quad (molO_2/(cm^3 \cdot s)) \qquad (6-28)$$

为使窑内铁矿石顺利还原，则必须满足碳的气化速度与铁矿石还原速度相等的条件，即在回转窑连续旋转条件下，可以认为料层内气相成分一致，由此得出两个反应速率常数与料层内 CO$_2$ 浓度的关系式如下：

$$n_{CO_2} = \frac{n_{CO_2}^0 - \dfrac{K_C}{K_{Fe}} n_{CO_2}^0}{1 - \dfrac{K_C}{K_{Fe}}} \qquad (6-29)$$

由此得出还原速度式为：

$$\dot{v}_0 = K_{Fe} n_{CO_2}^0 \left\{ 1 - \frac{1 - \dfrac{K_C}{K_{Fe}} \times \dfrac{n_{CO_2}^{0'}}{n_{CO_2}^0}}{1 - \dfrac{K_C}{K_{Fe}}} \right\} \qquad (6-30)$$

矿石还原性好，而还原煤反应性差时，$K_C \ll K_{Fe}$；$v_0 = 0$；相反，还原煤反应很好，矿石还原性差时，$K_C \gg K_{Fe}$，还原反应可达到该温度下的最大温度，即

$$v_{0max} = K_{Fe}(n_{CO_2}^0 - n_{CO_2}^{0'}) \qquad (6-31)$$

图 6-28 所示为实际反应速度与最大反应速度比和 900℃以上气化反应速率常数和还原反应速率常数之比的关系。利用此图和通过简单的试验就能够确定矿石和还原剂的合适比例。

根据矿石还原性、还原剂反应性、温度和还原度等可用式（6-30）求得单位时间内单位体积矿石失氧量（失氧速度），由此也很容易折算成单位容积的出铁量。

通过分析看到，影响回转窑还原的因素有如下几种：

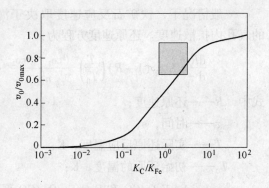

图 6-28 反应速率常数之比与实际还原速度和最大还原速度间的相互关系
（v_{0max} 为在 900℃下用 CO 还原的最大速度）

（1）还原剂的反应性。对还原过程影响最明显，反应性差的无烟煤，不仅会降低生产率，还要求选用高作业温度，才能满足矿石还原的需要，因而易于导致窑衬黏结；反应性好的褐煤和次烟煤允许选用较低的作业温度，特别是选用碱性灰分和灰分软化温度高的褐煤，能明显改善窑内还原性过程，提高生产率，同时也能保证窑的安全运行。还原剂反应性与窑作业温度和生产率的关系图如图 6-29 所示。

（2）矿石还原性。矿石还原性对还原过程的影响也很显著（图 6-30）。在允许的条件下，应尽量选用还原性好的铁矿石，有利于提高生产率。

（3）温度。提高作业温度能加速碳的气化和铁氧化物的还原反应，对反应性差的矿石影响更为明显。然而回转窑的作业取决于还原剂灰分软化温度和矿石软化温度，通常应比它们低 100 ~ 150℃。

（4）还原剂用量。增加还原剂用量可增加反应界面，使得矿石与还原剂的接触条件改善，加快还原反应，如图 6-30 所示。因此实际作业中的还原剂用量均多于理论需要量。还原剂反应性越差，过剩量越大。

（5）填充率。提高窑内物料填充率能延长物料停留时间，有利于铁矿石的还原；又因料层内逸出的 CO 气体在料层表面形成气体保护层，防止了料层内已还原物料的再氧化，填

充率越大逸出气体量越多，效果越好；另外，提高填充率可使物料暴露于料面的时间缩短，能减少已还原物料的再氧化。

6.5.3.2 回转窑法工艺

A SL/RN 法

SL/RN 法是由四家创立此法的各公司名字 S. Telco-Lurgi-Republic S. Teel-National Leal 的字母缩写的工艺名称，由原来的 SL/RN 法和 RN 法合并而成，是回转窑直接还原法中应用最广而具有代表性的一种方法。

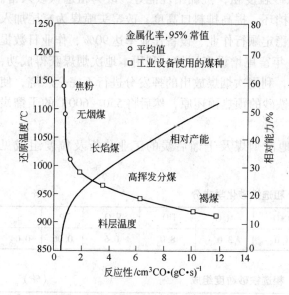

图 6-29　还原剂反应性对料层温度
和相对生产能力的影响

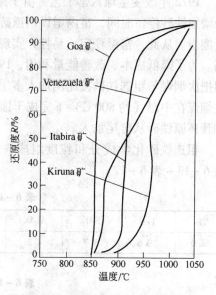

图 6-30　粒度 5~30mm 的各种矿石的
还原度与温度之间的关系（14m 回转窑，
用碎焦作还原剂，装料量为 100kg/h）

该工艺于 1954 年完成，于 1969 年在澳大利亚 Western 公司建成第一座 30m SL/RN 法工业回转窑，实现了工业化，20 世纪 70 年代初发展很快，但因技术上遇到一系列困难，发展停滞。经过不断进行技术改造和探索。20 世纪 70 年代末又有了转机。到 1979 年有 7 套装置运行，总生产能力超过 100 万吨，分布在巴西、加拿大、新西兰、日本、秘鲁和美国。到 1981 年有 17 座回转窑，矿石处理为 3941 万吨，生产海绵铁 175 万吨。近几年，印度、南非、新西兰积极发展煤基直接还原，1985 年南非 ISCOR 公司 Vanderbijl-park 厂投产 4 座 SL/RN 回转窑，生产能力为 60 万吨；1986 年新西兰钢铁公司 4 座回转窑投产，年产 90 万吨海绵铁；印度一座年产 15 万吨的回转窑投产。下面介绍两个典型工厂。

a 新西兰钢铁公司

新西兰钢铁公司位于奥克兰市格伦布鲁克，1968 年开始建造第一座回转窑，设计年处理原料 22 万吨，生产海绵铁 15 万吨，1970 年 8 月投产。

原工艺是将铁砂细磨精选制成球团，生球入窑。铁砂精矿成分和粒度见表 6-12。

表 6 – 12　铁砂精矿成分和粒度　　　　　　　　　　（%）

TFe	CaO	MgO	SiO$_2$	Al$_2$O$_3$	TiO$_2$	V$_2$O$_5$	P	S	< 0.04mm
60.5	1.0	3.0	1.5	3.5	8.0	0.6	0.06	0.005	> 90

由窑头喷入高挥发分烟煤（挥发分为 45%，C$_固$ 为 50%，低发热值为 27.2MJ/kg）。投产初期，生球入窑后粉化严重。窑温剧烈波动，经常出现窑壁黏结和出大球现象，黏结物处理困难，回转窑无法正常运行。

1972 年改变生球入窑工艺。由于原铁砂粒度粗，抗黏结性能好，改为粗选铁砂入窑。为增加铁砂停留时间，窑内增设四道砖砌挡环，提高排料口高度，改窑头喷煤为窑尾加入干馏炭。从此，窑温稳定、易控，实现了稳定顺行作业，设备作业率达 90%，作业日数提高。为了降低成本、改善能量利用，1978 年窑尾增设多层炉，利用本地次烟煤获得成功，即把次烟煤与粗选铁砂按比例加入多层炉，利用次烟煤放出的挥发分进行不完全燃烧，使次烟煤在中温（约 800℃）下完成干馏和铁砂的预热预还原，然后将 550～600℃ 的干馏炭和预还原铁砂从窑尾加入。

粗选铁砂化学成分和粒度组成、当地次烟煤及干馏后炭的工业分析及粒度组成见表 6 – 13～表 6 – 17。

表 6 – 13　粗选铁砂化学成分　　　　　　　　　　（%）

TFe	FeO	SiO$_2$	Al$_2$O$_3$	CaO	MgO	TiO$_2$	V$_2$O$_5$	P	S
58.0	29.6	3.7	4.2	1.0	3.0	8.0	0.6	0.06	0.04

表 6 – 14　粗选铁砂粒度组成　　　　　　　　　　（%）

0.212mm	0.150mm	0.106mm	0.075mm	0.053mm	< 0.053mm
3	20	49	25	2	1

表 6 – 15　当地次烟煤工业分析

挥发分	灰分	C$_固$	S	水分	发热值	灰分软化温度
45%	6%	46.8%	0.2%	20%	30MJ/kg	1150℃

表 6 – 16　干馏炭工业分析

C$_固$	灰分	挥发分	发热值	堆密度
80%	11%	9%	33MJ/kg	650～700kg/m^3

表 6 – 17　干馏炭粒度组成　　　　　　　　　　（%）

13.2mm	9.5mm	6.7mm	3.5mm	1.0mm	< 1.0mm
5	4	10	33	17	21

入回转窑后物料进一步加热到 950～1000℃，经过窑长 60% 的高温区后铁砂被还原到金属化率 90% 左右，由卸料端落入外管式水冷冷却筒内，被冷却到 120℃，再用单辊磁选

机分选。海绵铁送往炼钢车间，非磁性料筛除 1mm 以下的灰渣和 12mm 以上的结块后，返回原料场作为还原剂配料。

生产的海绵铁化学成分及粒度组成见表 6-18 和表 6-19。

表 6-18 海绵铁化学成分

成分	TFe	MFe	SiO$_2$	Al$_2$O$_3$	CaO	MgO	TiO$_2$	V$_2$O$_5$	P	S	C
组成/%	71.6	63	4.2	5.0	1.1	3.6	9.9	0.7	0.03	0.03	0.6

表 6-19 海绵铁粒度组成

粒度/μm	121	150	106	75
组成/%	22	23	41	13

铁砂为含钒钛磁铁矿，采用海绵铁—电炉炼钢工艺造成了钒的流失。为回收钒资源，新的回转窑—电炉炼铁—铁水提钒流程于 1986 年投产。回转窑排出的高温海绵铁用保温罐送往矩形埋弧电炉炼成铁水。所得含钒铁水成分见表 6-20。

表 6-20 含钒铁水成分　　　　　　　　　　　　　　　　　　　　　　（%）

C	Si	Mn	V	Ti	P	S
3.5	0.2	0.3	0.45	0.1	0.1	0.04

将含钒铁水装入 60t 铁水包，吹氮搅拌，于 1330~1400℃ 下吹氧提钒。每吨铁水可收得含 V$_2$O$_5$ 20%~22% 的钒渣 2t。提钒后的半钢送往氧气转炉炼钢。

新流程如图 6-31 所示。每年可回收钒 1.72 万吨，取得了良好的综合效果。

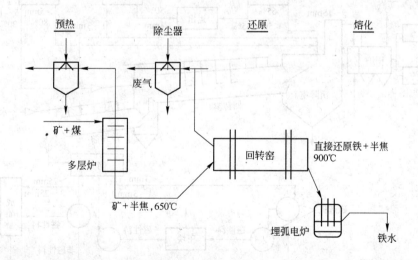

图 6-31　多层炉—回转窑—埋弧电炉工艺流程

该流程包括四座多层炉、四座回转窑、两座矩形埋弧电炉和一座 60t 氧气底吹转炉。该装置的工艺特征和作业参数见表 6-21。

表 6 - 21　装置的工艺特征与作业参数

多 层 炉	回 转 窑	矩形埋弧电炉	铁水包吹钒作业
$D_{外}=8m$； $D_{内}=7.5m$； $H=35m$； 层数 12； 轴转速 0.4 ~ 4r/min； 作业温度 750 ~ 850℃； 排料温度 650℃； 精矿量 30t/h； 次烟煤 1.5t/h	$D_{外}=4.6m$； $D_{内}=4.1m$； $L=65m$； 倾斜度 15%； $d_{出料}=2.1m$； 转速 0.2 ~ 1.2r/min； 能力 22.5 万吨/年； 气流温度 1100℃； 料温 950 ~ 1000℃； 废弃温度 950℃； 矿耗约 1.4t/t； 煤耗 0.86t/t； 成本约 90 美元/吨	$L=26.0m$； $B=7.6m$； $H=5.0m$； 电极数 6； 自熔电极直径 1.32m； 极间距 3.4m； 变压器 $3 \times 23MV \cdot A$； 额定能力 36.5 万吨/年； 海绵铁 1.27t/t 铁水； 半焦 0.14t/t 铁水； 原铁砂 0.18t/t 铁水； 电耗 900 ~ 1000kW·h/t 铁水	钒渣产量 1.72 万吨/年； 耗氧量 380m³ O_2/t； 渣铁水产渣率 2.4%

b　南非的 Vanderbijlpark 工厂

ISCOR 公司的最大钢铁联合厂是 Vanderbijlpark，该厂钢产量的三分之一是由三座 155t 超高功率电炉生产的。因废钢价格上涨，质量波动、自产废钢不足，以及南非有丰富的非焦煤和优质铁矿，适于发展回转窑直接还原，能为电炉提供优质原料，所以该厂积极开发回转窑工艺。1984 年 7 月有一座回转窑投产，1985 年四座回转窑全部投产，设计生产能力为 60 万吨/年，工艺流程如图 6 - 32 所示。

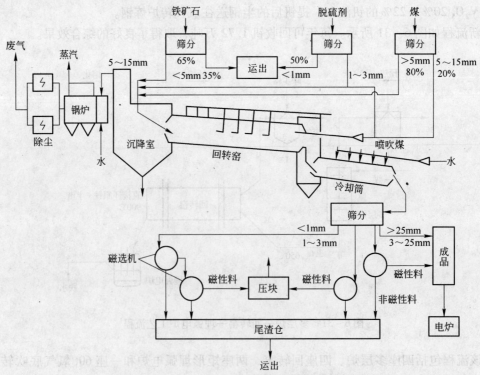

图 6 - 32　Vanderbijlpark 厂的回转窑直接还原工艺流程

回转窑直径 4.8m、长 80m，窑头较窑尾稍低，倾斜度 2.5%。回转窑排出的海绵铁进入直径 3.6m、长 50m、倾斜度 2.5% 的间接水冷冷却筒。回转窑转速通常为 0.5r/min，物料在窑内停留 10~12h。

该回转窑既可处理块矿，又可处理粉矿。ISCOR 的回转窑使用粒度为 5~15mm 的 Sishen 天然块矿。

还原煤为 Witbank 烟煤，粒度小于 12.5mm。其中 80% 与矿石一起自窑尾加入，其余 20% 自窑头喷入。此外还要使用粒度为 1~3mm 的白云石作脱硫剂。

铁矿石、脱硫剂和还原煤（包括返煤）自窑尾加入回转窑。以窑体的转动为动力，炉料缓慢向窑头运动，温度逐渐升高。炉料温度达到预定温度时，矿石中氧化铁开始还原，并且随着温度的提高越来越迅速。还原反应的产物自窑头排出，整个过程约需要 10~20h。

回转窑头装有主燃烧器，以煤为燃料向窑内提供热量。窑身备有 8 个二次风机和二次风管。二次风管井口在回转窑轴线位置，吹入的助燃空气可烧掉气相中的 CO、H_2 和还原煤放出的挥发分。通过调节不同部位的二次风量可方便地控制窑内的温度分布。在接近窑尾的部位设有一组埋入式送风嘴，以提高炉料升温速度。窑内温度分布通过装设在窑壁，按窑身长度分布的热电偶组监测。

炉料自回转窑排出后，进入一个用钢板制作的冷却筒。冷却筒直径 3.6m、长 50m，倾斜度 2.5%。冷却水喷淋在旋转的筒壁上，对海绵铁间接进行冷却。冷却后的炉料排出后首先进行筛分，将炉料分成小于 1mm、1~3mm 和大于 3mm 三个粒级。三个级别的炉料分别进行磁选。海绵铁产品由三部分组成，大于 3mm 的磁性物、1~3mm 的磁性物冷压块和小于 1mm 的磁性物冷压块。压块以石灰和糖浆作黏结剂。三种产品的比例与矿石性质，特别是低温还原粉化率有关。使用 Sishen 矿时，大于 3mm 部分的比例接近 90%，金属化率在 95% 左右。

窑尾废气先进入沉灰室脱除粗尘，后入二次燃烧室烧掉可燃成分。为适应废热锅炉温度要求，采用喷水冷却方法自动调节火焰温度。废气通过废热锅炉得到进一步除尘后排入大气，含尘量约 10~20mg/m^3。

Vanderbijlpark 厂使用 5~15m 的 Sishen 矿石，该矿石含铁量高，爆裂轻，其主要成分见表 6-22。

表 6-22　矿石的主要成分　　　　（%）

TFe	SiO_2	Al_2O_3	S	H_2O
66.7	2.5	1.5	0.01	0.5

该厂用 Glan. Dougles 白云石作为脱硫剂，粒度 1~3mm，含 CaO 30%，MgO 20%，烧损 45%。

还原煤来自 Transael 地区的 Witbank 煤田。其工业分析见表 6-23。

表 6-23　Witbank 煤田工业分析　　　　（%）

煤种	水分	挥发分	灰分	S	C	发热值/MJ·kg^{-1}	膨胀值	结焦性
低灰分煤	6	30	12	0.6	51.4	27.5	1	9
高灰分煤	6	32	16	0.8	45.2	27.0	1	9

冷却后产品分成大于 3mm，1～3mm，小于 1mm 三级。磁选后的 1～3mm 和小于 1mm 磁性料配加石灰和糖浆后冷压成型，与大于 3mm 海绵铁一起送往电炉炼钢。各级磁性物的成分、金属化率及占有比例见表 6－24。

表 6－24　各级磁性物的成分、金属化率及占有比例　　　　　　　（％）

粒级	TFe	MFe	C	S	η_{MFe}	占有比例
＞3mm	90.44	86.10	0.11	0.01	95.15	87.5
1～3mm	91.0	89.0	0.18	0.012	98.0	8.0
＜1mm	82.0	77.0	0.4	0.09	94.0	4.5

三年运行期间，日历作业率近 90％，年产量为 65 万吨，消耗指标见表 6－25。

表 6－25　消耗指标

项　目	单　位	预 计 值	实 际 值
铁矿石	kg/t	1485	1465
煤	kg/t	745	800
白云石	kg/t	77	60
人工	人·h/t		0.25

该工艺有废热回收装置。每生产 1t 海绵铁可产压力 1.61MPa，温度 260℃的蒸汽 2.3t。净煤能耗为 13.4GJ/t DRI，选择最佳原料，能耗可进一步降至 11.7GJ/t DRI。

B　CODIR 法

CODIR 法是由德国 KRUPP 公司在 Welze 法和 KRUPP-RENN 法的基础上开发成功的，1913 年 KRUPP 公司开发了从低品位锌矿中回收锌的 Welze 法，至今世界上建有 50 余座 Welze 法回转窑。1930 年又开发了 KRUPP-RENN 法。用酸性低品位矿和多种燃料生产粒铁，生产能力最高达 400 万吨/年。随着选矿技术的发展，高品位精矿大量供应，又开发出 KRUPP-CODIR 法。1957 年成功地进行了半工业试验，1973 年在南非顿斯沃特钢铁公司建成了年产 15 万吨的工业装置，其工艺流程如图 6－33 所示。该回转窑长 73.5m，直径 4.6m，倾斜度为 2.5％，转速 0.35～0.8r/min。

KRUPP-CODIR 法与 SL/RN 的主要区别是在窑头用压缩空气喷入占总量约 70％的还原煤，这一举措对抑制再氧化和结圈现象具有明显效果，便于调整温度分布。可将有结圈危险的部位的温度降到 950℃，避开了临界黏结温度。由于煤中碳氢挥发分利于铁氧化物还原，能显著节能，实际煤耗为 0.35tC/t DIR。能量平衡如图 6－34 所示。

窑身装有 6 台风机，经二次风管顺气流方向送入空气，燃烧挥发分和还原气 CO，配合窑头燃烧嘴向窑内供热并扩大高温区。图 6－35 所示为不同类型的回转窑窑内温度分布的比较。

使用球团矿或天然块矿作为含铁料。还原剂最好是挥发分小于 30％的高活性煤，但也曾经成功地使用过低活性煤种。脱硫剂一般为石灰石或白云石、矿石、脱硫剂及部分还原煤从装料端装入，在窑内停留 8～10h。从窑头排出约 1050℃的还原料进入冷却筒，在直接和间接水冷配合下冷却到 120℃。冷却料筛分成四级，分别进行磁选分离，得到海绵铁、

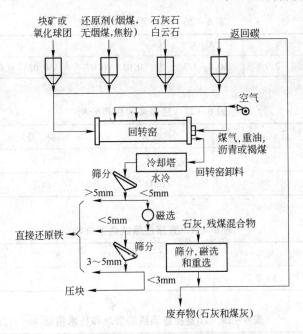

图 6-33　KRUPP-CODIR 法海绵铁生产工艺流程

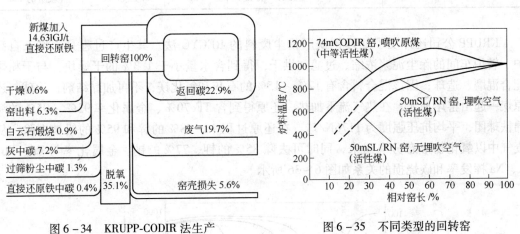

图 6-34　KRUPP-CODIR 法生产
海绵铁的典型能量平衡图

图 6-35　不同类型的回转窑
窑内温度分布的比较

残煤和灰渣，小于 1mm 和 1~3mm 的磁性料压块后使用。

　　该工艺选用反应性好的煤，如用挥发分大于 20% 的烟煤和次烟煤。可在 950~1000℃ 下完成矿石金属化。必要时也可使用低活性煤，但要求在较高温度下作业。挥发分大于 30% 的煤，可采用低温（约 800℃）干馏方式处理，使用挥发分 8%~10% 的干馏炭。

　　灰分也是选用煤种的标准之一。灰分高的煤，占据窑内有效容积，降低生产率，在特殊情况下本工艺曾使用过灰分 35% 煤。要得到含硫量小于 0.03% 的直接还原铁，还原煤的硫含量必须小于 1.5%。

　　KRUPP-CODIR 法成功地使用过多种矿石原料和还原煤。有代表性的生产数据见表 6-26~表 6-28。

表 6-26 铁矿石成分及粒度 （%）

TFe	SiO_2	Al_2O_3	S	P	粒度/mm
66.3~67.1	1.2~2.9	0.8~1.1	0.013~0.07	0.038~0.07	5~25

表 6-27 还原煤和燃料分析 （%）

煤 种	$C_固$	挥发分	灰 分	S
烟煤	59	29.4	11.0	0.6
半无烟煤	68	16.0	14.7	1.3

表 6-28 直接还原铁典型分析 （%）

TFe	MFe	C	S	η_{MFe}
90.8	84.9	0.05	0.01	94.0

表 6-29 1t 直接还原铁的消耗和技术指标

块矿、球团	固定碳	脱硫剂	电/水	耐火材料	劳动力	维修及消耗
1.42t	0.37t	50~90kg	70kW·h/m^3	3kg	0.4 人·h/t	年投资的 4%

　　KRUPP 公司还开发了处理钢铁厂粉尘废料的 RECYC 法。其生产过程是：将来自高炉、转炉车间的除尘泥浆浓缩、过滤和烘干，得到含水量小于 1.3% 的干燥块，与干粉尘配合混磨、造球；因该混合料含有 12%~15% 的石灰和氧化镁，不再加黏结剂；生球与还原煤一起由窑尾加入，在热气流下加热，还原得到含 TFe70%、金属化率 92%~95% 的海绵铁球团，平均抗压强度为 1176N/球。在还原过程中，98% 的锌和 95% 的铅被去除，从废气中以氧化物形态分离出来，同时可去除 85% 的钾、77% 的钠。金属化率与 Zn、Pb、K、Na 挥发率和碳烧损的关系如图 6-36 所示。

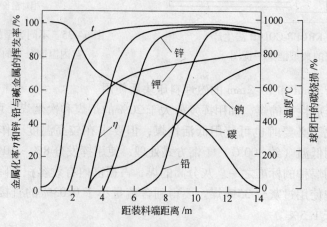

图 6-36　RECYC 法处理高炉和转炉粉尘时，窑内温度、金属化率、
碳烧损及锌、铅和碱金属挥发率的变化

CODIR 法的主要目标是降低能耗，其方向之一是采用富氧鼓风，以减少废气含氮量，提高 CO_2 和 H_2O 含量。结果表明：富氧提高到 23%，废气热损失减少 9%，产量提高 15%。还可以考虑将废气用于发电和矿石的预热。

C DRC 法

DRC 法起源于澳大利亚西方钛公司，是用煤还原钛铁矿，滤出金属铁，生产金红石。后用于生产直接还原铁，成为 AZCON 法。1978 年在美国田纳西州罗克伍德投产，称 DRC 法。1983 年，戴维—麦基公司为南非 SCAW 金属公司建造的 7.5 万吨/年的直接还原回转窑投产。

图 6-37 所示为 DRC 法工艺流程图。SCAW 公司使用当地含铁 66%、粒度 5~20mm 的赤铁矿作为原料，要求铁矿石具有相当的强度，还原时不爆裂。该法理想的还原剂是灰分软熔温度高、反应性好、含硫低于 2% 的煤种。该公司曾试用过的几种煤，列于表 6-30 中。

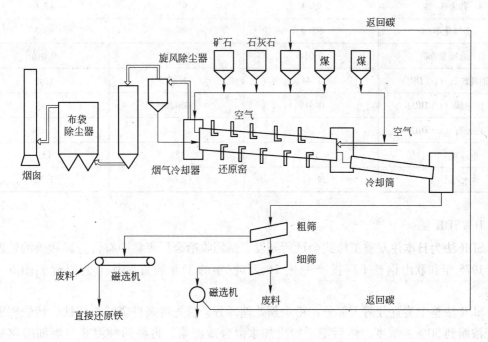

图 6-37 DRC 法工艺流程

表 6-30 煤工业分析（干基） （%）

煤 种	水	挥发分	灰分	$C_{固}$	S
Arnot	4.2 (0.6)	31.5 (0.6)	104 (0.7)	54.1 (1.15)	0.39 (0.02)
ATC2	2.5 (0.8)	26.2 (0.78)	11.9 (0.7)	59.5 (0.98)	0.75 (0.06)
Tavistock	2.5	29.0	13.8	54.8	1.08
Eikeboom	2.9 (0.95)	28.5 (0.72)	9.7 (0.35)	58.9 (0.85)	0.58 (0.05)

注：括号内数值为标准偏差值。

除 Arnot 煤因灰分软化温度波动大，不宜采用外，其他煤种均可使用。但煤的最后选用取决于成本因素和生产率。SCAW 公司选定的是 Eikeboom 煤，这种煤价格低、反应性好、炉衬损失少、灰分软化点高，性能稳定，适于长期稳定操作。

该工艺对温度很敏感。在 1985 年 3 月进行的还原煤试验期，温度变化 50℃，产量差 24%。该装置 1983 年 7 月投入运行，投料 8 天达到设计产量，连续运行了 18 个月。

SCAW 公司回转窑设有废热回收系统，除满足本系统动力需要外，还可向外输送电力。表 6-31 给出了该装置几年来的生产数据。

表 6-31 SCAW 公司 DRC 装置几年来的作业情况

项　　目	1983.8~1984.7	1984.8~1985.7	1985.8~1985.12
总产量/t	75864	74790	37026
日产量/t	208	227	242
作业率/%	95.3	97.3	98.6
金属化率/%	95.3	94.3	93.3
含硫量/%	0.014	0.017	0.016
消耗矿石（t/t DRI）	1.44	1.45	1.42
固定碳（t/t DRI）	0.419	0.425	0.433
白云石（t/t DRI）	0.059	0.048	0.054
电/kW·h·t^{-1}	146	138	131
水/m^3·t^{-1}	2.41	2.64	2.72

D SDR 法

SDR 法为日本住友重工株式会社所开发，是回收冶金厂废料中有价金属和碳的处理工艺。1975 年和歌山钢铁 f 厂投产一座 16 万吨/年的工业装置，其工艺流程如图 6-38 所示。

SDR 法整个装置分两大部分：粉尘预处理部分，首先将来自烧结、炼铁、转炉炼钢的尘泥浓缩到 50% 的浓度，然后把干粉尘加水混合成泥浆，再将两种泥浆与磨细的焦粉混匀，然后是过滤、干燥；粉尘金属化部分，干燥后的滤块用旋转粉碎机磨碎后配加膨润土，加水造球后送入链篦干燥机，利用回转窑排出的废气在 250℃ 下干燥。干燥后的球团配加碎焦装入回转窑进行预热和还原，还原反应为：

$$Fe_2O_3 + 3CO \longrightarrow 2Fe + 3CO_2$$
$$ZnO + CO \longrightarrow Zn_{(气)} + CO_2$$
$$CO_2 + C \longrightarrow 2CO$$

回转窑排料端设燃料烧嘴，沿窑身装有二次送风管、靠燃料和还原产物的燃烧为反应提供热量和气氛，在高温下还原出来的锌、铅蒸汽随烟气进入废气处理系统。用布袋收尘器回收其氧化物，窑头端排出的高温还原产品直接落入水冷槽冷却。SDR 法处理的粉尘和混合料的成分、粒度列于表 6-32 中。

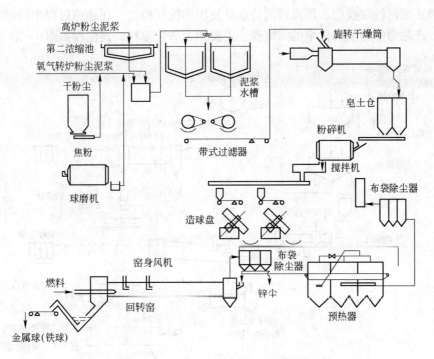

图 6 – 38　SDR 法粉尘处理工艺流程

表 6 – 32　粉尘和混合料的成分与粒度组成　　　　　　　　（%）

粉尘来源		烧结	高炉				转炉	混合料
集尘方式		烟气电除尘干尘	煤气文氏管湿尘	出铁厂布袋干尘	矿石仓布袋干尘	烟气电除尘干尘	熔炼布袋干尘	
化学成分	TFe	47.8	34.9	29.7	66	53		49.8
	C	8.3	33.1	33	0.3	4.7		16
	Zn	0.03	0.77	0.03	0.24	1.18		0.6
	Pb	0.38	0.24	0.01	0.09	0.03		
	脉石	16	12.4	14.4	4.3	5.4		
粒度组成	≥250μm	3	1		6		2	
	≥125μm	28	11		52		9	
	≥63μm	69	35		91		16	
	≥44μm	84	46		97		21	
	<44μm	16	54		3		79	

　　SDR 法作业温度较高，产品抗氧化性好，可露天存放。因产品含铁量低、含硫量高，主要作为高炉炼铁原料。

　　E　SPM 法

　　SPM（Sumitomo Preduction Method）法是日本住友金属工业公司开发的，1970 年开始研究在回转窑内边还原、边造粒的直接还原法，1975 年在鹿岛厂有一座月处理粉尘 1.8 万吨的直接还原回转窑投产。该流程的特点是使用钢铁厂粉尘,在还原过程中同时对粉料进行造粒。产品为中等金属化率的海绵铁,主要作为高炉原料,其流程如图 6-39 所示。

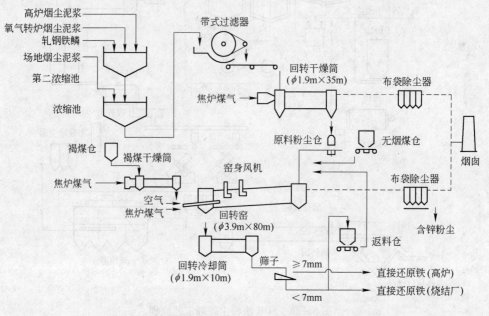

图 6-39 SPM 法工艺流程

SPM 回转窑与其他还原窑结构基本相同。窑头设有煤气烧嘴,窑身设有二次风机。此外,还设有专门的清料镗杆,以清理黏附在窑壁上的炉料。该回转窑长 80m,直径 3.9m。

原料主要是高炉尘泥、转炉尘泥和轧钢铁鳞,混合炉料品位约为 57%。入窑前首先将钢铁厂的各种粉尘放入泥浆池混合,然后经过滤、干燥,与作为还原剂的无烟煤粉一起送入回转窑。窑头出料端设燃料烧嘴,燃烧焦炉煤气。在窑身中部装有供风管,燃烧剩余的可燃物。随着物料的加热升温,开始铁氧化物的还原、氧化锌和氧化铅的还原挥发;进一步提高温度,炉料局部软熔和过熔,由于炉料的不断翻滚搅拌,促成了还原铁料的造粒。黏附在窑衬的物料用专门的清料镗杆刮下。从出料端排出的还原铁落入水冷回转筒直接水冷,冷却后进行破碎筛分。取 7~50mm 的还原铁成品,其外形类似过烧烧结矿。产品送往高炉,小于 7mm 的还原铁重新入窑,用其作为造粒核心。

SPM 法使用的粉尘和混合料的化学成分及粒度组成见表 6-33。

表 6-33 粉尘和混合料的化学成分及粒度组成   (%)

	粉 尘 来 源	高炉泥	转炉泥	铁 鳞	混合泥尘
化学成分	TFe	24.24	69.23	69	57.5
	$Na_2 + K_2O$	0.33	0.64	0.12	
	C	43.15	1.41	0.93	0.2
	Zn	3.74	0.55	0.063	0.67
	$CaO + SiO_2$	7.96	7.48		5.8

粉尘来源		高炉泥	转炉泥	铁鳞	混合泥尘
粒度组成	<100 目（0.147mm）	3.64	5.16	3.73	
	100~200 目（0.074~0.147mm）	20.77	12.73	40.34	
	200~325 目（0.043~0.047mm）	18.8	9.67	15.13	
	>325 目（0.043mm）	56.79	72.44	40.8	

为防止产品的再氧化，从窑头吹入少量（约30kg/t）细粒烟煤。所得的还原铁成分见表 6 – 34。粉尘中的锌氧化物被还原成金属锌，以锌蒸气的形式进入废气，降温后重新氧化成氧化物被收集在布袋除尘器内。回收尘量约为总料量的 2%～2.5%，含锌量很高，是畅销的炼锌原料。锌尘化学成分见表 6 – 35。SMP 法吨产品消耗指标见表 6 – 36。

表 6 – 34 还原铁成分 （%）

C	TFe	MFe	FeO	SiO$_2$	Al$_2$O$_3$	CaO	MgO	Zn	S	P
0.51	77.13	62.84	14.99	5.55	0.34	4.47	1.50	0.033	0.28	0.15

表 6 – 35 锌尘化学成分 （%）

C	Zn	Pb	TFe	F	Cl	S
6.10	32.00	7.46	27.57	0.42	2.58	2.0

表 6 – 36 SMP 法吨产品消耗指标

粉尘料	无烟煤	烟煤	焦炉煤气	热能
1330kg	160kg	30kg	130m^3	7.3GJ

F 川崎法

川崎钢铁公司从 1960 年开始研究钢铁厂粉尘的处理，1963 年在千叶厂建造了月产500t 还原铁试验装置；1968 年第一台年产 6 万吨生产装置投产；1977 年 3 月千叶厂年产18 万吨 2 号装置运行，11 月达到全负荷作业。

全过程包括高炉、转炉、烧结和其他厂的泥浆处理及干尘的回收，混合料造球、还原、选分和有价金属回收，其设备布置如图 6 – 40 所示。

川崎法处理的各种粉尘的主要化学成分及粒度列于表 6 – 37。如果将含锌尘配入烧结料中，由于烧结时氧势高，锌难于脱除；而含铅、锌和碱性元素的炉料用于高炉，又会造成循环富集和炉内沉积，给高炉生产造成困难。该工艺的出发点是保护环境、去除有害元素以及铁、碳资源回收利用。

具体生产步骤是，将高炉泥、转炉泥用管道送到粉尘处理厂，经浓缩、过滤、干燥后再与干尘和焦粉按比例配料、混匀，混合料在圆盘式造球机上制 10～15mm 的生球后布在箅式预热机上，利用回转窑废气将生球干燥并预热950℃，预热好的球团与焦粉一起由窑尾进料端加入。窑头出料端设有燃油烧嘴，可使窑内维持在 1200℃。球团进入高温区后，

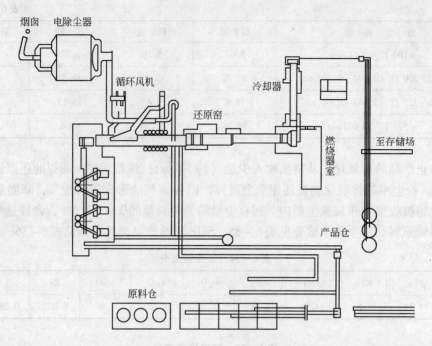

图 6 - 40   川崎法设备布置示意

在内碳、外碳的作用下顺利地进行铁的还原,金属锌及碱金属蒸汽随废气逸出并被氧化,最后收集在高效烟尘收集器内。

表 6 - 37   各种粉尘的主要化学成分及粒度   (%)

项 目	高炉尘	高炉泥	烧结尘	转炉尘
TFe	32. 2	28. 6	43. 5	64. 8
C	38. 5	40. 8	3. 5	—
S	0. 2	0. 3	0. 2	0. 03
Zn	0. 045	0. 054	0. 03	1. 06
粒度 (<44μm)	5	59	61	96

为了得到强度高、含锌量低的金属化球团,应采用大填充率和过剩碳量,由窑内排出的炉料进入冷却筒后,被高压雾化水直接冷却到120℃,再经筛分和磁选分离得到金属化球团、返煤和灰渣。金属化球团的典型分析见表 6 - 38。

表 6 - 38   金属化球团的典型分析

TFe	MFe	Zn	Pb	η_{MFe}	粒度	强度
74. 3%	70. 6%	0. 02%	0. 01%	95. 0%	5 ~20mm	>1470N/球

该工艺在回收铁和脱除粉尘内的锌、碱金属等有害元素方面是成功的,铁的回收率为85% ~90%,脱锌率95%。吨产品的消耗指标见表 6 - 39。

表6-39 吨产品的消耗指标

指标	数量	指标	数量
还原剂（焦粉）	300~400kg	电能	100~130kW·h
燃油（重油）	50~70kg	冷却水	1~3m³
总热量	14.7~17.6MJ	耐火材料	7~10kg

6.5.3.3 回转窑基本尺寸的确定

A 工艺结构参数

多数回转窑生产能力是按实际投料量确定的。在设备选定的条件下，通过实验确定生产能力、能量消耗和产品还原度，以及研究原料的适用性，是否会发生黏结。

理论分析表明，回转窑传热是影响生产率的关键。从传热角度看，低温段传热缓慢，高温还原段高温气流辐射传热强度提高，传热加快。区域热平衡计算和传热系数计算表明，提高排气温度、强化低温段传热、缩短预热带长度、扩大高温还原带等是提高产量的基本方向。

把回转窑作为一个输送设备来看，其生产能力可用下式求出：

$$G = \frac{60\pi D^2}{4}\varphi f_i v_i \rho_i \qquad (6-32)$$

式中 D——回转窑内径；

φ——窑内料填充率；

f_i——含铁料占总料量之比；

v_i——含铁料平均移动速度；

ρ_i——含铁料密度。

a 预热带长度

物料表面大小是热气流向物料传送热量的基本参数。在矿石原料、还原剂和脱硫剂种类和数量确定后，要进一步确定预定产量下物料加热到所需温度（约950℃）需要的热量，再根据料层加热表面与传热的关系，并考虑到废气带出的热，可用下式求得预热带物料表面的大小：

$$A_0 = \frac{A_v}{G} = \frac{Q}{24q} \qquad (6-33)$$

式中 A_0——预热带传热所需的表面积；

A_v——预计产量下的物料受热总面积；

G——预计产量下的物料预热需要的总热量；

q——传递的热量。

之后，再根据预热带物料填充率与受热面积的关系，即可求得预热带长度。

b 还原带尺寸

用实验方法确定矿石还原性和燃料的反应性，然后用式（6-32）、式（6-33）和图6-41求得单位容积产量 G/V_R，再根据预计产量 G 求出还原带物料总容积。

由此可见，回转窑生产率取决于预热带物料表面积和还原带物料总容积的大小。从传热和还原来看，预热带料层不宜过厚，而还原带料层应尽量厚些。

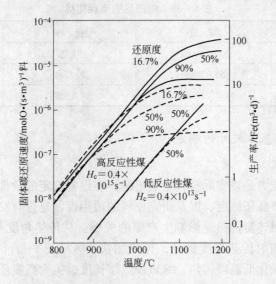

图6-41 各种因素对固定碳的还原速度和单位容积生产率的影响

在确定上述尺寸时，还需注意到内自由空间不应过小。

B 结构尺寸

a 窑长与窑径之比 L/D

直接还原回转窑多为筒形窑。在预热带料层表面积和还原带物料容积确定后，回转窑的基本尺寸也就确定了。L/D 选择得是否合适关系到回转窑生产效率和产品质量，以前多选用高值（20～25）。随着排除废气温度升高，预热带热交换强化，预热带长度明显缩短，又由于采用二次供风。埋入式喷嘴和窑头喷吹还原煤技术，使还原带供热强度大幅度提高，物料填充率增大，因此把还原带长度相应的增大，能有效地改善窑内还原。近来的做法是扩大窑径，缩短长度，按原料条件变化，L/D 已缩小到 14～17。新西兰钢铁公司1989 年建造的以海砂为原料的回转窑，L/D 为 14.3；南非 ISCOR 金属公司在 1985 年又有四座以块矿为原料的回转窑投产，L/D 均为 16.67，都取得了好的作业指标。

b 倾斜度 N

以往在薄料快行的技术思想指导下，回转窑多采用大倾斜度（3%～3.5%）。实践证明，过薄料层加热表面小，不利于热交换和还原气的利用。回转窑产率降低，再氧化加剧。随着窑内供热强度提高、停留时间的延长和还原条件的改善，回转窑的倾斜度均有降低的趋势，如新西兰钢铁公司的回转窑的倾斜度为 1.5%，南非 ISCOR 公司的回转窑为 2.5%。

c 缩口比（进料口直径 $d_入$/窑直径 D 或出料口直径 $d_出$/窑直径 D）

出、入端缩口大小影响料层填充率和物料停留时间。从增加停留时间来考虑，回转窑的出、入端缩口逐渐变小，窑内填充率由以往的 8%～10%提高到 15%～25%，窑内加热、还原条件大为改善，回转窑生产能力得到提高。另外，因窑内物料增多，热储量增大，明显地提高了热稳定性。但也应看到，由于窑出料端设置燃料烧嘴、还原煤喷入装置，窑内还应保持燃料燃烧和废气流动的适宜空间，出、入端缩口也不可过小。特别是入料端缩口过小，废气速度增大，从而导致粉尘量增加。目前多数情况是：$d_\lambda/D = 0.45 \sim$ 0.53，$d_{出}/D = 0.35 \sim 0.50$。

d 窑容利用系数

窑容利用系数反映了窑的效率，是相互比较的基准。以新近投产的回转窑为例，随原料、还原剂的不同，其利用系数设计值变化于 $0.32 \sim 0.77t/(m^3 \cdot h)$。矿石还原性和还原剂反应性得到改善，回转窑利用系数略有提高，但无明确的定量关系，具体指标见表 6 - 40。

表 6 - 40 国外一些回转窑的作业情况

厂 别	原 料	还原剂	回转窑尺寸	利用系数/t·(m³·h)⁻¹	投产时间
新西兰钢铁公司	钒钛磁铁矿砂	次烟煤	$\phi4.6m \times 65m$ $\phi4.8m \times 80m$	0.77 0.4	1986 年 1985 年
南非 ISCOR 公司	赤铁矿块矿	烟煤	$\phi3.0m \times 40m$ $\phi4.5m \times 60m$	0.47 0.321	1980 年 1983 年
印度海绵铁公司	赤铁矿块矿	烟煤	$\phi4.2m \times 42m$	0.387	1982 年
南非 SCAW 公司	赤铁矿	烟煤			
印度塔塔钢铁公司	赤铁矿	烟煤			

6.6 等离子直接还原法

6.6.1 等离子体

等离子体早在国内外的冶金过程中得到应用。预计在今后的十年内将会出现年产几十万吨铁合金或铁金属的等离子工业装置。

等离子体是一种新的能源技术，简单地说是把气体通过电弧而使之电离，这就是等离子体，这时的气体不具有分子结构，而是由带电的正离子和电子组成，例如 $O_2 \rightarrow 2O^{2+} + 4e$。

显然，等离子体在总体来说是电性中和的，所以有人把它叫物质的第四态。可以这样想象，如在炼钢的常规电弧炉的电极中间打个孔，通过这个孔吹入气体，那么气体吹入电弧则成了等离子体。它和常规电弧比较，不但有较高的电热转换效率，也有较高的传热效率，即电弧和炉料之间只有辐射传热，而等离子（弧）与炉料之间还有良好的对流传热。

回顾冶金技术发展的重大历史阶段，高炉使用热风和焦炭，炼钢使用有蓄热室的马丁炉，都属重大技术突破，而它们的实质又都是能源技术的突破，并用于冶金过程。等离子体的冶金应用也有这个意义，它能获得常规冶金炉所不能获得的高温，从而加速了冶金过程中的化学反应速率和传输速率。等离子竖炉的生产率将不再是高炉 1 ~ 2 的利用系数，而是 5、6 或 10，做一个调节措施也不是像高炉那样等几小时后才见效，而是立即见效。用等离子体来炼钢，特别是炼优质特殊钢，已有几十年历史了。现代的发展则是把它用于还原过程，即用它来炼铁：炼生铁、海绵铁、铁合金。取得这种进展是由于在 20 世纪 70 年代大功率不消耗的等离子发生器已过了长寿关。不消耗是指有良好冷却的金属发生器代替了碳质电极，它能连续工作成百上千小时，于是它就相当于高炉的风口，成了冶金炉上一个简单的定期更换的条件。何况发生器使用的气氛又极易控制，可以是氧化性的、中性的、还原性的。对于炼铁来说，等离子气常是二氧化碳、一氧化碳或氢气等各种炉顶气或可燃气体。

6.6.2　等离子直接还原法流程

目前世界上用于工业生产的等离子炼铁法的是生产海绵铁，图 6 - 42 所示为瑞典 SKF 公司提供的一个一般性流程。

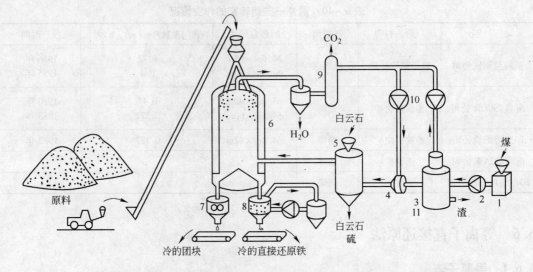

图 6 - 42　瑞典 SKF 公司的等离子直接还原法（PLASMARED）流程

1—还原剂；2—还原剂泵；3—有高温区的还原气体发生炉（增碳炉）；4—冷热煤气混合达到所需温度；
5—白云石脱硫塔；6—直接还原竖炉；7—产品造块以便储运；8—产品冷却；9—炉顶煤气冷却、
除尘、脱水和去 CO；10—净气压缩、循环；11—用来供热的等离子发生器

该流程即把热煤气通过直接还原竖炉得到海绵铁，再把竖炉的炉顶气通过等离子发生器获得能量和粉煤一起喷入煤气增碳炉。把炉顶气中的部分 CO_2 增碳成 CO，再送入还原竖炉，如此循环不断。除得到可供电炉炼钢的含碳低的海绵铁外，还可得到副产品煤气。为了保证产品质量，使用不同煤种和提高效率，在煤气系统上有白云石脱硫塔、液态出渣和 CO_2 吸收装置。在瑞典的一般性报告中，它的能耗为每吨铁 9.2GJ/tFe，合用电量 850kW·h，煤 180kg 和极少的焦炭作为增碳炉反应室的材料使用。当然，为了增加煤气产量以代替冶金厂用重油（例如每吨铁产气 1400m³，热值为 7849kJ/m³）、节省电能，也可使用部分氧气，将在经济上更为有利。通常称这类方法为"电—煤法"或"电—氧—煤法"，它们是有很多种变型的。

6.6.3　等离子法与回转窑法比较

如把这类方法和全煤基的回转窑法比较，最大的优点在于生产可靠，产品质量稳定，设备精巧。因为它本身就是有几十年经验的高效、优质的威堡法；目前只是用等离子加热法代替了电阻加热法而强化了造气过程，可以使用粉煤而且可以液体出煤渣。这将是解决电炉钢原料短缺的有效途径。

6.7 竖炉直接还原法

6.7.1 竖炉法的发展

　　直接还原工艺化开始于 20 世纪 50 年代，当时工艺方法很多，但成功的极少。运用于工业生产中且研究得最早、至今也是最成熟的工艺，应首推采用天然气作还原剂的竖炉法。世界上第一座初具规模的海绵铁竖炉于 1952 年在瑞典桑德维克（Sandvik）投入工业生产，当时的产量仅为 2.4 万吨/年。到 1990 年已发展到在委内瑞拉建造的直径为 6.5m 的竖炉，产量已达 120 万吨/年。到 20 世纪 60 年代以后，天然气大量开采，1957 年出现 HYL 法、1968 年 MIDREX 法成功，直接还原才得到快速发展。1975 年全世界直接还原铁仅为 260 万吨，到 1985 年达到 1116 万吨，而到 2004 年，世界 DRI 的产量已达到 5460 万吨，比 2003 年增加 500 万吨，增长率为 10%。竖炉法目前占 DRI 产量的 90% 以上，MIDREX 直接还原厂的 DRI 产量最高，占世界的 DRI 产量的 64.6%（3500 万吨），占所有气基直接还原铁的 73%。HYL 以占世界 21% 的产量，居于其次，其他各种煤基 DRI 产量占 12%。其余 3% 为其他气基直接还原方法。

　　竖炉的反应条件与高炉上部间接还原区相似，不出现熔化现象的还原冶炼过程，使用单一矿石料，没有造渣过程。以前竖炉的燃烧和还原剂是天然气，近年出现了煤制气以及使用焦炉煤气竖炉直接还原工艺，这样扩大了竖炉工艺的使用范围。但目前煤基竖炉工艺还不成熟、生产成本偏高，工艺还需进一步完善。

　　国外对于 DRI 的生产，大部分为气基的竖炉直接还原工艺，具有生产规模大、成本低、操作方便灵活、环境影响小等优点。无疑，竖炉直接还原工艺已是一项十分成熟的先进生产技术，但气基竖炉 DRI 生产技术需要以天然气作为燃料（还原剂），并经重整后 CO 和 H_2 达到足够的浓度才能作还原剂使用。然而，天然气仅分布在少数地区，受地域的限制十分突出。

　　近年来，我国天然气储量随着西部大开发有了大幅度增加，但对我国这个人口众多的大国来讲，仍然是一个缺乏天然气的国家。天然气作为清洁能源，首先要满足民用需要，如在东部地区，人口众多，需求量十分大；其次还要满足石化工业的需要；再次才能供给冶金生产。由此看来，把天然气用于生产 DRI 的余地是不多的。另外，天然气的价格（特别是在经过长途输送后）相当高，而且天然气对涨价因素十分敏感，幅度也较大。国外有不少地区相比于初期，已经上涨了十几倍。2002 年，DRI 生产大国委内瑞拉的总产量明显下降。其原因就是因为天然气的涨价导致了 DRI 生产厂的关闭和减产。

　　同时，气基竖炉 DRI 的生产，必须以高品位铁矿和球团矿为原料，在国外都有相应的大型氧化球团矿厂与之配套，或者是大量购买商品球团矿和优质高品位的铁矿石。这在我国除沿海有可能外，在内陆地区的可能性极小。购买商品球团来生产 DRI，由于球团矿的价格，特别是进口球团矿由于运输费用等问题，其使用成本很难降低。我国竖炉直接还原的研究虽然已取得了很多成果，但要建设具有一定规模的工业生产厂仍需要走漫长的路。

6.7.2 竖炉法的工作原理

　　竖炉以对流移动床的方式工作。矿石自炉顶加入，还原完毕的海绵铁自炉底排出，固态炉料自上而下移动，还原气自还原带下部加入并向上流动，与炉料形成对流，其反应过程与高炉上部间接还原带相似，是一个不出现熔化现象的还原冶炼过程。炉料铁矿石与还原气体都是逆向运动的移动床反应过程，所不同的是竖炉生产使用单一矿石料，没有造渣及熔化过程。还原气中 H_2 含量高、N_2 含量低，入炉料与还原气分布较均匀。竖炉内固体炉料向下运动时与上升的还原气流间的传质（还原）与热交换，是一个接近理想状态的典型的气固相逆流反应过程。

竖炉冶炼过程中，自上而下分为五个区域也称五带：

预热带——位于竖炉上部，在此区域铁矿物料被上升热气流预热到还原反应需要的温度。

上还原带——位于还原气入口平面至预热带之间，在此区域铁矿石被还原剂预定的还原度。

下还原带——位于还原气入口平面至过渡带上部之间，是铁矿石继续还原区域。

过渡带——从下还原带下部到冷却带上部之间存在一个海绵铁逐渐降温的区域，这就是过渡带，它起着用炉料把还原带内的还原气氛与冷却带的弱氧化气氛隔离开的作用，使得还原带的温度稳定，同时进行铁的最终还原和析碳。

冷却带——位于竖炉最下部，是把热海绵铁冷却至大气中不被氧化的温度，并防止出炉海绵铁再氧化，以及进行析碳和海绵铁渗碳的主要区域。

应该指出，竖炉内各带之间，实际上没有明显的界线。

6.7.2.1　竖炉中的炉料运动

竖炉内炉料下降的基本条件，是在炉内存在使其不断下降的空间。形成空间的原因是：竖炉中的钛氧化物被还原，体积缩减；在炉料下降过程中，小块料不断充填于大块料之间，使其体积缩减；定期排放直接还原铁，使上部炉料得以下降。上述因素为炉料下降提供了可能性。炉料能否下降，取决于炉内各个水平面上的力学关系。促使炉料下降的因素是炉料重力。阻碍下降的因素则有：炉料与炉墙的摩擦力；煤气流上升过程中受到炉料阻碍，产生压头损失，转化为对下降炉料的阻力。

上述关系可用式（6-34）表示，即

$$F = (W_料 - f_墙 - f_料) - \Delta p = W_效 - \Delta p \qquad (6-34)$$

式中　F——决定炉料下降的力；

$W_料$——炉料自身重量；

$f_墙$——炉料与炉墙之间摩擦力的垂直分量；

$f_料$——料块相对运动时，料块间摩擦力的垂直分量；

Δp——煤气通过料层的总压差。

可以看出，$W_效$ 和 Δp 差值越大，越有利于炉料的下降。反之，则不利于炉料的下降。当 $W_效$ 接近或等于 Δp 时，就会产生难行和悬料现象。为保证顺行，应设法增大 $W_效$，减小 Δp。竖炉内炉料粒度均匀，能减少小块充填大块空隙现象，改善透气性。无黏滞造渣层，则侧压系数小，Δp 减小，有利于顺行。竖炉炉料由单一矿石料组成，平均堆密度大，$W_效$ 增加，这表明炉料能够克服偶然发生的阻碍力维持其顺利下降。这种炉料下降的有效重力 F 也可由詹森（Janssen）公式表示，即

$$F = \frac{D\left(\rho - \dfrac{\Delta p}{9.8H}\right)}{4fn}\left[1 - \exp\left(-4fn\,\frac{H}{D}\right)\right] \tag{6-35}$$

式中　D——竖炉直径，m；

　　　ρ——炉料堆密度，kg/m^3；

　　　Δp——通过料柱的气流压降，Pa；

　　　H——料柱的高度，m；

　　　f——炉料和炉墙的摩擦因素；

　　　n——测压系数。

在竖炉中没有焦炭，ρ 值高达 $2000kg/m^3$，而高炉仅为 $1200 \sim 1400kg/m^3$，由式（6-35）可计算出直接还原竖炉炉料下降有效重力比高炉的大 6 倍以上，竖炉中煤气线速度可允许高达 10m/s，比实际气体流速 $0.5 \sim 3m/s$ 要高得多。由此可知，竖炉内炉料运动是稳定的，保证了气体与炉料间的传热和传质能有效和充分地进行。由此可见，气体力学因素不是限制竖炉生产的环节。

虽然由煤气浮力引起的悬料在竖炉中不可能发生，但在实际竖炉生产中仍有悬料的危险，这是因为：球团体积膨胀，侧压系数增大；由于炉温过高导致炉料间或炉料与炉墙黏结，引起摩擦因数增大，造成炉料下降不顺。因此，不能使用膨胀严重的球团，作业温度应严格控制在矿石软熔温度以下。

炉料黏结发生于温度过高的情况下，炉料黏结的温度决定于矿石的性质。大部分矿石 900℃ 以上发生严重黏结。对于同一种矿石，脉石含量越少则越不容易黏结，在竖炉中使用时黏结温度与试验测定的黏结温度基本符合，但是有一定的波动范围，下料速度越快以及煤气中 $H_2/(H_2 + CO)$ 提高及 N_2 含量减少，都可以使黏结倾向降低。

6.7.2.2　竖炉中的传热过程

竖炉中煤气和炉料进行逆向运动，保证了热交换充分进行，其进行程度决定了预热炉料和冷却炉料所需要的时间，也是决定竖炉作业时间的基本条件。

沿炉身高度炉料及热煤气的温度变化如图 6-43 所示，图中 t_s^0 为炉料入口温度，℃；t_g^0 为煤气入口温度，℃；t_g' 为煤气出口温度，℃；t_c' 为冷却气出口温度，℃；t_c^0 为冷却气入口温度，℃；t_s' 为炉料出口温度，℃；H_p 为预热钾高度，m；H_f 为还原带高度，m；H_m 为过渡带高度，m；H_c 为冷却带高度，m。

竖炉预热带热交换可用下面的基本方程式来表示，即

$$dQ = \alpha_F F_V (t_g - t_s) = d\tau \tag{6-36}$$

式中　dQ——dt 时间内（h），单位体积料层内煤气传给炉料的热量，kJ/m^3；

　　　F_V——单位散料体积内料块表面积，m^2/m^3；

　　　α_F——表面积总传热系数，$W/(m^2 \cdot ℃)$；

　　　t_g，t_s——分别为煤气、炉料温度，℃。

实际竖炉内煤气与炉料进行逆流热交换，由于物理—化学变化而引起煤气及炉料水当量、炉料尺寸等发生变化，因此传热过程十分复杂。为研究其一般规律，将竖炉料层高度上炉料与煤气的温度化表示为如图 6-44 所示。

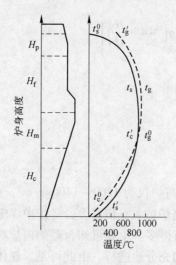

图6-43 炉料及煤气温度沿
炉身高度的变化

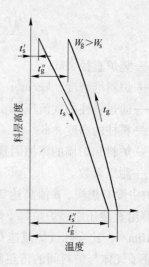

图6-44 炉料与煤气温度沿料层
高度的变化

其中假定：炉料与煤气沿整个容器截面均匀流动；煤气与炉料的水当量保持不变；料块尺寸及物态在热交换过程中不发生变化；料层内传热系数为常数。

在料块内部热阻很小的条件下，可以为料块内部温度始终是均一的。图6-44中，用 t'_g、t''_g 分别表示煤气进口和出口温度；t'_s、t''_s 分别表示物料进口和出口温度；W_g、W_s 分别表示煤气与物料的水当量，即单位体积煤气、炉料温度升高（或下降）1℃所吸收（或放出）的热量（kJ/℃），或某截面煤气、炉料温度升高（或下降）1℃时所吸收（或放出）热量（kJ/℃），其表达式为：

$$W_g = G_g c_g$$
$$W_s = G_s c_s$$

式中 G_g——煤气体积，m^3；

G_s——炉料质量，kg；

c_g——煤气的比热容，kJ/(kg·℃)；

c_s——炉料的比热容，kJ/(kg·℃)。

在此范围内，煤气的温度变化为：

$$dt_g = -\frac{dQ}{W_g} \tag{6-37}$$

此处是以煤气入口为起点，故煤气温度随换热量增加而降低。在同样的 dt 范围内，炉料在逆流系统中的变化是以煤气入口为起点，物料温度同样随换热量增加而降低，故 dt_s 与 dQ 符号相反，即：

$$dt_s = -\frac{dQ}{W_s} \tag{6-38}$$

由式（6-37）和（6-38）得：

$$d(t_g - t_s) = -\left(\frac{1}{W_g} - \frac{1}{W_s}\right)dQ \tag{6-39}$$

或

$$dQ = -\frac{d(t_g - t_s)}{\dfrac{1}{W_g} \quad \dfrac{1}{W_s}} \tag{6-40}$$

将式（6-36）和式（6-40）合并得：

$$-\frac{d(t_g - t_s)}{\dfrac{1}{W_g} \quad \dfrac{1}{W_s}} = \alpha_F F_V (t_g - t_s) d\tau \tag{6-41}$$

设经过时间 t 换热后，煤气与物料温度分别为 t_g、t_s，即对应于时间 t 的换热温度为 $(t_g - t_s)$。在此范围内积分，即

$$\int_{t_g' - t_s''}^{t_g - t_s} \frac{d(t_g - t_s)}{t_g - t_s} = \frac{\alpha_F F_V}{W_g}\left(1 - \frac{W_g}{W_s}\right)\int_0^\tau d\tau \tag{6-42}$$

这里，将 α_F、F_V、W_s、W_g 均视为常数，积分结果为：

$$\ln\frac{t_g - t_s}{t_g' - t_s''} = -\frac{\alpha_F F_V}{W_g}\left(1 - \frac{W_g}{W_s}\right)\tau \tag{6-43}$$

或

$$t_g - t_s = (t_g' - t_s'')e^{\frac{\alpha_F F_V}{W_g}\left(1 - \frac{W_g}{W_s}\right)\tau} \tag{6-44}$$

如果在换热终端，由式（6-44）可得终端温差为：

$$t_g'' - t_s' = (t_g' - t_s'')e^{-\frac{\alpha_F F_V}{W_g}\left(1 - \frac{W_g}{W_s}\right)\tau} \tag{6-45}$$

由逆流换热热平衡方程可得如下关系。

始端与任意断面之间，有

$$W_g(t_g' - t_g) = W_s(t_s'' - t_s) \tag{6-46}$$

始端和终端之间，有

$$W_g(t_g' - t_g'') = W_s(t_s'' - t_s') \tag{6-47}$$

将式（6-44）～式（6-47）联立求解，消去 t_g''、t_g' 及 t_g，则可得到任意换热时间 t 的炉料温度 t_s，即

$$t_s = t_s' + (t_g' - t_s')z' \tag{6-48}$$

其中

$$z' = \frac{1 - e^{-\frac{\alpha_F F_V}{W_g}\left(1 - \frac{W_s}{W_g}\right)\tau}}{1 - \frac{W_s}{W_g}e^{-\frac{\alpha_F F_V}{W_g}\left(1 - \frac{W_s}{W_g}\right)\tau}} \tag{6-49}$$

当 $W_g > W_s$，且料层足够高（相当于 $\tau \to \infty$）时，则式（6-48）、式（6-49）变为：

$$t_s = t_s' + (t_g' - t_s')\left[1 - e^{-\frac{\alpha_F F_V}{W_g}\left(1 - \frac{W_s}{W_g}\right)\tau}\right] \tag{6-50}$$

若料块入口温度为室温，则可视 $t_s' \approx 0$，则上式变为：

$$t_s = t_g'\left[1 - e^{-\frac{\alpha_F F_V}{W_g}\left(1 - \frac{W_s}{W_g}\right)\tau}\right] \tag{6-51}$$

在此基础上，若换热时间足够长，即 $\tau \to \infty$ 时，则

$$t_s'' = t_g' \tag{6-52}$$

式（6-52）说明，在煤气水当量大于炉料水当量的情况下，炉料升温较快。在换热

面积和时间足够时，炉料能被加热到炉气入口温度，如图 6 – 43 和图 6 – 44 所示。

式（6 – 51）中表面积传热系数 α_F 与体积传热系数 α_V 有如下简要变换关系

$$\alpha_V = \alpha_F F_V [\text{W}/(\text{m}^3 \cdot ℃)]$$

其中，F_V 为单位体积料层的表面积，对直径为 d 的球形物料，则有：

$$F_V = \frac{6(1 - \varepsilon)}{d} \quad (\text{m}^2/\text{m}^3) \tag{6 – 53}$$

对非球形料块的料层，可以近似取为：

$$F_V \approx \frac{7.5(1 - \varepsilon)}{d} \quad (\text{m}^2/\text{m}^3) \tag{6 – 54}$$

有些研究者通过实验测定，得出了一些传热系数实验式。由于传热过程的复杂性。这些实验式的准确性和活用范围都受到限制。其中比较通用的实验式为：

$$\alpha_V = A_F \frac{u_g^{0.9} t^{0.3}}{d^{0.75}} N \quad (\text{W}/(\text{m}^3 \cdot ℃)) \tag{6 – 55}$$

式中　A_F——与物料种类有关的系数，矿石为 180，石灰石为 193，黏土砖块为 157，焦炭为 198；

　　　u_g——标准状态下空炉气体流速，m/s；

　　　d——料块平均直径，m；

　　　t——料块表面温度，℃；

　　　N——与料层空隙率有关的系数，对没有粉料的球形或近似球形的物料（相当于孔隙率 $\varepsilon = 0.47$），$N = 1$，含有 20% 粉料时，$N = 0.54$，也可用实验式 $N = 101.68g - 3.55g^2$ 确定。

式（6 – 55）适用于炉气沿料层横截面均匀流动的静止料层。实际竖炉中，由于料层各处孔隙率不同，物料下降不均匀，故实际传热系数小于计算结果。有研究者提出，实验式用于实际竖炉时，还应乘以如下折减系数：

$$\varepsilon = (0.018 \sim 0.15) u_g^{0.2} \tag{6 – 56}$$

炉气分布均匀时用大值，反之用小值。

竖炉炉料被加热到一定温度，铁氧化物开始还原。炉料升温越快，还原反应越迅速，则生产率越高，为此，应以最快的速度将炉料加热至高温。为了避免出现炉料高温软化黏结。入炉热还原气温度，t_g 应低于 1100℃。在这种情况下，炉料升温速度主要决定于煤气流量。

6.7.2.3　铁矿石还原及影响因素

A　铁矿石的还原过程

竖炉还原是一个固体炉料与气体还原剂逆向运动的移动床还原过程。竖炉冶炼过程中，铁矿石的还原可用如下反应方程式表示：

$$\text{FeO}_{(固)} + \frac{[\text{H}_2]}{\text{CO}} \longrightarrow \text{FeO}_{(固)} \cdot \frac{[\text{H}_2]}{\text{CO}} \quad （吸附）$$

$$\text{FeO}_{(固)} + \frac{[\text{H}_2]}{\text{CO}} \longrightarrow \text{FeO}_{(固)} \cdot \frac{[\text{H}_2\text{O}]}{\text{CO}_2} \quad （反应）$$

$$FeO_{(固)} + \frac{[H_2]}{CO} \longrightarrow FeO_{(固)} \cdot \frac{[H_2O]}{CO_2} \text{（吸附）}$$

（1）气体扩散过程。还原气 CO 和 H$_2$，通过气—固相界层向铁矿石表面扩散，扩散速度取决于还原气的气流速度、压力和温度。

（2）气体的吸附过程。铁矿石具有吸附气体的能力。还原气扩散至铁矿石表面时，被铁矿石吸附。随着扩散和吸附的继续进行，还原反应随之发生。

（3）气体向矿石内层的扩散。还原反应进行到一定程度，矿石表面形成金属，还原气体需要穿过金属层继续向里扩散。此过程是还原过程的限制性环节。

（4）还原产物（CO$_2$、H$_2$O）离开矿石的过程。在实际反应过程中，随着 CO$_2$ 和 H$_2$O 浓度的增高，CO$_2$ 和 H$_2$O 由里向外扩散；而 CO 和 H$_2$ 继续向里扩散，反应持续进行，直至反应达到平衡限度。

B 影响铁矿石还原的各种因素

炉料向下移动的过程中，由于还原温度、气体成分、矿石性能、还原气流速和压力等因素的变化，使还原受到影响。

a 还原温度的影响

提高还原反应温度，CO 和 H$_2$ 分子动能增加，加快了气体的扩散，能提高反应速度。但还原温度不能高于铁矿石的软化温度，否则矿石表面熔融并互相黏结，要阻碍还原气向内渗透和扩散。从而影响还原反应进行和产品质量。相反，还原温度低，还原速度则减慢。因此，铁矿石软化温度与所采用的还原温度的差值，必须根据客观条件和操作水平来确定。国外竖炉生产中，这一差值控制在 25℃ 左右。韶关竖炉直接还原试验用褐铁矿时，这一差值控制在 20~30℃，用磁铁矿时控制在 50℃。

热力学分析表明，H$_2$ 和 CO 还原铁矿石的反应具有不同的热效应。用 CO 还原时是微弱的放热反应，H$_2$ 还原气则是吸热反应。还原气同时作为还原剂及热载体时，还原气的 H$_2$ 含量高时则要求较高的还原温度。否则，由于还原吸热，将使床层温度下降而阻碍还原过程。反之，CO 含量较高时，由于放热反应，矿石还原可使床层温度升高，促使还原。

b 还原气成分的影响

竖炉还原气的主要成分为 CO、H$_2$、H$_2$O、CH$_4$、N$_4$ 和 O$_2$，一般希望 CO 和 H$_2$ 的含量大于 85%。由于 H$_2$ 比 CO 有较好的反应动力学条件（反应速率常数和扩散系数都高），要使竖炉内还原过程充分进行，还原气含量不应低，随着还原气 H$_2$ 含量的增加，还原速度几乎呈直线增长（图 6-45）。

但是，在还原气量一定的条件下，矿石最终还原度和还原气中 H$_2$ 的相对含量 [H$_2$/(H$_2$ + CO)] 并不呈线性关系，其原因在于 H$_2$ 的还原能力受到还原温度的限制。还原气中 H$_2$/(H$_2$ + CO) 数值小时，H$_2$ 含量增加，会加快矿石还原进程，还原气利用改善，消耗降低。当矿石还原度在某一 H$_2$/(H$_2$ + CO) 数值下达到最大时，此还原气成分便是该操作条件下的竖炉最佳还原气成分。

一般竖炉条件下，还原气最佳 H$_2$/(H$_2$ + CO) 数值为 30% 左右。此值高时，允许配入较多的氮气，增加带入热量，改善煤气利用率。例如，含 100% H$_2$ 的还原气，可配入 47% N$_2$，再多则将使其还原能力降低。用 CO 取代 H$_2$ 时，可减少反应热量消耗，提高煤气热熔值，减少作为热载体的还原气量，改善煤气利用。煤气中 CO$_2$、H$_2$O、O$_2$ 量应尽量小，这些成分增多。还原气氧化度 $(CO_2 + H_2O + O_2)/(CO + H_2 + CO_2 + H_2O + O_2)$ 增高，使还原反应受到阻碍。据国外资料，生产金属化率为 95% 的直接还原铁时，每吨还原产品耗用气量与还原气氧化度的关系如图 6 - 46 所示，一般要求 CO_2 含量低于 6%，O_2 含量低于 0.8% ~ 1.0%。

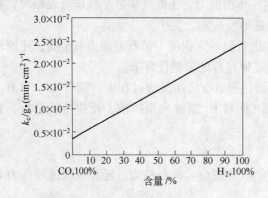
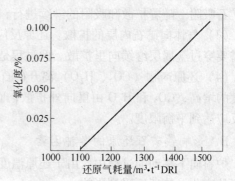

图 6 - 45　还原气中 $H_2/(H_2 + CO)$ 对　　　图 6 - 46　还原气耗量与氧化度之间的关系
铁矿石还原反应率常数的影响

c　铁矿石性能的影响

(1) 铁矿石粒度。竖炉冶炼要求铁矿石粒度适宜且均匀。粒度过大，影响 CO 及 H_2 的扩散，还原反应降低；粒度过小，透气性差，还原气分布不均匀，一般小于 5mm 粒径粉末的含量不能大于 5%。

(2) 铁矿石软化温度。铁矿石软化温度是铁矿石在一定荷重下测得的软化开始温度。铁矿石软化温度高，允许竖炉还原温度高，能加快还原速度，提高生产率，反之，生产率降低。因此，竖炉开炉前，必须测定矿石软化温度，以确定还原反应温度参数。

(3) 铁矿石气孔率。铁矿石气孔率大小，对还原反应影响明显。气孔率大，CO 和 H_2 容易扩散渗透到铁矿石内层，利于还原反应。褐铁矿因所含结晶水在高温下分解蒸发形成大量气孔，易于还原；赤铁矿气孔率比褐铁矿小，还原性次之；磁铁矿结构致密，气孔率最小，最难还原。

d　还原气流速的影响

还原气流速增加，利于气—固热交换，利于还原气中 CO、H_2 及产物 H_2O 和 CO 的扩散。气流速度达一定值后，气体边界层的扩散已不再是还原反应的限制性因素。气流速度增大，CO 和 H_2 来不及参与还原便逸出炉外，使还原气利用率降低。

e　还原气压力的影响

一般情况下，提高还原气的压力，能增大 CO 和 H_2 密度，降低气体流速，使其与铁矿石接触反应的概率增大，从而加快还原反应的进度。另外，提高还原压力，还可降低料柱压降，改善透气性，有利于竖炉生产率的提高。

f　还原气分布的影响

竖炉内还原气的分布对铁矿石还原反应和还原气热能、化学能的利用都有重要影响。

还原气入口速度过小时，粒度偏析将影响还原气的均匀分布，进而影响铁矿石的加热和还原。小粒矿和粉矿集聚的地方，还原气流小，还原不充分，大粒矿集聚的地方。孔隙度大，大量还原气未经反应便逸出炉外，还原气利用率低。

g 排料速度与方式的影响

竖炉排料速度应与铁矿石的还原速度相适应，排料速度快，铁矿石还原不充分，产品金属化率降低，排料速度过慢，竖炉产量降低，且一旦炉温波动较大时，炉料易于黏结，导致炉况不佳。

排料方式对铁矿石还原也有一定影响。连续排料，料层不停地运动，有利于还原气与铁矿石的接触，促进还原反应；间歇排料时，炉在一段时间内静止不动，不利于还原气的均匀分布，但可减轻炉料的超越现象。

6.7.2.4 析碳反应及渗碳

A 析碳反应及其影响

竖炉海绵铁冶炼过程中，除还原反应外，还有析碳反应。反应方程式如下：

$$2CO \Longrightarrow CO_2 + C\downarrow + 157.7kJ$$

$$CH_4 \Longrightarrow 2H_2 + C\downarrow - 77.9kJ$$

甲烷分解析碳温度为 $800 \sim 1000℃$。还原气中甲烷含量较低，仅 $2\% \sim 3\%$，因此只有在高温区才有少量的甲烷分解，析出微量炭黑。

CO 是还原气的主要成分。竖炉内的析碳反应主要是 CO 的分解，分解的适宜温度为 $400 \sim 600℃$，初生态海绵铁是促使 CO 分解析碳的理想催化剂。CO 分解析碳反应对竖炉生产有以下不利影响：

(1) 析碳使铁矿石强度降低。析出的焦黑将在矿石空隙内沉积和膨胀，产生内反应力，降低矿石的强度，致使矿石破裂，影响料柱透气性。

(2) 析碳会降低炉衬寿命。黏土砖中含有少量 FeO，易被还原气还原成金属铁，成为 CO 分解的接触催化剂，促进 CO 在砖内的析碳反应。焦黑的集聚膨胀，将使砖衬受到损坏。为减轻破坏作用，应尽量降低黏土砖的 FeO 量，增大黏土砖致密度。

B 海绵铁渗碳及影响因素

直接还原铁中的碳主要来源于 CO 分解析碳，其反应方程式如下：

$$2CO \Longrightarrow CO_2 + C\downarrow$$

$$+ \quad C + 3Fe \Longrightarrow Fe_3C$$

$$\overline{3Fe + 2CO \Longrightarrow Fe_3C + CO_2}$$

海绵铁渗碳是固态铁渗碳。根据 Fe – C 平衡图，固态铁低于 723℃ 时，含碳量最多为 0.2%，称为 α 铁（α-Fe）；在高于 723℃ 时，含碳量最多 2%，称为 γ 铁（γ-Fe）。所以，直接还原铁的渗碳量最高为 2%，直接还原铁含碳量主要根据用途的要求，一般控制在 $0.8\% \sim 1.4\%$。

海绵铁渗碳量与还原气成分、还原温度和炉料在炉内的停留时间有关，一般直接还原铁含量随还原气中 CO 含量的增加而提高，随着 H_2/CO 比值增大而降低。

国外曾有人指出，还原气中还原性成分与氧化性成分之比 $(CO + H_2)/(CO_2 + H_2O)$ 对海绵铁的渗碳影响很大。调节这一比例，可以控制直接还原铁含碳量。例如，$(CO + H_2)/(CO_2 + H_2O)$ 为 50 时，海绵铁含碳量为 2%，比值为 20 时，含碳量为 0.5%。也有人认为,主要应调节还原气中 H_2 与 CO 之比及 CO_2、H_2O、CH_4 的含量,来控制海绵铁的渗碳。

提高还原温度,可改善渗碳扩散条件,加快渗碳反应速度,直接还原铁含碳量上升。反之,含碳量降低。

一般认为延长炉料停留时间,能提高含碳量,但这样做将降低竖炉产量,增加燃料消耗。因此是不合适的。

从以上分析看出,竖炉内直接还原铁的渗碳反应主要发生在冷却带和过渡带内。

6.7.2.5   还原过程中的行为

气体还原竖炉在生产过程中,铁氧化物和生成的海绵铁都吸收还原气中的硫,并与之发生反应,反应式如下:

$$H_2S + Fe \rightleftharpoons FeS + H_2$$

这一反应影响直接还原产品的质量和产量。为生产低硫海绵铁,高硫还原气进入竖炉以前应预先脱硫,脱硫后还原的含硫量要小于 $0.03g/m^3$。

还原气中的硫化物有两大类,一类是无机硫化物,主要是硫化氢(H_2S),约占硫化物总含量的90%;另一类是有机硫化物,如二硫化碳(CS_2)、碳氧硫(COS)、硫醇(C_2H_5SH)等。

当还原气 CO 含量较高时,则有相当比例的 COS,COS 与海绵铁接触时,硫会全部转入铁中,但对催化剂的毒化及对管理的危害较小,而且 COS 脱除较为困难,因此,还原气处理时一般不考虑 COS 的脱除。

在气体还原工艺中,大多数使用酸性球团和块矿为原料,原料中的 CaO、MgO 已与 SiO_2、Al_2O_3 生成硅酸盐与铝酸盐,因此,还原过程中硫的反应只有:

$$H_2S + Fe \rightleftharpoons FeS + H_2 \qquad \Delta G^\ominus = -75362 + 34.66T \ (J/mol)$$

当还原气中: $H_2 = \dfrac{H_2S}{K_s}$ 时,脱硫反应达到平衡;$H_2 > \dfrac{H_2S}{K_s}$ 时,还原气可脱除原料中的硫;$H_2 < \dfrac{H_2S}{K_s}$ 时,还原气会使海绵铁增硫。

用还原气在850℃还原时,$K_s = 0.0348$,不使直接还原铁增硫,还原气的 H_2/H_2S 值应大于28.7。

由于还原气也可以很好地吸收矿石中的硫,因此将使其 H_2S 含量增高。H_2S 不仅腐蚀管件,而且钝化催化剂,这是限制还原气含硫的主要原因,一般要求还原气中 H_2S 要少于0.1%,为此只允许矿石含硫在0.01%以下,使矿石使用受到限制。

6.7.2.6   竖炉还原的能量消耗

在气体还原剂还原铁矿石的过程中,还原气的作用是:夺取氧化铁中的氧;供应反应需要的热量;推动料层运动的流动介质。还原气需要量决定于这三种作用中需要量最大的一项。

在还原反应充分进行的情况下,铁氧化物还原需要的还原剂量可用下式求得,即:

$$Q = \left(1 + \frac{1}{K_p}\right) \times \frac{22.4}{56M} \ (m^3/kgFe) \tag{6-57}$$

式中 K_p——反应平衡常数;

M——还原铁的当量分子数,对应于 $Fe_3O_4 \rightarrow Fe$ 时,$M=3$,$FeO \rightarrow Fe$ 时,$M=1$。

H_2 作还原剂时,平衡常数 K_p 随温度升高而增大,H_2 需要量随温度升高而减小,用 CO 作还原剂时,平衡常数 K_p 随温度升高而减小,但 CO 需要量随温度升高而增大。

众所周知，铁氧化物还原为逐级进行。在还原过程中，还原低价态铁氧化物（如 FeO →Fe）的平衡气相成分，虽然对低价氧化铁失去了还原能力，但对高价氧化铁（如 Fe_3O_4 及 Fe_2O_3），仍具有很强的还原性。如能逐级利用，则能提高还原气的利用率，使还原气需要量减少。如还原反应是从 Fe_2O_3 →Fe 一次完成时，还原气需要量显然要高得多。

当逐级还原时，还原剂需要量仅决定于 FeO →Fe 阶段。这里 $M=1$，还原气量为：

$$Q_1 = \left(1 + \frac{1}{K_p}\right) \times \frac{22.4}{56} \quad (m^3/kgFe) \tag{6-58}$$

式中 K_p——$FeO + CO \rightarrow Fe + CO_2$ 的平衡常数。

如果由 Fe_2O_3 同步还原到 Fe 时，消耗的还原气量 Q_2 应按反应 $Fe_2O_3 + 3CO \rightarrow 2Fe + 3CO_2$ 计算，即

$$Q_2 = \frac{3}{2} \times \frac{22.4}{56} \quad (m^3/kgFe)$$

还原气最大利用率为：

$$\eta_{max} = \frac{Q_2}{Q_1} = \frac{3}{2\left(1 + \frac{1}{K_p}\right)} \quad (\%) \tag{6-59}$$

假定气体还原法采用 900℃ 作业：H_2 还原的 $K_p = 0.575$，可求得 $\eta_{max} = 55\%$；对于 CO，$K_p = 0.47$，$\eta_{max} = 48.5\%$。

图 6-47 所示为由 Fe_2O_3 还原到 Fe 时，还原剂 H_2 及 CO 需要量的变化。

实际的还原过程不可能全部是逐级还原或同步还原，而是介于两种情况之间。竖炉还原过程趋近于逐级还原，固定床则近似于同步还原。

竖炉气体还原过程中，还原气体作为热载体所需用量，较其作为还原剂需要量较大，这是由于还原气体与炉料热交换充分所致。为了保持炉料不发生黏结，要求进入反应器的还原气体温度应略低于炉料的软熔温度，不应超过 1100℃。图 6-48 所示为 1100℃ 时用 H_2 作载热体时的需用量。

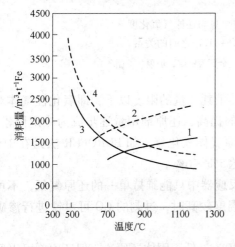

图 6-47 Fe_2O_3 →Fe 还原所需要的还原气量
1—CO 逐级还原；2—CO 同步还原；
3—H_2 逐级还原；4—H_2 同步还原

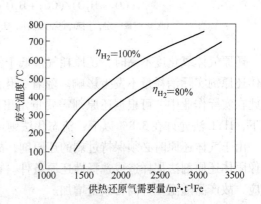

图 6-48 H_2 还原时供热用还原气量（还原气进入温度 1100℃，炉料排出温度 1100℃）与还原气热利用率（只计反应耗热）的关系

与图 6 - 47 比较可以看出，只考虑还原反应耗热的还原气量已多于还原反应所需气量。如再加上炉料加热，水分蒸发、分离等热量消耗，两种需用量的差值将更大。

当用 CO 还原时，由于反应耗热少，还原气比热容较大，则作为供热的还原气用量比用 H_2 还原时少得多。由此可知，随着还原气中 CO 的增多，作为供热的还原气的需要量减小。

竖炉实际生产中，供热还原气量决定了总还原气量。改善还原气利用的方向如下：

（1）改进热能利用，降低供热还原气用量。

（2）补充氮气，增大还原气水当量。氮气量的增加应以（CO + H_2）的最低还原需要为限度。含 H_2 高时，配入的量可多些。

由上述分析可见，气体还原法的还原气消耗量不取决于还原反应，改善还原动力学因素（矿石还原性、还原气还原能力、还原气流分布等），只能加速还原反应速度，提高设备效率，但不能降低还原气的消耗量。

还原气中 CO_2 和 H_2O 是氧化性成分，它们阻碍还原反应进行，增加还原气消耗。图 6 - 49 所示为氧化性气体对还原气需要量的影响。

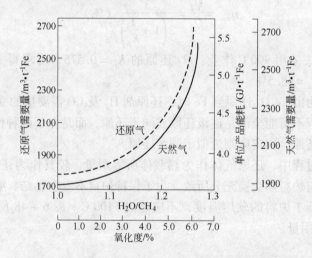

图 6 - 49 天然气和还原气的需要量与还原气氧化度
（CO_2 + H_2O）/（CO_2 + H_2O + CO + H_2）之间的关系
（竖炉产量一定，用蒸汽完全转换，天然气全部为甲烷，炉顶气不循环）

还原气体氧化度不高时，还原耗气量低于供热消耗气量的限度以下，即氧化性气体对气体还原剂实际消耗量不发生影响。随着氧化度的提高，还原剂用量逐步成为决定因素，因此在实际作业中，可根据还原剂需要量定出还原气体氧化量，如 PUROFER 法是在 1% 以下，HYL 法允许在 3.8% 以下，流态化法则可达 5% ~ 6%。

由于气体还原时必须保持过剩的还原剂，故反应器中只能维持单一的还原气氛，不可能像固体还原剂法那样造成选择性还原条件。在温度较高时，过剩的 CO 可对铁进行渗碳反应，故产品随温度升高含碳量增加。

通常气体还原法化学能的一次利用率不超过 40%，低于固体还原法，但还原剂可以回收循环使用。该方法还允许在较低的温度（350℃ 以上）进行铁氧化物的还原。总体来说，气体还原法总能耗低于固体还原法，设备生产率也高。

思 考 题

1. 试述主要的直接还原方法及其特点。
2. 试比较等离子法与回转窑法。
3. 试述窑容利用系数的概念。
4. 试述流态化法的工艺特点。

参 考 文 献

[1] 秦民生. 非高炉炼铁 [M]. 北京: 冶金工业出版社, 1988.

[2] 史占彪. 非高炉炼铁学 [M]. 沈阳: 东北工学院出版社, 1990.

[3] 方觉. 非高炉炼铁工艺与理论 [M]. 北京: 冶金工业出版社, 2002.

[4] 植村健一郎. 铁矿石熔融还原法的现状. 朱秉辰, 译 [J]. 耐火物, 1995, 47(10): 480～487.

[5] 张汉泉, 朱德庆. 直接还原的现状与发展 [J]. 钢铁研究, 2002, (2): 42～46.

[6] 魏国, 赵庆杰. 直接还原铁生产概况及发展 [J]. 中国冶金, 2004, (9): 27～32.

[7] 吴国元, 戴永年. 等离子技术在冶金中的应用 [J]. 昆明理工大学学报, 1998, 23(3): 108～117.

[8] 刘述临. 等离子体及其冶金应用 [J]. 钢铁研究, 1996, (6): 49～53.

[9] 吴国元, 戴永年. 等离子技术在冶金中的应用 [J]. 昆明理工大学学报, 1998, 23(30): 101～117.

[10] 陈津, 林万明, 等. 非焦煤冶金技术 [M]. 北京: 化学工业出版社, 2007.

7 各种直接还原法的比较与选择

7.1 直接还原方法的比较

各种主要直接还原法的特点列于表7-1,各种主要直接还原产品的成分列于表7-2,竖炉、回转窑、等离子直接还原几种工艺方法操作指标与能耗的比较分别见表7-3和表7-4。

表7-1 各种主要直接还原法的基本特点

项　目		气体还原剂法			固体还原剂法	
		HYL-I	MIDREX	PUROFER	SL/RN	KRUPP
1. 原料		块矿或球团	块矿或球团	块矿或球团	块矿、粉矿、球团	块矿、粉矿、球团
2. 要求原料中	Fe/%	>64	>64	最好最高含铁量	>64	>64
	总脉石 $(SiO_2 + Al_2O_3)$/%	最高4	最高4	最好低脉石	最高4	最高4
	S/%	—	最高0.05	没有要求		
	P/%	最高0.05	最高0.05	越低越好	越低越好	
3. 矿石粒度/mm		15~50 (块矿)	6~30 (地矿)	6~25 (地矿)	范围可较大	范围可较大
4. 还原剂		再生天然气	再生天然气	再生天然气	非炼焦煤及化工燃料	非炼焦煤及化工燃料
5. 对还原剂要求		低S	低S	低S	低S	低S
6. 气体再生器		Ni催化剂恢复型	Ni催化剂恢复型	Ni催化剂恢复型	—	—
7. 再生剂		水蒸气	循环炉顶煤气	空气或循环炉顶气	—	—
8. 还原气分析	CO/%	14	24~36	用空气再生21	用炉顶气再生43	
	H_2/%	75	40~60	用空气再生39	用炉顶气再生49	
	N_2/%		12~15	用空气再生38	用炉顶气再生3	
9. 还原装置		固定床 (反应罐)	对流床(竖炉)	对流床(竖炉)	回转窑	回转窑
10. 能耗	还原能耗/J·t^{-1}	0.0132	0.0105	0.0120	0.0138~0.0209	0.0138~0.0209
	电耗/W·h·t^{-1}		135	100	35	40
	总能耗/J·t^{-1}	0.0109~0.0117	0.0105~0.0134	0.0134	0.0146~0.0218	0.0180~0.0222
11. 利用系数/t·$(m^3 \cdot d)^{-1}$		2.2~2.5	6~10		0.4~0.7	2.0~2.5

表7-2 几种直接还原铁的成分 （%）

国家	还原方法	直接还原铁成分						杂质（脉石）				
		TFe	MFe	金属化率	C	P	S	SiO$_2$	Al$_2$O$_3$	MgO	CeO	Fe$_2$O$_3$
MIDREX		92~96	约91	约95		0.025	0.010	2.0	0.70	0.50	0.25	
美国	MIDREX			93.5	0.5~2	0.020	0.010	3~5（杂质总量）				
墨西哥	HYL	87.44	76.18	87.12	2.02	0.067	0.008	7.18（脉石含量）				
日本	SL/RN	92.17	86.29	93.6	0.34	0.02	0.011	3.7	1.9	0.3	0.4	3.79
中国（韶关）	水煤气—竖炉	92	83	90	0.6	0.02	0.03	0.80				
中国（浙江）	链箅机—回转窑	96.46	84.26	93.9	0.13	0.01	0.02	5.32	0.94	5.06	1 2	FeO 2.64
中国（福州）	回转窑（二步法）	92.5~94		93~95	0.26	0.004~0.008	0.01~0.02					
瑞典	等离子—竖炉	92	84.6	92				1.1	0.5	1.1	1.1	

表7-3 操作指标比较

生产工艺方法		竖炉 MIDREX	竖炉 HYL-Ⅲ	回转窑	等离子竖炉
生产能力/万吨·年$^{-1}$		40	25	5~10	20
作业率/%		87.8~91.5	90	76.7	83.3
利用系数 /吨直接还原铁·(m^3·d)$^{-1}$		6~10	11~15	0.4~0.7	
单耗/吨直接还原铁	氧化球团/单·吨$^{-1}$	1.4	1.4	1.4	1.4
	煤吨/t	无	无	0.85	煤0.68 焦0.07
	天然气/天·吨$^{-1}$	2.7×10^6 (2.39×10^6~2.92×10^6)	2.6×10^6 (2.46×10^6~2.64×10^6)	无	无
	电/kW	115 (75~154)	90	140	286
	氧（标态）/m^3·t^{-1}	无	无	无	430
	脱硫剂/t·t^{-1}	无	无	石灰石0.2	白云石0.04
	新水/t·t^{-1}	1.5	1.3~1.7	5.0	1.0
直接还原铁	金属化率/%	91.5~95.0	92	88~92	92
	碳/%	1.4~2.5	1.68~2.26	0.1~0.6	煤气
	硫/%	低	低	高	中
副产品		无	无	蒸汽	
环保	烟气含硫、粉尘	无	无	严重	无
	含硫残灰	无	无	残煤量大	残灰较少
	炉渣	无	无	无	少量

表 7 - 4　能耗比较（含氧化球团）

工 艺 方 法		MIDREX 竖炉	HYL-Ⅲ竖炉	回转窑	等离子竖炉
工厂及产量/万吨·年$^{-1}$		山东 40	重钢 26	西钢 5	20
能耗	煤/kg·t^{-1}	无	无	800	焦 700 煤 680
	折合标准煤/kg·t^{-1}	无	无	729.93	68.8 + 668
	天然气×10^4/大卡·吨$^{-1}$	295.2	285.2	无	无
	折合标准煤/kg·t^{-1}	421.71	407.43	无	无
	电/kW·h·t^{-1}	165	140	201	336
	折合标准煤/kg·t^{-1}	67.16	56.98	81.82	136.75
	煤气（发生炉）×10^6/大卡·吨$^{-1}$	无	无	0.28	氧气：430
	折合标准煤/kg·t^{-1}	无	无	60.66	122.55
	水/t·t^{-1}	3.8	4	38	3.3
	折合标准煤/kg·t^{-1}	0.48	0.48	4.57	0.4
合计/千克标煤·吨直接还原铁$^{-1}$		489.33	464.89	876.98	996.50
回收能	蒸汽/t·t^{-1}	无	无	1.06	无
	折合标准煤/kg·t^{-1}	无	无	136.74	无
	煤气×10^6/千卡·吨$^{-1}$	无	无	无	2.208
	折合标准煤/kg·t^{-1}	无	无	无	315.37
合计/千克标煤·吨直接还原铁$^{-1}$		0	0	136.74	315.37
净耗能/千克标煤·吨直接还原铁$^{-1}$		489.33	464.89	740.24	681.13

7.2　直接还原方法的选择

从比较结果可知，当前世界上以气基直接还原法占优势。但这种发展趋势只能作为选择直接还原工艺方法的参考，而不能作为主要的乃至唯一的选择依据。因为工艺的选择，除了考虑生产率外，主要取决于当地的资源、能源、运输条件、价格和市场供求及科学技术水平等因素。因而这是一个因地制宜的问题，不能简单片面地根据一些统计数字来评价某种方法的好坏和决定其取舍。直接还原至今也没有一种普遍适用的方法，只能根据当地的条件因地制宜地选择适合本地区的工艺方法。

能源条件是选择炼铁工艺方法的决定性因素，根据现勘量与开采量估计，在 2020 ~ 2060 年间，世界石油、天然气、油都将接近于开采完了，只有煤还可维持稍长的时间供人类使用。因而以煤为基础的直接还原具有发展前途。现今世界上已经工业化的煤基直接还原方法主要有：

德国鲁奇公司的 SL/RN 法、德国克虏伯公司的 KRUPP 法、美国直接还原公司的 DRC 法、加拿大艾利斯—恰默斯公司的 ACCAR 法、意大利达涅利公司的 K—M 法、印度塔塔钢铁公司的 TDR 法、日本川崎钢铁公司的川崎法、日本新日铁公司的 Koho 法、日本住友钢铁公司 SDR 法和 SMP 法、瑞典荷加纳斯公司的 Hoganas 法等。其中以 SL/RN 法的总生产能力占的比例最大。表 7 - 5 列出了 SL/RN 法的设备能力。

表 7 – 5　SL/RN 法的设备能力

| 国 别 | 厂 别 | 建厂年代 | 回转窑 | | 设计能力吨/年 | 回转窑容积/m³ | 利用系数/t·(m³·d)⁻¹ |
			尺寸/m	数量			
南朝鲜	仁川	1969	4×60	1	16①	576.98	0.76①
澳大利亚	Westernti tanium	1969	2.4×30	1	1.4	85.06	0.45
新西兰	新西兰 1	1969	4.0×75	1	16	721.58	0.60
新西兰	新西兰 1	1984	4.8×65	4	90①	943.45	0.65①
巴西	ACOS Finos	1973	3.6×50	1	6	377.38	0.43
美国	Heloa	1975			6.8		
加拿大	Stolco	1975	6.0×125	1	35	2969.79	0.32
日本	日本钢管	1974	6.0×70	1	40①（24）	1663.2	0.66①（0.4）
秘鲁	Sider Peru	1980	2.9×62	3	12	280.48	0.39
印度	vnido	1980	3×40	1	3.5	196.35	0.49
南非	ISCor	1984	4.8×80	4	72①	1056.21	0.47①

① 指设计能力，括号内是实际产量。

　　回转窑直接还原法在国外已有成功的经验，在国内也做过大量的试验研究，取得了一些进展，也积累了一定的经验（如福州回转窑等）。

　　回转窑法与气体还原法相比较，除了它有着对原燃料和技术条件要求严格及操作难以掌握等特点外，其方法本身还存在着一些不足之处。回转窑的填充率不到 20%（竖炉为100%），炉容利用率仅为竖炉的五分之一。因而利用系数低，一般仅为 0.4（一步法）~0.7（二步法）。竖炉的利用系数在 6~10 左右，两者的生产能力相差达十倍，回转窑的利用系数比高炉利用系数还低 5 倍。其次，回转窑废气带走的显热和潜热约占回转窑能耗的40%~60%，这部分的能量还未能很好地回收利用，回转窑能耗高于气体还原法。再者，回转窑结构复杂又要转动，不仅消耗动力，而且作业率也不高，还有一度被人们称为回转窑"不治之症"的结圈问题也没能够得到根本消除。回转窑法虽有缺点，但煤基直接还原现又离不开它，迄今是一种别无他法的煤基直接还原方法。

　　为了寻求更好的煤基直接还原方法，近年开发研究了既能发挥竖炉的优点又能立足于用煤的直接还原。探索了用"煤造气"逐步取代天然气，产生了用煤产生煤气同时进行加热和还原的竖炉联合流程。研究表明，煤造气——竖炉法虽然技术上可行，经济上合理、技术上可靠，但可应用于直接还原的煤的气化方法至今尚未成功。使用焦炉煤气作还原剂的方法也是可行的，技术上不成问题，但一个年产 45 万吨的直接还原厂大约需要一个年产百万吨的焦厂与其相配套也不易实现。

　　对于有高品位铁矿，丰富的煤炭而且电力也很充裕廉价的地区，也可选择等离子竖炉直接还原法生产直接还原铁。

思 考 题

1. 试述竖炉、回转窑、等离子直接还原三种工艺的对比及选择。
2. 试述我国直接还原炼铁技术的最新发展。
3. 试述煤基直接还原方法的特点。
4. 试述回转窑法与气体还原法工艺比较。

参 考 文 献

[1] 胡俊鸽，吴美庆，毛艳丽. 直接还原炼铁技术的最新发展 [J]. 钢铁研究，2006，34(2)：53~57.
[2] 王维兴，宋淑琴. 直接还原铁技术现状 [J]. 冶金管理，2006，(8)：47~49.
[3] 魏国，赵庆杰. 直接还原铁生产概况及发展 [J]. 中国冶金，2004，9：27~32.

8　海绵铁的应用

8.1　海绵铁的主要用途

8.1.1　用于电炉

海绵铁主要用于电炉炼钢，代替废钢或者与废钢搭配使用，以改善炉料。与电炉使用废钢冶炼相比较，使用海绵铁的优点是：

(1) 海绵铁的化学成分稳定，有利于控制钢的质量；

(2) 海绵铁含杂质元素少（特别是 P、S、N），与质量较差的废钢搭配使用，可以冶炼使用优质废钢才能冶炼的钢种，有利于提高钢的质量和扩大钢材品种；

(3) 冶炼海绵铁时，熔化期与精炼期交织在一起，可缩短冶炼时间，提高生产率；

(4) 海绵铁形状为球形或块状，可以连续加料、连续热装，从而降低电极消耗，延长炉顶、炉衬寿命，降低炉子的热损失，提高生产率，这些都有助于降低生产成本；

(5) 冶炼时供电平稳，噪声小；

(6) 海绵铁易于处理和运输。

此外，当废钢价格高时，特别是依靠进口废钢的地区，使用价格便宜的海绵铁，可以降低原料费用，而且不受进口的限制。

因此，从经济、钢的质量和生产率考虑，使用海绵铁比用废钢优越。

8.1.2　用于高炉

海绵铁可作为高炉炉料的一部分，曾在大小不同的高炉做过试验。结果表明，高炉炉料金属化率每提高 10%（有一定限度），铁水产量可提高 7%，焦比降低 7%。海绵铁占高炉炉料的比例则取决于高炉的操作条件。

8.1.3　用于转炉

转炉炼钢可使用海绵铁作为冷却剂，不需要改变转炉的正常冶炼制度，而且可以降低钢中的 P、S、Cu、N 等元素的含量，有利于提高钢的质量。

8.1.4　其他用途

海绵铁还可以作为粉末冶金的原料，甚至直接轧制成材。

8.2　直接还原铁的储存、运输和应用

8.2.1　直接还原铁的储存和运输

8.2.1.1　直接还原铁的性质及钝化处理

直接还原铁是直接还原工艺产品的通称。在反应器内铁氧化物在较低的温度下固态进

行还原，由于氧的排出和还原膨胀，还原产物具有多孔性，气孔率可达到 50% ~70%，其内部比表面积可达 1000 ~3000cm²/g。在放大 1000 倍的电子显微镜扫描图片上可清晰地看到"海绵体"结构。因此，由反应器排出的产品狭义地称为"海绵铁"，以球团矿为原料获得的产品又称为"海绵铁球团"或"金属化球团"。

直接还原过程中海绵铁因再结晶不完全，存在严重的结晶缺陷，诸如缺位、歪曲、晶界错乱等。结晶缺陷的存在，使海绵铁具有活性，易于氧化。由于多孔性和比表面积大，为氧化性气体的扩散和氧化反应创造了条件。这种海绵铁在一定的温度和湿度条件下便发生再氧化反应。按电化学腐蚀理论，氧化反应是由于负极区的非极化作用而引起的，反应如下：

$$Fe \longrightarrow Fe^{2+} + 2e^- \quad （阳极）$$

$$H_2O + \frac{1}{2}O_2 + 2e^- \longrightarrow 2OH^- \quad （阴极）$$

$$Fe^{2+} + 2OH^- \longrightarrow Fe(OH)_2$$

$$2Fe(OH)_2 + \frac{1}{2}O_2 + H_2O \longrightarrow 2\gamma\text{-}FeO(OH) + 2H_2O \quad （肾状针铁矿）$$

$$\gamma\text{-}FeO(OH) \longrightarrow \alpha\text{-}FeO(OH) \quad （针铁矿）$$

$$2\gamma\text{-}FeO(OH) + Fe(OH)_2 \longrightarrow Fe_3O_4 + 2H_2O$$

综合上述各式，再氧化过程主要为以下两式：

$$3Fe + 2O_2 \longrightarrow Fe_3O_4 + 114.61kJ/mol$$

$$2Fe + O_2 + 2H_2O \longrightarrow 2Fe(OH)_2(OH) + 56814kJ/mol$$

机理分析表明，在干燥气温下，铁在大气中的氧化反应通常是很缓慢的。直接还原铁料堆的迅速氧化以致自燃，是由料堆被水打湿导致海绵铁再氧化反应所产生的热量不能很快散失所引起。测定证明，在绝热条件下，海绵铁每吸收 0.1% 氧，约散发出 16.75J 热量，温度上升 35℃。一旦造成热量蓄积，温度升高，连锁的再氧化反应就将导致直接还原铁料堆的自燃，即"着火"现象。最主要的是铁氧化物和氢氧化物对海绵铁氧化的影响。

大量的试验研究证实，直接还原铁的再氧化性能由原料、工艺方法和操作条件等决定。

还原温度低、再结晶时间短的直接还原铁具有较大的气孔率，结晶缺陷趋于严重，活性较大，容易氧化。例如，流化床法生产的细海绵铁粉极易自燃；而作业温度较高的回转窑直接还原产品又比竖炉生产的直接还原铁气孔率低，性质较稳定。由实际再氧化度测定看出，原料对再氧化的影响甚至比还原温度更明显。如用 Swedish 球团制成的海绵铁球团的再氧化现象随还原温度升高而减小；而 Brazilian 球团生产的海绵铁球团再氧化则不受还原温度的影响。再氧化敏感性试验与碳化物的关系表明，在 150℃下 Fe_3C 对再氧化有钝化效应。在较高温度下，Fe_3C 则会分解，使海绵铁再氧化更快。这点已被 HYL 法直接还原铁因含碳量高不易再氧化的事实所证实。

为了避免直接还原铁在储存和运输过程中发生再氧化甚至自燃，应进行钝化处理，即通过物理的或化学的方法消除其活性。钝化处理方法有以下几种：

（1）直接还原铁压块。直接还原铁在高温和惰性气体保护下加压成块，以减少气孔，消除活性。国外目前有 89mm × 35mm × 13mm 和 92mm × 38mm × 25mm 两种压块，压块后直接还原铁变得致密（密度 5 ~6g/cm³）。国外曾做过将红热钢锭埋入直接还原铁压块堆中的试验，未产生燃烧现象。在直接还原铁块装卸作业中曾用喷水法除尘，也没有显示出再氧化发热反应，金属化率没有明显降低。

（2）直冷钝化。由还原反应器排出的高温海绵铁球团，喷水直接冷却，在海绵铁球团表面形成一层极薄的 Fe_3O_4 薄膜，降低了海绵铁球团的活性，可有效地避免在储运过程中发生再氧化。海绵铁球团经快速冷却钝化，其金属化率降低不到1%。

（3）时效钝化。生产中获得的海绵铁球团，在较高的气温下，存放在通风良好的场地，料堆厚度不应大于1.5m，使时效产生的热量得以迅速消散。存放两天，海绵铁球团表面形成一层 Fe_3O_4 保护膜。经处理后，海绵铁球团金属化率下降不到1%。经自然氧化钝化处理的海绵铁球团再进行储存和运输，可以有效地避免再氧化现象。

此外，用覆盖塑料膜或喷涂焦油的办法，也可有效地防止再氧化，但所需费用较高，约为生产成本的20%。

直接还原铁的密度和自然堆角见表8-1。

表8-1 直接还原铁的密度和自然堆角

种 类	真密度/g·cm^{-3}	假密度/g·cm^{-3}	堆密度/g·cm^{-3}	自然堆角
压块	5.5	—	2.71	35°~40°
海绵铁球团	5.5	3.5	1.84	28°~34°

海绵铁球团及直接还原铁压块的强度，关系到它们在运输和装卸过程中因摩擦和冲击而产生碎块和粉末的多少，这些粉末不仅造成损失，而且污染环境。海绵铁球团的强度与还原工艺有关，还原温度高，时间长则强度高，反之强度则低。直接还原铁压块的强度还与它的气孔率有关。海绵铁球团和直接还原铁压块的强度目前尚无统一的测定标准，国外曾经以ASTM转鼓和落下试验法进行试验，见表8-2。

表8-2 团块形状和气孔率对强度的影响（以ASTM转鼓与落下试验法进行试验）

	尺寸/mm	89×38×13			92×38×25		
	质量/kg	0.2			0.3		
	气孔率	很小	小	中	很小	小	很高
	ASTM转鼓试验小于9.5mm/%	5	7	7	5	—	18
落下破碎试验	3/4到完整团状	82	78	35	96	92	59
	1/4~3/4团块/%	6	8	31	0	0	17
	1/4团块到9.5mm/%	7	8	24	1	2	12
	小于9.5mm/%	5	6	10	3	6	12

8.2.1.2 直接还原铁的储存和运输

A 装卸

所有用来装卸散状固体物料的设备都可以装卸直接还原铁，如大型抓斗、装载机、电磁吊等。用于铁矿石运输的大型装卸系列设备，装卸费用较低，但对直接还原铁的破损较大，使用装卸废钢的设备，如电磁吊等，对直接还原铁破坏磨损较轻，但装卸费用较大。

直接还原铁的入库和出库，可以使用振动给料机、皮带运输机、斗式提升机等连续装卸和输送设备；也可以用以上设备组成一个自动传送带，将直接还原铁直接送入炼钢炉，或将直接还原铁装入废钢罐内，如同处理废钢一样。

国外已经发现，直接还原铁的装卸，必将扬起粉尘。粉尘呈黑色，有明显的可见度，并能漂流相当远的距离，造成对环境的严重污染。这些粉尘含有相当多的金属铁粉末，落在物体和设备表面便显示出它的化学活性，侵蚀油漆、玻璃和金属结构。这是一个难以解决的问题，目前的办法是加强装卸场所的水洗工作。

设计直接还原铁的装卸和输送方案，应考虑到使直接还原铁避免与水接触，降低装卸落差，减少转送次数，避免直接还原铁受压受磨。做好上述工作无疑能减少直接还原铁的破损和装卸场所的粉尘。

B 储存

对于直接还原铁的库内储存和场地储存，国外已做过大量试验，并积累有丰富的实践经验。对钝化处理后的直接还原铁，只要采取较为简单的防护措施，就不会发生过热现象，金属化率也不会大幅度降低。

新生产的没有钝化处理的海绵铁球团，必须存放在有盖的通风良好的场地上进行时效处理，时效后方可"归堆"。时效处理后的直接还原铁，需保持干燥，存放在有盖的仓库内或存放露天场地用帆布盖好。国外实践证明，经过时效处理的直接还原铁，存放在保持干燥、平坦、排水良好的露天场地上，虽然经过一段时间表面层会生锈形成硬壳，在表面金属化率有一定的损失，而硬壳下面则降低很少。图 8 - 1 所示为储存在没有防护的露天场地的海绵铁球团和直接还原铁压块沿料堆深度金属化率损失与堆存时间的关系。

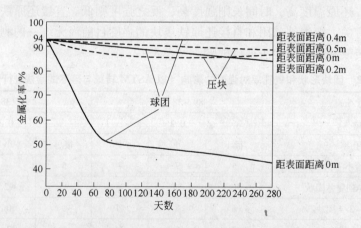

图 8 - 1 在露天无防护条件下堆存的直接还原铁球团和
压块的金属化率的损失与堆存时间的关系

图中表明，海绵铁球团料堆表面金属化率损失严重，而直接还原铁压块料堆表面的金属化率损失虽然比内部高，但并不十分显著，总体来看，海绵铁球团的金属化率损失比直接还原铁压块大。另有试验证实，3m 高的料堆塔存 200 天以后的平均金属化率损失，直接还原铁压块为 2.1%，海绵铁球团为 7%。料堆加高后平均金属化率损失有所下降。

C 运输

在国外，海运、陆运甚至空运过大量直接还原铁，使用过所有的运输工具。实践证明，只需采取一定的防护措施，船舶、火车、汽车都可以安全地运输直接还原铁。

船运直接还原铁时，为安全运输，应做好如下准备：船舱必须清扫干净，除去一切脏物、有油腻和酸性的杂物及有机物，船舱口盖不漏水，舱内干燥没有凝结水；不要在雨、雪或浓雾以及能使直接还原铁表面凝结水珠的天气装卸直接还原铁；直接还原铁储仓不要接近热源，应避开机器和蒸汽管路等高温物体。直接还原铁储仓的料层内应埋置热电偶，以随时监测料层温度。热电偶插入料层下 15～30cm 处，一旦料层温度超过 100℃，则要停船检查。

用火车或汽车运输直接还原铁时，应做好如下准备：使用封闭式斗车。防止物料间空气流通；火车的底板和侧板必须防水，不许有水渗入车内；使用敞篷汽车时，顶部必须用帆布盖好，不得漏水。

国外曾做过 $7.5m \times 7.5m \times 3.5m$ 集装箱海运直接还原铁的试验，将净水或海水加到直接还原铁中，未产生发热和产生氢气现象。经过压块钝化的直接还原铁已经进行过多次远洋运输。实践证明运输是安全的，金属化率损失很小。

墨西哥曾经将 27 万吨海绵铁球团用敞棚火车运输 1126km，经过 4～8 天的运输，海绵铁球团金属化率由 85.62% 降低到 84.60%。此产品的稳定性好也与还原作业温度高、含碳量为 1.5%～2.0%，做到彻底冷却等因素有关。

实践证明，直接还原铁已经能做到安全的储存、装卸和运输。但也应该注意到直接还原铁所具有的活性，不可忽视储存、装卸和运输中的安全问题。

8.2.2 直接还原铁的应用

直接还原铁适用于所有熔炼装置。根据其原料条件、产品质量、工艺方法以及最终熔炼产品的不同，分别作为冶炼炼钢生铁或铸造生铁的原料。用于制备粉末冶金，更多的则是代替废钢和冷却剂作为炼钢原料。

8.2.2.1 直接还原铁在电炉炼钢中的应用

直接还原铁在电炉炼钢中可替代部分甚至全部废钢。目前国外约有 95% 的商品直接还原铁用于电炉炼钢。

A 用于电炉的直接还原铁的特性

直接还原铁化学成分稳定，残留元素含量低，有害杂质硫、磷低，这使扩大低级废钢的使用成为可能，使炼钢操作能准确地调整成分、缩短精炼期，为炼钢过程自动化创造了好的条件。由于直接还原铁金属化率未达到 100%，还含有少量氧，一方面在电炉内完全还原会使电耗增加，但另一方面会形成熔池碳沸腾，均匀钢液温度，加速脱气和杂质排出，泡沫渣的形成也可保护炉衬。但金属化率过低，也有铁回收率下降、熔化时间延长、生产率下降等不良后果。因此，用于电炉炼钢的直接还原铁应根据原料和炼钢工艺变化，金属化率有一适宜值。直接还原铁中含有脉石，且多为酸性脉石（ $SiO_2 + Al_2O_3$ ），最大范围可达 2%～15%。这无疑会增加石灰用量，使渣量增加，电能消耗增多。因此，通常要求电炉炼钢用直接还原铁的脉石含量低于 5%。

直接还原铁密度大于废钢，粒度分布很均匀，便于输送，可以实现电弧炉连续加料，减少阻抗波动，电炉送电作业稳定，允许在较高的平均功率下作业，有利于提高电炉生产率，降低能耗。但直接还原铁机械强度不高，应注意减少处理工序和采取适宜方法。

B 直接还原铁性能对电炉炼钢的影响

a 金属化率

直接还原过程中生产低金属化率产品可以降低能耗和提高生产率，却给电炉冶炼带来渣量增加、铁回收率下降、还原能耗增加、熔炼时间延长等一系列弊病。因此，正确地选择直接还原铁的金属化率关系到直接还原—电炉炼钢流程的技术经济效果。

新获得的直接还原铁中残存的氧以浮氏体（FeO）形式存在，经过长期储存，运输的直接还原铁中的氧以 Fe_3O_4 或 Fe_2O_3 形式存在。直接还原铁中残存的氧，在炼钢过程中可以以 FeO 形式进入炉渣，也可与碳反应，以 CO 形态逸出炉外。前者会降低炼钢过程铁的回收率、增加渣量、降低电炉生产率，后者将增加能耗、延长冶炼时间、降低生产率。

图 8-2 中曲线 1 是用 85t 电弧炉冶炼 100% 直接还原铁的数据。随直接还原铁金属化率降低，电炉能耗增加，金属化率变化 1%，能耗变化为每吨钢 10kW·h。有资料表明，炉吨位越小，能耗变化越大。当炉吨位为 25t 时，能耗变化为每吨钢 12kW·h，而 200t 电弧炉能耗变化为每吨钢 9kW·h。能耗的变化不仅包括了氧化铁还原反应消耗的能量，也包括了延长冶炼时间所造成的热损失增加。图 8-2 曲线 2 是 75t 电弧炉冶炼 50% 直接还原铁的数据，数据表明金属化率变化 1%，能耗变化为 2kW·h/t。国外曾有报道，直接还原铁金属化率每变化 1%，吨钢能耗变化 4~28kW·h，高数值出现在氧以磁铁矿或赤铁矿形态存在的情况下。

金属化率对生产率的影响反映在熔炼时间（给电—停电）上。图 8-3 所示为金属化率高于 92% 时，熔炼时间基本维持不变，当金属化率低于 90% 时，熔炼时间则明显增加。

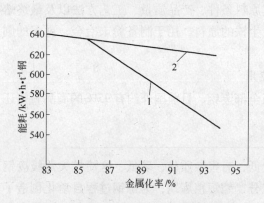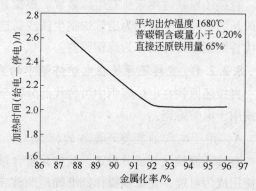

图 8-2 金属化率对电炉炼钢能耗的影响
　　1—85t 电弧炉冶炼 100% 直接还原铁的数据；
　　2—75t 电弧炉冶炼 50% 直接还原铁的数据

图 8-3 直接还原铁金属化率与熔炼时间的关系

用直接还原铁炼钢时，FeO 中铁的回收取决于物料熔融后的含碳量。若含碳量不足，渣中 FeO 增多，渣量增大，附加能量消耗增加，铁的回收率随金属化率的降低而减小。如果直接还原铁的金属化率大于 95%，直接还原铁中残存的氧不足，不能形成泡沫渣连续沸腾，由此增大了电弧辐射热损失，结果导致熔炼效率降低，总能耗增加。

熔炼试验得出直接还原铁金属化率、含氧量与铁氧化物还原和增碳所需配加碳量的关系, 如图 8 - 4 所示。右侧表示对应于金属化率的含氧量, 曲线代表全铁 92.5% 的直接还原铁; 左侧给出对应于此含氧量所需的含碳量, 曲线 Ⅰ ~ Ⅳ 表示了不同熔解碳的曲线。

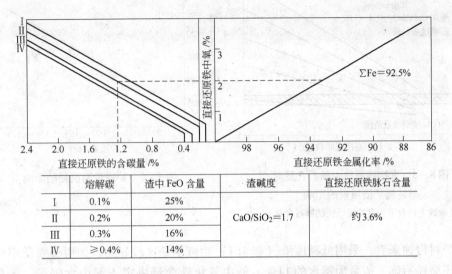

	熔解碳	渣中 FeO 含量	渣碱度	直接还原铁脉石含量
Ⅰ	0.1%	25%		
Ⅱ	0.2%	20%	CaO/SiO₂=1.7	约3.6%
Ⅲ	0.3%	16%		
Ⅳ	≥0.4%	14%		

图 8 - 4 直接还原铁金属化率、含氧量和含碳量的关系

图中考虑了在正常情况下渣中含有对应于熔解碳量的不同氧化铁量。此图是按炉渣碱度为 1.7, 直接还原铁全铁含量 92.5% 和平均脉石含量为 3.6% 的条件下作出的, 如果上述条件发生变化, 则应进行相应的修正。

b 脉石含量

直接还原铁中脉石的主要成分是 SiO_2 和 Al_2O_3。如果按常规废钢冶炼工艺, 采用 3.5 的炉渣碱度作业, 则需要加入大量石灰以造成合适炉渣。随着直接还原铁用量比例增加, 渣量很大, 能耗剧增, 生产率大幅度下降。然而由于直接还原铁中 S、P 很低, 允许采用较低碱度。由 Turdogan 和 Pearson 三元渣系的氧化铁活度得知, 碱度 1.7 与碱度 3.5 的炉渣具有同样的氧活度。也就是说, 在含碳量相同的情况下, 用直接还原铁作为原料冶炼进行作业时, 熔池含氧量与废钢冶炼时几乎相同。

炉料中直接还原铁比例不同, 脉石对渣量的影响也不相同, 由图 8 - 5 可以看到, 当炉料为 100% 直接还原铁, 酸性脉石含量为 2% 时, 渣量并不多于全废钢炼钢法。而当酸性脉石含量大 4% , 直接还原铁用量大于 50% 时, 则电弧炉冶炼渣量大于全废钢炼钢法。这样带来的将是能耗上升和生产率下降。因此, 在不采用特别冶炼手段的情况下, 直接还原铁的加入量增加时应考虑其脉石含量。为高比例地使用含酸性脉石较高的直接还原铁炼钢, 曾将直接还原铁装在电弧炉边缘, 使其在呈酸性或近中性炉渣条件下熔化, 并在冶炼过程中不断排渣, 剩余的部分再造碱性渣; 在某些情况下加入白云石维持渣线, 采用低 CaO/SiO_2 渣操作, 获得了满意的效果。

图 8 - 6 所示的数据来自 25t 电弧炉冶炼过程。图中曲线的斜率表明, 吨钢炉渣量每变化 50kg, 炼钢能耗变化 1kW·h。曲线斜率将随造渣材料、炉渣成分与性能而变化。能耗变化于 35 ~ 65kW·h。为了降低炼钢能耗, 曾试用过热装直接还原铁, 当采用 800℃ 热装料时, 吨钢能耗可降低 150kW·h。

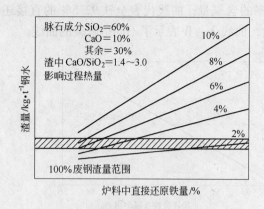

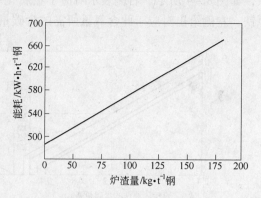

图 8 - 5　直接还原铁中脉石含量对
每吨钢炉渣质量的影响

（曲线上的数字为直接还原铁的脉石含量）

图 8 - 6　炉渣量对能耗的影响

　　从炉衬侵蚀来看，采用低碱度渣（如 1.7）冶炼也是比较好的。如用金属化率 93.5%
的直接还原铁冶炼，渣量为钢水的 11%，渣中氧化铁含量决定于钢中含碳量。若假定熔
解碳为 0.02%，则渣中 FeO 应为 20%；若熔解碳大于 0.4%，则渣中 FeO 约为 14% 或
稍低。如果用金属化率低于 89% 的直接还原铁炼钢，由于渣中 FeO 高，对炉衬的侵蚀
也会加重。

　　c　残余元素及含氮量

　　直接还原铁化学成分稳定均匀，特别是残余合金元素和有害杂质元素低，深受炼钢工
作者的欢迎。表 8 - 3 列出了美国各类废钢与直接还原铁中的平均残存元素含量。

表 8 - 3　美国各类废钢与直接还原铁中的平均残存元素含量

物　料	残存元素含量/%		
	Cu	S	Sn
直接还原铁	0.005	0.010	0.002
1 类工厂盘卷	0.060	0.025	0.005
1 类工厂重熔块	0.100	0.035	0.010
1 类商品盘卷	0.120	0.040	0.016
2 类商品重熔块	0.400	0.080	0.027
2 类商品盘卷	0.480	0.100	0.060
碎废钢	0.210	0.040	0.027
冷轧碎废钢	0.050	0.030	0.020

　　炼钢炉料中配加直接还原铁会使钢中残余合金元素明显降低，如图 8 - 7 所示。将使
得用废钢不可能炼制的或难以炼制的某些钢种的生产成为可能。表 8 - 4 列出了某钢厂用
75% 和 85% 直接还原铁生产的钢中残余元素含量的变化。残余合金元素的下降是由于高纯
海绵铁的稀释作用，因此直接还原铁的配用，可以用低价废钢代替高价废钢，扩大废钢资
源，降低电炉钢生产成本。

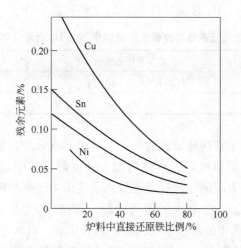

图 8 - 7 炉料中直接还原铁比例增加对钢液中残余元素含量的影响

表 8 - 4 两种直接还原铁加入比例对钢中残存元素含量的影响

直接还原铁加入比例	残存元素含量/%			
	Cu	Ni	Mo	Sn
75%	0.042	0.030	0.015	0.010
85%	0.037	0.020	0.009	0.007

硫使钢有热脆性，并在凝固过程中造成很大的偏析，对钢的冲击性能有副作用。炼钢炉料中配加直接还原铁，能显著地减少含硫量（表 8 - 5），使钢的偏析和热脆现象大大减少，因此热轧时允许使用大压缩比，提高钢收得率。也由于精炼杂质的减少，减轻了对炼钢精炼期的要求，冶炼作业简化，甚至在许多情况下，直接还原铁的充分稀释作用，使得熔化期能够完成精炼期的大部分以至全部任务，从而大大地提高了生产率。

表 8 - 5 两种直接还原铁加入比例对钢中含硫量的影响 　　（%）

含 硫 量	对应的炉数比例	
	75% 直接还原铁时	85% 直接还原铁时
0.005 ~ 0.010	29	42
0.010 ~ 0.015	64	53
0.015 ~ 0.020	5	5
0.020 ~ 0.025	2	0

钢中气体也像残余元素一样是不希望有的。含氮量高会使钢的脆性和强度增加，能降低韧性和加深老化，导致钢的应变率明显恶化。通常电炉钢含氮量为 $(40 \sim 60) \times 10^{-6}$，比转炉钢高 $(25 \sim 30) \times 10^{-6}$。增加直接还原铁配比可使含氮量低于 20×10^{-6}。这种钢有突出的热加工成型性，可轧制具有良好时效性的薄板产品。这种低氮钢的生产还应归功于直接还原铁在熔化期造成强烈碳沸腾的清洗作用。

由于钢中含氢量也低，减少了钢材中的针孔缺陷，增加了钢的冷加工塑性。用直接还原铁与废钢生产的钢中 N_2、H_2 含量（体积）的比较见表 8 - 6。

表 8 - 6   用直接还原铁与废钢生产的钢中 N_2、H_2 含量（体积）的比较

含 量	75% 直接还原铁	100% 废钢
H_2	$(1.5 \sim 3) \times 10^{-6}$	$(2 \sim 5) \times 10^{-6}$
N_2	$(20 \sim 25) \times 10^{-6}$	$(40 \sim 60) \times 10^{-6}$

由以上分析看到，由于直接还原铁的配用，可生产成分均匀稳定，残余合金元素、气体和杂质低的钢种；钢中偏析减轻、塑性增加、强度降低，明显改善了钢的各种加工性能，可提高热轧速度和加大压缩比，有效地提高了轧钢生产率和钢收得率。冷轧时可以用较大压缩比、较多的轧制道次、较大的退火间距，提高冷轧生产率，降低轧制加工费用。用 100% 直接还原铁炼钢而得的薄板质量优良、伸长率高、时效性能良好。

用 100% 直接还原铁炼制的钢，其结晶有粗晶粒的趋势。要比用废钢炼制的钢晶粒增大 1~3 号，因此，炼钢时应考虑补加晶粒细化剂。

C   加料方法对电炉炼钢的影响

炼钢最关心是直接还原铁对电炉生产率的影响。电炉生产率受直接还原铁用量和质量的影响，但影响更大的是直接还原铁的加入方法，即批加料或连续加料。

采用批加料，残存铁氧化物、酸性脉石及电导率低等有害作用将使能耗增加和生产率降低，其影响程度和直接还原铁质量和用量有关。即使如此，与低密度轻薄料相比，批装直接还原铁还是可以减少加料次数，提高电炉生产率。

直接还原铁便于输送，为连续加料创造了条件。当采用连续加入直接还原铁作业时，所有电炉的生产率均有提高，提高幅度最大是在配用直接还原铁 24%~25% 时，甚至用 100% 的直接还原铁时也有生产率提高的实例。

熔炼期间直接还原铁的连续加入，能避免废钢分批加入时导致的时间和热量损失，可以实现稳定电力输入，减少电路障碍，使冶炼期大部分时间满负荷供电成为可能，电炉有效电力输入提高 10%~14%；同时由于直接还原铁质地纯净，可根据冶炼钢种调整熔解碳量，节省精炼时间，以致在熔化期即可完成精炼任务，从而大大提高生产率。例如，原联邦德国汉堡钢厂使用 50%~60% 直接还原铁，熔炼时间最短，如图 8 - 8 所示。

由于冶炼时间缩短，减少了单位时间热损失，又因连续加料能有较长的碳沸腾时间，有效地改善了熔池反应和钢渣搅拌，也改善了传热；另外直接还原铁成分稳定，杂质含量低，连续加料也为边加料、边熔化、边精炼创造了条件，因此总效果是降低了能耗消耗（图 8 - 9、图 8 - 10）。

试验表明，当炉料中加入 10%~30% 直接还原铁时，能耗最低。加入最佳数量的低质量直接还原铁时能节电 3%~10%，超过 30% 时能耗要比全废钢有所升高；而使用低脉石优质直接还原铁时，则可在更大范围内获得低的能耗指标。

为了得到好的冶炼效果，应注意控制直接还原铁的加入速度。加料速度主要决定于电力输入量，也与直接还原铁的成分、炉渣温度和炉子热损失有关。一般加料速度为 27~35kg/(min·MW)。有经验的工人可以用加料速度调节熔池温度。这要比改变电力输入调节熔池温度更为合理（图 8 - 11）。

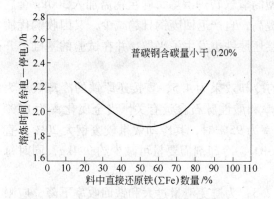

图 8 - 8 直接还原铁与熔炼时间的函数关系

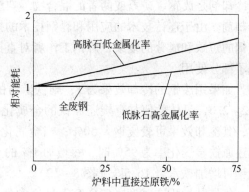

图 8 - 9 直接还原铁批加料对能耗的影响

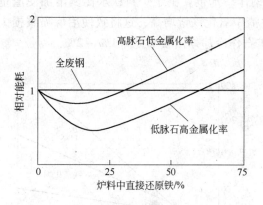

图 8 - 10 直接还原铁连续加料对能耗的影响

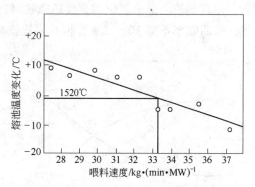

图 8 - 11 5min 间隔内熔池温度变化与
连续喂料的函数关系

批装直接还原铁的耐火材料的消耗与全废钢差别不大。改用连续加料后，通常由于长时间高功率输入，耐火材料要长时间受电弧辐射，熔池与熔渣温度也较高，另外还有渣中 FeO 高及连续的碳沸腾等的影响，这些都将使炉衬消耗增大。因此在连续加料作业时，大多维持厚层泡沫渣和短弧操作，以减少对炉墙的电弧辐射。另外在电炉设计中也采用了减小的电极节圆直径和增大的炉壳直径、降低侧墙高度等措施，以降低耐火材料消耗。

目前连续加料的方法多为以下两种：在炉顶留有两个喂料孔，恰好使直接还原铁料落入电极和炉墙"热点"之间，以减轻耐火材料的热负荷；在炉盖几何中心开孔，海绵铁球团垂直落入熔池中心。前一种方法由于炉盖结构复杂、寿命短而限制了它的使用，后一种方法采用较为普遍。以上两种方法均是靠直接还原铁自重喂入，加料系统设计必须保证足够的自由落体高度。

一般情况下，应使直接还原球团冲入渣面时具有 7~9m/s 速度，以顺利穿过渣层。增加直接还原铁密度或使炉渣泡沫化都有利于连续加料的顺利进行。

8.2.2.2 直接还原铁在氧气转炉炼钢中的应用

氧气转炉炼钢主要原料是高炉铁水，它含有较高的碳、硅、锰、磷等元素。这些元素的氧化反应热会使钢液温度超过正常的炼钢温度，需投加冷却剂，以防止钢水过热。传统的冷却剂是废钢、矿石或两者的混合物。典型的氧气转炉冶炼每吨粗钢需加入 300kg 金属冷却剂。由于连铸技术的应用和轧钢技术的提高,自产返回废钢日趋减少,又因收购优质废钢的短缺和成分的复杂,炼钢工作者对直接还原铁也发生了兴趣,并在试验的基础上开始了部分使用。

如果用废钢的冷却效果为 1,则铁矿石的冷却效果为 4.5,直接还原铁的冷却效果为 1.2 ~ 2.0,具体数值与直接还原铁的金属化率和酸性脉石含量有关。当金属化率为 85% 时,其冷却效果可较废钢大 50%;当金属化率为 95% 时,其冷却效果较废钢大 20%。直接还原铁金属化率为 95% 时,每增加 1% 的 SiO_2,冷却剂需要量可减少约 9.4kg,同时每吨钢可增加铁水量 16.5kg(图 8 - 12)。

氧气转炉炉渣碱度(CaO/SiO_2)通常为 2.5,为避免渣量过大和铁回收率下降,应限制直接还原铁中的 SiO_2 含量。为获得好的冷却效果,SiO_2 含量最好小于 3%,以避免渣量增加过多(图 8 - 13)。用直接还原铁代替废钢作冷却剂,由于炉料铁水比例增加使渣量增加,尤其是使用低金属化率直接还原铁时,渣中氧化铁量增高,这将致使冶炼喷溅损失增加,铁回收率下降 1% ~ 2%,但是要比铁矿石作冷却剂回收率提高 1% ~ 2%。

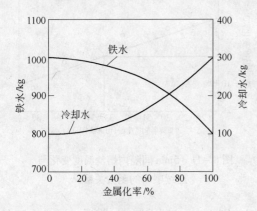

图 8 - 12　直接还原铁金属化率对铁水和冷却剂需要量的影响

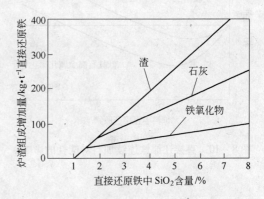

图 8 - 13　直接还原铁 SiO_2 对渣、石灰和铁氧化物增加量的影响

用直接还原铁代替废钢,在以下几个方面具有独特的优越性:可以代替高质量废钢作冷却剂;直接还原铁质地纯净,可以作稀释剂,应用于特种钢生产,如特低硫钢、低氮钢和低锰钢等;可以采用自动装料装置,改进冶炼终点摇炉操作;低碳高金属化率的直接还原铁压块可直接用于钢包冷却。

8.2.2.3　直接还原铁在铸造中的应用

铸造用钢、铁分为铸钢、铸铁两大类。铸钢有普通碳素铸钢、低合金铸钢和高合金特殊性能铸钢;铸铁有灰铸铁、球墨铸铁和特殊性能的合金铸铁。不仅铸钢熔炼需要大量废钢,高级灰铸铁、球墨铸铁、合金铸铁的熔炼也需 30% ~ 50% 的废钢。由于合金铸钢和球墨铸铁用量日益增加,对熔炼原材料的纯度也提出了较严格的要求。质地纯净的直接还原铁显出了特有的优越性,20 世纪 60 年代初直接还原铁就已开始用于铸造生产,多年来的实践证明,它是一种非常理想的熔炼原材料。

商品废钢中经常含有 Ti、Sn、Pb、As 等元素,这些元素对球墨铸铁的石墨球化具有不利的影响。铁素体球墨铸铁要求原料 Cr、Mn 含量低，用直接还原铁作原料则很适宜。由于商品废钢中合金元素的种类复杂和含量较高，限制了它的使用，但通过加入直接还原铁，由于其稀释作用，可使铁液或钢液中有害元素含量降低到可以接受的水平，从而使质地较差的商品废钢得以应用。

直接还原铁形状规整（球状、块状呈长方体压块）、储存运输方便，为电弧炉、感应电炉连续加料创造了条件，有利于降低熔炼能耗及改善冶炼效果。但对于冲天炉来说，由于球团的超越现象，给熔炼控制带来一定的困难，故以使用直接还原铁压块为宜。

直接还原铁中含有一定数量的酸性脉石（2%～15%）和残余 FeO（3%～15%），给铸造钢铁的熔炼带来不利影响。熔化脉石需添加石灰造渣，使渣量增加，残余 FeO 还原要吸热，这些因素都将影响到熔炼过程的能耗和效率。

图 8-14 所示为电弧炉熔炼铸钢时，炉料中直接还原铁的配用量与能耗的关系。直接还原铁用量在 50% 以下，电耗变化不大；超过 50% 后电耗稍有上升。

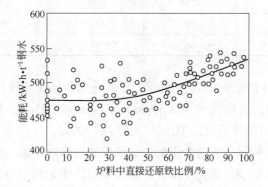

图 8-14　电弧炉熔化期炉料直接还原铁的百分率对能耗的影响

图 8-15 所示为无芯感应电炉熔炼铸钢时，直接还原铁金属化率对能耗的影响，随金属化率的提高，能耗降低。

图 8-16 所示为直接还原压块用量对冲天炉熔化能力的影响。炉料中直接还原压块每增加 10%，熔化能力约下降 6%。

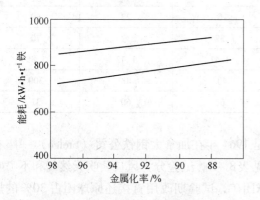

图 8-15　无芯感应电炉熔炼铸钢时
直接还原铁金属化率对能耗的影响

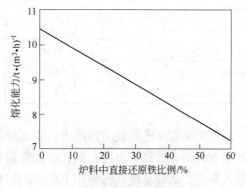

图 8-16　直接还原铁压块对
冲天炉熔化能力的影响

8.2.2.4　直接还原铁在炼铁中的应用

1964 年，美国矿业局在宾州 Bruceton 一座试验小高炉上进行了试验，用金属化率 90%左右的直接还原铁代替高炉炉料中的部分氧化球团，使铁水产量明显增加，焦比降低。当直接还原铁在炉料中的比例提高到 85%时，铁水产量直线地增加了 75%（表 8 - 7）；炉料中直接还原铁用量到 30%后，焦比下降减缓，当达 85%时，焦比仅下降 47%。

表 8 - 7　试验高炉炉料中配加直接还原铁的试验数据

项　　目	基准期	试验Ⅰ	试验Ⅱ	试验Ⅲ
氧化球团/%	100	70	40	15
直接还原铁球团/%	0	30	60	85
(Fe/TFe)/%	0	30	60	78
铁水产量/t·h^{-1}	1.55	1.99	2.41	2.71
焦比/kg·t^{-1}铁水	574	441	352	306
溶解损失碳量/kg·t^{-1}铁水	61	30	20	0

美国钢铁公司在 20 世纪 60 年代初期进行了流化床直接还原铁压块（HIB 压块）代替烧结矿的高炉冶炼试验，压块尺寸为 3.79cm×3.79cm×1.25cm。焦比从 100%烧结矿冶炼时的 498kg 下降到用 100%直接还原压块冶炼时的 300kg，生产率提高 60%。使用 100% HIB 压块与使用金属化率 98.5%的废钢配加烧结矿的冶炼效果是一致的。

详细试验数据见表 8 - 8。焦比下降和产量增加取决于炉料中金属铁的百分含量，与金属铁是来自 HIB 压块还是废钢无关。高炉炉料中金属铁量增加，降低了炉内直接还原的碳消耗和热量消耗。

表 8 - 8　高炉炉料中配加直接还原铁的试验数据

项　　目	基准期	试验Ⅰ	试验Ⅱ	试验Ⅲ
烧结矿/%	100	60	77	40
HIB 压块/%	0	40	0	0
废钢/%	0	0	23	60
(Fe/TFe)/%	0	32	32	70
铁水产量/t·h^{-1}	1.14	1.41	1.42	1.85
焦比/kg·t^{-1}铁水	498	403	400	300
溶解损失碳量/kg·t^{-1}铁水	88	62	60	31

高炉使用直接还原铁冶炼的进一步试验是 1964 年在加拿大钢铁公司（Stelco）一座有效容积为 588m^3 的高炉上进行的，详细数据见表 8 - 9。试验分为风口喷吹天然气和不喷吹天然气两组，试验基准期都使用 100%氧化球团矿，试验期改用直接还原球团占 30%的炉料（其中氧化球团矿占 70%、金属化率为 90.5%）。不喷吹天然气时，用直接还原球团，铁水产量大约提高 17%，焦比下降 17%左右。

表 8 – 9　高炉 (588m³) 炉料中配加直接还原铁的试验数据

项　　目	不喷吹天然气		喷吹天然气	
	基准期	试验 I	基准期	试验 III
氧化球团矿/%	100	70	100	70
直接还原铁球团/%	0	30	0	30
(Fe/TFe)/%	0	34.7	0	42.4
铁水产量/t·h⁻¹	1127	1382	1155	1341
焦比/kg·t⁻¹铁水	558	444	508	421
天然气量/kg·t⁻¹铁水	0	0	29	25
溶解损失碳量/kg·t⁻¹铁水	105	61	85	53

1987 年墨西哥高炉公司 (AHMSA) 在有效容积为 918m³ 的高炉上，用希尔法 (HYL) 生产的直接还原球团进行了工业生产试验。海绵铁球团金属化率为 87%，含碳量为 2.5%，试验结果见表 8 – 10。

表 8 – 10　高炉炉料中配加直接还原铁的工业试验数据

项　　目	基准期	试验 I	试验 II	试验 III	试验 IV
烧结矿/%	60	60	60	60	60
铁矿石/%	40	25	15	10	5
希尔法球/%	—	15	25	30	35
(Fe/TFe)/%	0	21	31	36	39
铁水产量/t·h⁻¹	894	1013	1095	1181	1246
焦比/kg·t⁻¹铁水	698	596	546	531	485

国外还曾做过从高炉风口向炉缸喷入直接还原铁粉的试验。虽然焦比有所降低，产量有提高 (表 8 – 11)，但考虑到直接还原铁的价格，经济上未必合算；更何况从高炉风口喷入直接还原铁粉，需要技术复杂和造价昂贵的设备，故该项技术难以实现工业化。

表 8 – 11　高炉炉料中配加直接还原铁的试验数据

项　　目	基准期	试验 I	试验 II
氧化球团矿/%	100	100	100
顶吹铁粉量/kg·t⁻¹铁水	0	210	394
(Fe/TFe)/%	0	23	42
铁水产量/t·h⁻¹	1.55	1.84	1.92
焦比/kg·t⁻¹铁水	574	493	465
溶解损失碳量/kg·t⁻¹铁水	61	43	24

到目前为止，世界上只有少数厂家将 HIB 压块和用含铁粉尘生产的直接还原铁用于高炉炼铁。

在一些水电丰富的国家采用埋弧电炉生产生铁。此工艺中铁氧化物的还原基本上是直接还原。还原所需热量全部由电能提供，因此电费是电炉炼铁费用中的主要一项。很久以来人们一直在试验使用预热还原炉料，以降低生产电耗，其中的 ELKEN 法已在葡萄牙、南斯拉夫、南非、日本、挪威等国应用于工业生产。

委内瑞拉奥琳诺科钢铁厂于 1973 年用全铁 83.7%、金属化率 72.5% 的 HIB 压块进行了电炉炼铁试验，试验期炉料中分别配入 20%、50% 和 70% 的 HIB 压块，试验结果绘于图 8 – 17 和图 8 – 18 中。当炉料中 HIB 压块配用量最高时，铁水日产量从 210t 增加到 350t，焦炭消耗从 390kg 降低到 165kg，电耗从 2600kW·h 下降到 1750kW·h。

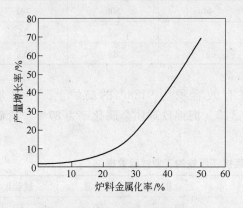

图 8 – 17　产量增长率与电炉
炉料金属化率的关系

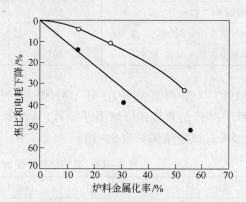

图 8 – 18　焦比和电能下降与电炉
炉料金属化率的关系

思 考 题

1. 论述非高炉炼铁法快速发展的原因。
2. 简述非高炉炼铁的方法及分类。
3. 什么叫直接还原法？
4. 简述主要的直接还原方法及其特点。
5. 比较直接还原、电炉流程和高炉—氧气转炉流程各有什么特点，它们的发展前景如何。
6. 直接还原铁有哪些用途？
7. 直接还原铁为什么要进行钝化，方法有哪些？

参 考 文 献

[1] 徐国群. 直接还原铁的生产及应用 [J]. 宝钢技术, 1995, (2): 20~24.
[2] 赵亮, 王振祥, 李大林. 炼钢用直接还原铁的研制与应用 [J]. 包钢科技, 2011, 37(3): 22~24.
[3] 田乃媛, 徐安军. 直接还原铁及其在电弧炉中的应用 [J]. 化工冶金, 1997, 18(1): 85~88.
[4] 陈伟庆, 李士琦, 成国光, 陈煜. 直接还原铁在电弧炉炼钢中应用 [J]. 特殊钢, 1997, 18(2): 4~8.
[5] 王建昌, 王彦平, 张永亮. 直接还原铁在转炉的应用效果分析 [J]. 炼钢, 2008, 24(6): 19~21.
[6] 刘广会, 胡雄刚, 朱志远. 直接还原铁生产现状及其在转炉炼钢中的应用 [J]. 首钢科技.

熔融还原篇

熔融还原作为新兴的、开拓性的前沿技术,是一种有重大发展前途的钢铁工艺新流程。目前世界各发达国家(瑞典、德国、日本)对此技术做了大量的研究工作,发展很快。他们把这项技术作为钢铁工业的一次革命,放到较高的战略位置来考虑,集中资金,进行研究探索。

熔融还原是与高炉法和直接还原法不同的另一类炼铁方法,是以煤粉作燃料用精矿粉或球团或块矿直接生产工业铁水的方法。它是多种技术联合,体现了现代炼铁技术的最新发展趋势。但目前除 KR 法外大都处在开发研究或半工业试验阶段,未达到工业化生产水平。

至目前,世界上研发的熔融还原方法多达上百种,然而投入工业生产的并不多。虽然 COREX 工艺最先应用于工业生产,HISMELT 工艺已建示范厂,FINEX – 3000 设备也已达到设计生产指标,这些工艺均已取得巨大成功,但冷静看待这些已开发出并应用于工业生产的熔融还原技术,却发现这些工艺及流程均存在着致命弱点,因而并不一定是最佳工艺。通过对现有工艺、流程和设备的评价分析,取其优点,找出存在的问题,对开发适合我国国情的熔融还原炼铁新技术则十分必要。

高炉炼铁方法自问世以来已有近 200 年的历史,第二次世界大战后的近 70 年来,钢铁冶金技术获得了重大发展。如今大型高炉的容积已超过 $5800m^3$(沙钢),而且机械化、自动化日臻完善。自 20 世纪 60 年代后期,炼焦煤特别是低硫焦煤日益短缺,加上环境要求不断提高、基建投资费用巨大,致使在发达国家年产百万吨以下而采用传统高炉流程的钢铁企业在经济上常处于困境。熔融还原是以纯氧、原煤和原矿为原料炼铁的一种新工艺,它拓宽了钢铁冶金用的煤种,省去炼焦甚至烧结工序,而冶炼速度加快几倍。这降低了投资、节省了能源、改善了环境、增强了生产灵活性。不少专家认为熔融还原将是今后钢铁工业发展的一条主要技术路线。

熔融还原其主旨技术思想是希望发展一种不需要铁矿石造块又不使用昂贵的冶金焦炭,既能生产优质铁水又不不污染环境的理想冶炼工艺。

熔融还原流程需掌握的重点有:

(1) COREX:工艺流程、熔炼煤的要求、该流程竖炉特点、固定床技术、粉尘循环系统、流程运行状况的分类及特点、能耗及流程优化、流程主要设备及分类(系统)。

(2) HISMELT:主体设备、工艺流程、特点、铁水情况。

(3) FINEX:主体设备、核心技术、工艺流程。

9 熔融还原的兴起与现状

9.1 直接还原的局限性

高炉炼铁法已有 400 多年的历史,是成熟的炼铁技术,而且在向大型化发展的同时,进行着强化冶炼、计算机控制等方面的深入研究。目前，世界年产铁量 98% 是高炉生铁。此外，应用竖炉、回转窑、流化床等冶炼设备的直接还原炼铁法，经过百余年的发展，也已建起了单炉年产达 30~60 万吨的生产厂，形成了不可忽视的另一炼铁体系。然而，随着世界资源的消耗和国际上能源价格上涨，人们越来越认识到节约能源和充分利用大储量、低价格能源的重要意义。对冶金工业来说，储量有限且价格高昂的焦煤很难满足大规模发展高炉炼铁的需要。石油、天然气价格的不断上涨给用气体能源生产的直接还原铁降低成本带来困难，煤基直接还原能耗高、效率低，又与冶金节能发生矛盾，特别是 20 世纪 70 年代发生两次石油危机以后，石油的天然气价格猛涨，使作为直接还原主流的气基还原法在绝大多数工业国家难以进行经济生产，即直接还原铁的成本高于废钢，从而影响了直接还原的广阔前景，而只能有限地小规模地应用于一些国家和地区。所以至今直接还原远远未能达到预期的发展速度和规模，世界海绵铁的实际生产量也始终未能达到生产能力。在这种情况下，作为克服高炉与直接还原工艺不足的另一种炼铁方法——熔融还原开始兴起。

熔融还原是指非高炉炼铁方法中那些冶炼液态生铁的工艺过程。早在 20 世纪 20 年代，随着直接还原的发展就出现了一些熔融还原方法，如生铁电炉法（Tysland-Hole 法）等，而且在某些方面达到了实用水平。60 年代，瑞典冶金学家埃克托普（S. Eketop）把这些生产液态铁的非高炉炼铁方法从直接还原中独立出来称之为熔融还原，其初期的技术思想是希望发展一种既无需铁矿石造块又不使用昂贵冶金焦炭，既能生产高质量生铁产品又无环境污染的理想冶炼工艺。但经过多年研究开发，实践证明这种理想的技术思想是不切实际的，因此当前一般认为即使应用烧结矿、球团作为原料，甚至使用少量焦炭，只要不以焦炭为主要能源的生产液态铁的非高炉炼铁方法均为熔融还原。

熔融还原是直接还原的逻辑发展，但发展的现实是两者具有不同的开发价值。开发直接还原在于提供废钢的代用品，是一种生产特殊生铁产品的炼铁工艺；而熔融还原的开发在于寻求一种代替常规高炉炼铁的新工艺，以摆脱焦炭短缺造成的障碍。在目前直接还原面临天然气昂贵和回转窑技术尚待改进的情况下，熔融还原自然成为非高炉炼铁的新兴技术路线。但熔融还原目前大都处于实验研究阶段，其技术上的困难更多，在理论和工艺上都需作出巨大努力方能取得技术的突破。

全世界每年生产 7 亿多吨生铁，因而铁是一种非常重要的金属。然而今天从矿石中得到的大量铁，约有 98% 是通过高炉生产的。高炉工艺的主要原理在中世纪就已经知道，但在近 100 年来它才有很大发展，尤其最近几十年发展更快。现代化高炉是一种效率极高的冶炼设备。

确保大型高炉顺行、无故障操作的一个重要条件是：原料及燃料应具有竖炉所要求的良好冶金性能。为确保良好的透气性和煤气在高炉中的分布，矿石必须有较大的粒度。然而，精矿粉在高炉使用之前必须造块——烧结或造球，煤不能直接用作高炉的主要燃料，除非转变成高级的冶金焦炭。

精矿粉的造块和煤的焦化是昂贵的过程，相当于生铁生产成本的 15% 至 20%，烧结厂和焦化厂还严重地污染环境。因此，如果能研究出一种不需要造块和焦化工艺的方法将是技术上的重大突破。况且，矿石的还原工序所消耗的能量要占钢铁生产总能耗的 65% 左右。

高炉炼铁目前已达到十分完善的程度。例如，现代高炉的容积不断大型化，出现 $5000m^3$ 以上的超大型高炉，年产量可达 300~500 万吨。近年来广泛采用的精料、高风温、高压、富氧、喷吹、计算机控制等先进技术，已使高炉成为在冶炼生产方面很有成效的生产装置。现代大型高炉的作业率确实令人惊叹，焦比（全焦操作）低于 450kg/tFe，生产率可达 2.5t/($m^3 \cdot d$)。如果回收高炉煤气的能量（低热值高炉煤气的热损失为 30%），则高炉的能量利用率是很高的。在过去的 25 年中，高炉所取得的进步主要是更好地了解了炉内发生的各种过程的原理。

然而，应指出高炉过程所固有的一些缺点：

（1）煤气和炉料逆流运动的高炉过程需要高质量的人造炉料，即铁精矿要被加工成烧结矿或球团矿，煤要炼成焦炭；而含 CO 20% 的低热值炉顶煤气是由优质焦炭产生的。

（2）由于加热空气和除尘，需要建设大量辅助设备。因此，由烧结、炼焦、热风炉、高炉等组成的炼铁系统是一个复杂、庞大的生产系统，需要巨额投资；况且工艺流程长，原料、燃料必须经过反复加热、冷却和加工，能耗和生产成本比较高。

（3）高炉流程进行经济生产要求的规模较大，生产的灵活性较差。

而高炉本身作为一个反应器的缺点是：

（1）冶炼过程是在单个反应器中进行。逆流热交换、煤气还原、焦炭燃烧、煤气的产生和渣铁的分离等所有这些过程都发生在这个反应器中，除了加料和放出渣铁外，缺少调节和控制手段。

（2）物料的向下运动是不规则的，煤气在通过浆糊状的软熔带时尤其困难。

（3）改变工艺参数后若干小时后才会反应，即高炉过程的滞后性，使这一过程难于控制。

尽管高炉工艺具有巨大的优越性，然而正如前面所叙述的原因，人们还是在致力于开发其他的生产工艺来代替它。

在直接还原海绵铁生产工艺中，铁矿石是在比较低的温度下还原，并且由于低温化学过程和技术上的原因，其能耗低是可能的。缺点是未能熔化脱除脉石杂质，因而要求使用品质优良的原料，而且生产率低。但是，在那些可以得到廉价的天然气的地区则可以采用这种生产工艺，因为其每吨产品的投资有竞争力。如果仅有煤可作廉价的能源，则还原气体制备困难，而且气体还原工艺的投资成本高。以煤为基础且已具生产规模的直接还原工艺是大家熟悉的回转窑工艺，然而由于这种工艺生产率低而投资高因而受到阻碍。在缺乏天然气的情况下，如果有廉价的电能再加上有造气用的煤，那么就可以找到一个合理的解决措施，瑞典的等离子法似乎是按照这个方向提出的一个重要设想。

由于世界能源和经济形势的变化，许多工业国家的钢铁工业面临能源、劳务、投资增加与激烈竞争的挑战，摆脱这种困境的出路之一就是继续开发研究完全创新的钢铁冶炼技术。而根据世界能源和铁矿资源的状况来看，未来钢铁工业能源战略的一个重要目标将是使用低价煤和粉矿进行钢铁生产，即开发以丰富的非焦煤为能源的高效节能的新炼铁方法。熔融还原正是由于上述的原因而得到迅猛发展，受到国际钢铁界的普遍关注和重视。

熔融还原法作为一种炼铁方法，是在 20 世纪 20 年代提出的。1924 年霍施（Hoesch）钢铁公司提出在转炉中使用碳和氧还原铁矿石，至今仍有现实意义。1939 年丹麦提出 Basset 法，在两座总能力为 100t/d 的回转炉中，用煤和油对黄铁矿渣和矿粉进行还原和熔炼。

熔融还原法的积极倡导者埃克托普教授在20世纪60年代提出了熔融还原的理论,它是基于以下原理;

$$Fe_2O_3 + 3C \Longrightarrow 2Fe + 3CO \qquad \Delta H_{1700℃} = 455.6 kJ/mol \qquad (9-1)$$

$$3CO + 3/2O_2 \Longrightarrow 3CO_2 \qquad \Delta H_{1700℃} = -840.2 kJ/mol \qquad (9-2)$$

$$Fe_2O_3 + 3C + 3/2O_2 \Longrightarrow 2Fe + 3CO_2 \qquad \Delta H_{1700℃} = -384.6 kJ/mol \qquad (9-3)$$

反应(9-2)放出的热量足以补偿反应(9-1)所需要的热量。它的优点是碳最终可以完全转变为CO_2,煤气的利用率在理论上可以达到100%。

最原始的"熔融还原"的概念就是从这里产生的,即在熔融状态下,铁氧化物的全部还原都依靠C-CO来完成,且生成的CO燃烧成CO_2,产生的大量热量满足系统热平衡的需要。这样,可以达到理论最低碳耗321kg/t Fe,在这个系统中碳是唯一的能源。

为了解决一步法出现的难题,20世纪70年代以来国外研究开发的熔融还原基本上是"二步法",目前二步法已成为普遍的发展趋势。所谓二步法就是将还原过程分解为固体状态的预还原和熔融状态的终还原两个阶段,并分别在两个反应器中进行。预还原装置多为流化床和竖炉。竖炉的优点是工艺成熟、还原率高、操作简单,缺点是必须用块矿或球团矿。流化床可以直接使用精矿、矿粉或炉尘,反应速度快。预还原阶段所用的还原气体来自终还原阶段产生的煤气(主要成分为CO和部分H_2),但是铁氧化物的脱氧率较低,一般为60%~70%,而竖炉可达90%以上。预还原后的物料紧接着送到终还原反应器,在高温熔融状态下进行终还原、渗碳、渣铁分离,最终熔炼出与高炉生铁类似的铁水。终还原炉有转炉型、竖炉型、电炉型等几种基本形式。

图9-1所示为二步法的一般原理。整个系统一般由预还原、终还原和能量转换等工艺单元组成。矿石加入预还原单元,煤可以加入预还原或高温熔融还原单元,氧气通入这两个单元中任意一个,用来使煤燃烧。从这两个单元出来的煤气(预还原放出CO-CO_2的混合煤气,终还原放出含CO很高的煤气)被送去发电,而将过剩煤气用作其他用途(例如作为燃料煤气、化工原料等)。

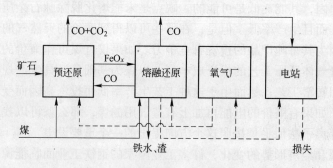

图9-1 熔融还原单元过程的配置

图9-1所示的系统可以用不同的方法操作,从而构成各种不同的二步法的变型。系统中两个步骤可以独立调节,以达到整个过程的优化操作。在高炉中,预还原、终还原和还原气的产生是在一个反应器中同时进行的,无法单独控制。二步法对高炉法的这一变革,不仅使它摆脱了对优质焦炭的依赖,开辟了任何能源(尤其是低质煤)都能炼铁的途径,而且使它摆脱了软熔带的不利影响,加之使用氧气操作(以至于实现无氮炼铁),以

及终还原过程能量密度高等有利因素，为提高生产率创造了有利的条件。可以说，熔融还原的目的之一，从技术观点看就在于从束缚高炉炼铁法的透气性问题中解放出来，同时解决直接还原中的脉石分离问题。

氧气炼钢的成功，对人们探索氧气炼铁具有很大的吸引力。除了历史的原因外，炼铁工艺没有理由一定要建立在复杂的原料（如烧结矿和焦炭）基础上，没有理由只用空气而不用氧气，没有理由花费以小时计而不是以秒计的还原时间。高的反应速度需要良好的动力学条件，这方面的措施有：（1）增大反应面（粉末、液滴、乳化）；（2）强烈的搅拌；（3）在熔池或散料床中产生热量；（4）高温。所有这些措施都能导致高的能量密度。

概括地说，熔融还原法与传统的炼铁方法相比具有以下优点：

（1）以便宜的、储量最丰富的非焦煤为主要能源，使炼铁摆脱了对昂贵的焦炭和石油、天然气的依赖，有可能直接使用粉矿，不需造块（烧结或球团），减少环境污染。

（2）由于可以取消烧结、炼焦和其他一些辅助设备（如热风炉），因此可以减少基建投资，缩短工艺流程、降低生产成本，并实现节能型的连续工艺。

（3）工艺过程的可控性好，对原燃料的适应性强；并可以做到小规模的经济生产，有利于建设中小型工厂。

（4）产品为铁水，可以用高效率的氧气转炉精炼（不用电能），并在炼铁过程中解决了渣铁分离问题。

（5）熔融还原法的能量密度高，传热传质条件好，反应速度快，没有软熔带，有利于冶炼的强化，生产率高，甚至达到高炉的 5～10 倍。某些熔融还原法可以做到直接炼钢。许多方法还可以用于冶炼铁合金（如铬铁、锰铁等），做到以煤代电。

在熔融还原法的发展过程中，广泛采用了近年来发展起来的许多新技术和边缘技术，例如喷射冶金、复合吹炼、等离子冶金、快速流化床、煤的气化技术、直流电弧炉、高温氧气喷嘴等。这些新技术的应用使熔融还原法能在很大程度上改变传统的冶炼工艺。然而从总体上看，熔融还原正处在发展之中，为了达到工业化，新工艺必须确保回收率和产品质量，确立降低单耗和稳定操作的可行技术。必须研究向预还原炉和终还原炉供给矿石、还原剂、氧气等的最佳化操作问题，研究预还原和终还原炉的同步配合问题。同时还需要进一步研究高温除尘装置、高压装置、高温热交换器、高转换效率的发电系统。熔融还原炉本身及其耐火材料的侵蚀问题、连续出渣出铁系统及降低制气成本等，仍然是需要进一步研究解决的重要课题。

现已提出和开发了许多熔融还原工艺方法，按照工艺过程及使用反应器的数量可分为：

（1）一步法：用一个反应器完成铁矿石还原和渣铁熔化分离全过程的工艺方法。

（2）二步法：在第一个反应器中进行铁矿石预还原、在第二个反应器中进行终还原、渣铁熔化分离并产生还原气供给预还原的工艺方法。

9.2 熔融还原的优点

概括地看，熔融还原具有以下优点：

（1）以便宜的、储量丰富的非焦煤为能源，使炼铁摆脱了对昂贵的焦炭和石油、天然气的依赖。

（2）可直接使用细粉矿，不需造块，发挥物料表面积大、传热传质好，反应速度快的优势。

（3）由于可取消炼焦、烧结和其他一些辅助设备（如热风炉），使基建投资减少，工艺流程缩短，降低生产成本，并实现节能型的连续工艺。

（4）工艺过程的可控性好，对原燃料的适应性强。选择的自由度大，故而可以做到小规模的经济生产，利于建设中小型工厂。

（5）产品是铁水，可用高效率的氧气转炉精炼（不用电能）。炼铁过程中解决了渣铁分离问题。

（6）熔融还原法采用电、等离子、氧等高密度能量，传热传质条件好，反应速度快，没有软熔带，利于冶炼的强化，生产率高。

（7）某些熔融还原法可以做到直接炼钢，许多方法还可以用于冶炼铁合金（如铬铁、锰铁等），做到以煤代电。

（8）环境污染小。

9.3　熔融还原法分类及特点

熔融还原法作为一种炼铁方法是在 20 世纪 20 年代提出来的，至今文献报道的熔融还原法已有 40 多种。

熔融还原工艺种类繁多，常用的分类方法如下。

9.3.1　按工艺阶段划分

按工艺阶段划分。可分为一步法和二步法。

9.3.1.1　一步法

一步法是在一个冶金反应器中完成矿石还原熔炼的全过程，如 ROMEL 法、CCF 法、AUSIRON 法、Dored 法、Eketorp 法、CIP 法、Eketorp-Vallak 法等。

一步法工艺流程短，设备简单，然而在实际应用中，这些方法大部分都归于失败。主要是存在以下问题：

第一个问题是如何将熔融还原过程中产生的 CO 在同一反应器中用氧燃烧，并把燃烧产的热量有效地传递给还原区，同时铁氧化物的还原反应和碳的氧化反应在空间上必须彼此分开，以避免还原区被氧化。

第二个问题是熔融还原产生的高 FeO 渣严重侵蚀炉衬。为了解决高 FeO 渣侵蚀问题，从 20 世纪 60 年代到 70 年代中期，出现了沿水平或垂直轴旋转的高速回转炉法，如英国的 CIP 法、意大利的 ROTORED 法、美国共和钢铁公司的旋转反应炉等。这些方法依靠离心力的作用，使铁水覆盖在耐火材料表面，隔绝了高 FeO 与内衬的接触。但这些方法也由于高速旋转产生的振动和机械问题不能解决而无法生产。Eketorp-Vallak 法是将矿粉沿炉壁加入形成"矿幕"来保护炉墙。此外，布鲁勒（Brunner）曾建议回转炉的炉衬由 CaO 和为 CaO 的饱和渣组成，以防止内衬的侵蚀，但这种方法从未达到中间试验阶段。

第三个问题是高温煤气排出反应器使热能利用降低，并且不能直接依靠 CO 的燃烧将热能反馈给吸热反应。能量的传递不得不间接进行，或者是用炉墙把氧化燃烧区与还原区分开，或者是以电能的形式传递能量，这意味着必须把煤气的能量转换为电能。至今为止，这种通过 CO 直接燃烧来加热反应系统的方式是不现实的。此后，还有 ARBED 法采用顶底复吹的技术，将煤粉吹入熔池，并从炉底喷入 N_2/CO_2 进行搅拌；UDDACON 法采用感应圈通电加热，电耗约 2300kW·h/t，现多用于有色冶金工业，只有在电价低廉的地区才有前途。

9.3.1.2　二步法

二步法是将熔融还原过程分为固相预还原和熔融终还原两个阶段，并分别在两个反应器中进行。改善了熔融还原过程的能量利用，降低了渣中 FeO 浓度，使熔融还原法取得了突破性的发展。

二步法主要工艺流程有 COREX（KR）法、FINEX 法、HISMELT 法、DIOS 法、AISI 法、川崎法、SC 法、PLASMASMELT 法、COIN 法、ELRED 法、INRED 法等。

9.3.2　按使用能源划分

按使用能源划分，可分为氧煤法和电煤法。

9.3.2.1　氧煤法

氧煤法是靠氧煤在高温熔池或风口区燃烧提供过程的热量，用煤作为还原剂。该方法需要大型制氧机。目前开发的多数工艺为氧煤法。

9.3.2.2　电煤法

电煤法是用电提供熔融还原过程所需的热量，煤作为还原剂。该工艺电耗很高。电能转换方式有电弧放热和等离子技术，该方法只适用于电力充足、电价低廉的地区。

9.3.3　按反应器类型划分

按反应器类型可把熔融还原划分为以下三类。

9.3.3.1　由转炉技术派生的熔融还原方法

由转炉技术派生的熔融还原方法是把煤加入转炉以产生热量和还原煤气，在转炉型反应器的铁水熔池中完成终还原及渣铁熔化分离。20 世纪 70 年代至今发展的一些方法如 CIG 法、CGE 法、COIN 法、MIP 法等均属于这种方法。

9.3.3.2　由竖炉技术派生的熔融还原方法

由竖炉技术派生的熔融还原方法，一种是把直接还原竖炉与高温煤气发生炉相互连接的工艺，煤气发生炉兼有终还原和渣铁熔化分离的作用，如 KR 法；另一种是利用带焦炭料层的熔融还原反应器，再把氧气和煤粉喷入产生热量和还原气，这与高炉喷吹煤粉有共同之处，如 SC 法等；再一种是在装有焦炭的熔融还原炉中喷入煤粉进行终还原和熔化分离，预还原有的采用流化床进行，如川崎法。另外目前采取一些技术措施，甚至纯氧喷吹超量煤粉，把现有高炉焦炭消耗减少到成为次要能源，这种无氮高炉也可算作一种熔融还原方法。

9.3.3.3　电炉及等离子技术熔融还原方法

电炉及等离子技术熔融还原方法是由煤基预还原器把铁矿石预还原后加入电炉或装有等离子发生器的还原装置，产生的煤气发电供流程之需。一种是由流化床与电炉相连，如 ELRED 法；一种是闪速炉与电炉相连，如 INRED 法；另一种是竖炉与等离子气化炉相连，如 PLASMARED 法；再一种是由流化床与带有等离子发生器的竖炉相连，如 PLASMAS-MELT 法、PLASMADUST 法、PLASMACHROMA 法等，近年来在生产中高炉上装有等离子发生器的 Pirogas 法也属于这种熔融还原方法。

9.3.4　按工艺模式划分

欧钢联根据工艺模式将熔融还原划分为四大类：三段式、二段式、一段式和电热法。

9.3.4.1　三段式

熔融还原流程可分为两大部分：还原部分和熔炼造气部分。还原部分就是还原段。熔炼造气部分则在同一个设备中包含了熔炼造气段和煤气转化段。其构造特点是熔池上方存在一个含碳料层，如竖炉中的焦炭柱和煤炭流化床中的煤炭固定床和流化床。在含碳料层可利用煤气过剩物理热完成 CO_2 和 H_2O 向 CO 和 H_2 的转化过程。

9.3.4.2　二段式

二段式也由还原部分和熔炼造气部分组成，因此又与三段式统称二步法。二段式与三段式的主要区别是熔炼造气炉上方不存在含碳料层。某些二段式流程为了解决还原气成分和温度问题，在熔炼炉与还原炉之间附加了一个还原气改质炉。

9.3.4.3　一段式

一段式的流程只有熔炼段，没有还原段。现代化的一段式流程和二段式流程均采用铁浴炉熔炼设备，因此两者又统称铁浴法。

9.4　熔融还原法的原理

高炉炼铁是把还原、熔化、造渣等过程集于一体，这虽然具有设备简化、易于大规模生产等许多优点，但炉料由固态经软熔到熔化是一个固、液、气多相反应同时存在的复杂过程，尤其是软熔带的存在和难以控制，更使高炉操作变得复杂化，难以达到最高的效率。高炉冶炼离不开焦炭，这是其最大的弱点。为了提高高炉效率，又不得不惜代价搞精料，把磨细了的矿粉（具有很大反应表面和极好的还原动力学条件）再重新加热造块，然后把耗费和含有很大能量的人造富矿重新冷却、破碎，装入高炉再重新加热等。从总体上看，这是一种很大的浪费。直接还原法虽然解决了不用焦炭的问题，但精料的要求比高炉还高，而其产品（固态海绵铁）主要是供给电炉炼钢，不能满足转炉大规模生产的要求。为解决上述矛盾，炼铁工作者早就有先还原、后熔化的想法，提出了直接用高品位精矿粉进行熔融还原的新工艺。其基本思想就是把高炉的作用分成两步来完成：第一步是预还原，主要任务是从铁精矿中去氧，提供深度还原原料。第二步是进行深度还原，主要完成熔化、精炼和渣、铁分离的任务，并同时为预还原提供高温还原性煤气。这样实际上是等于把高炉的工作分成彼此独立而又紧密联系的两个部分，使其各自尽量达到最高的效率。

9.4.1　铁氧化物熔融还原反应

9.4.1.1　热力学分析

熔融还原反应在渣铁呈液态的高温下进行，常用的温度范围是 1450 ~ 1650℃。高温下铁氧化物的还原是逐级进行的，即 $Fe_2O_3 \rightarrow Fe_3O_4 \rightarrow FeO \rightarrow Fe$。

高温下 Fe_2O_3 很不稳定，1500℃时按式（9-4）进行分解，分解压达到101.325kPa。

$$6Fe_2O_3 \Longrightarrow 4Fe_3O_4 + O_2 \qquad \Delta G^{\ominus} = 500406 - 280.75T J \qquad (9-4)$$

高价铁氧化物还会与金属铁反应生成 FeO，反应式如下：

$$Fe_2O_{3(固)} + Fe_{(液)} \Longrightarrow 3FeO_{(液)} \qquad \Delta G^{\ominus} = 139746 - 133.89T J$$

$$Fe_3O_{4(固)} + Fe_{(液)} \Longrightarrow 4FeO_{(液)} \qquad \Delta G^{\ominus} = 259408 - 185.77T J$$

在 1450~1650℃，上述反应的 $\Delta G^{\ominus}$ 负值很大，高价铁氧化物很容易被还原成 FeO，因此熔融还原过程主要表现为 FeO 还原为金属铁的过程。

熔态下渣中 FeO 可被 CO、固体碳及熔池中的溶解碳还原，反应式如下：

$$(FeO) + CO \Longrightarrow [Fe] + CO_2 \qquad \Delta G^{\ominus} = -49371 + 40.17T J \qquad (9-5)$$

$$(FeO) + C_{(固)} \Longrightarrow [Fe] + CO \qquad \Delta G^{\ominus} = 113386 - 127.61T J \qquad (9-6)$$

$$(FeO) + [C] \Longrightarrow [Fe] + CO \qquad \Delta G^{\ominus} = 92048 - 85.77T J \qquad (9-7)$$

从上述的 $\Delta G^{\ominus}$ 与温度的关系式可见，提高反应温度不利于 CO 还原 FeO，却有利于溶解碳和固定碳还原 FeO。1450~1650℃时用 CO 还原纯 FeO，气相中 CO 含量必须大于 80%~85%；同样温度下固体碳或溶解碳还原 FeO 的反应 $\Delta G^{\ominus}$ 负值很大，还原反应热力学条件很好。

9.4.1.2 动力学分析

熔融还原过程中固定碳还原 FeO 如式（9-6）所示，反应物及生成物分别存在于四个相中。大量研究表明，还原的实际过程是通过以下两个反应实现的：

$$(FeO) + CO \Longrightarrow [Fe] + CO_2$$

$$C_{(固)} + CO_2 \Longrightarrow 2CO$$

可见固体碳还原 FeO 的速度主要是受碳的气化反应速度及 CO 还原 FeO 速度的影响。当渣中 FeO 大于 90% 时，还原反应的限制性步骤主要是碳的气化反应速度，而渣中 FeO 小于 20% 时，限速步骤则为 CO 还原 FeO 的传质速度。

溶解碳还原 FeO 的反应（9-7），反应物与产物分别存在于三个相中，实际反应过程也是分步进行的，即：

$$(FeO) \Longrightarrow [Fe] + [O]$$

$$[C] + [O] \Longrightarrow CO$$

FeO 在渣铁界面分解溶入铁液，进入铁液中的 $[O]$ 与溶解碳反应生成 CO。高温下铁液里的碳与氧反应速度极快，产生的 CO 搅动铁渣，增加渣铁的接触面，提高 FeO 分解溶入铁液的速度，因此溶解碳还原 FeO 的动力学条件好于其他还原剂。研究表明，当铁水含碳量低而渣中 FeO 高时，还原反应的限速步骤是铁相中的碳扩散；而铁水含碳量高而渣中 FeO 低时，还原反应的限速步骤是渣中 FeO 的扩散和分解速度，即渣中氧进入铁熔池的速度。

国内外对 CO、固定碳和溶解碳还原渣相 FeO 的反应进行了大量研究，结果表明溶解碳还原渣中 FeO 的速度最快，是固定碳和 CO 还原渣中 FeO 速度的 10~100 倍，是低温（900℃以下）CO 还原固态铁矿石速度的 100~1000 倍。

9.4.2 熔融还原能耗评价

一步熔融还原法将铁矿石直接加入高温熔池，在碳过剩情况下铁氧化物被还原，反应为直接还原反应：

$$Fe_2O_3 + 3C = 2Fe + 3CO \qquad \Delta G^{\ominus} = 493.05kJ$$

反应大量吸热，为满足熔融还原反应过程中的热量平衡，必须送入氧气与碳发生燃烧反应，可表示为：

$$FeO + nC + \frac{n-1}{2}O_2 = Fe + nCO$$

假设反应物 Fe_2O_3、C、O_2 均为常温，反应产物 CO、Fe 为 1900K，令过程 $\Delta G^{\ominus}$ 为零，可解得系数 n 为 17.078，此时求得碳耗量为 1834.7kg/tFe。

为降低碳耗量，可通入氧气燃烧还原生产 CO。为保证金属铁不被氧化，二次燃烧后的平衡气相中 CO_2/CO 值在 1900K 时必须小于 15/85，这时的还原反应式表示为：

$$Fe_2O_3 + (x+y)C + \frac{x+2y-3}{2}O_2 = 2Fe + xCO + yCO_2$$

式中，x、y 分别为反应中生成 CO 和 CO_2 的数量。设反应物为常温，生成物 1900K，y/x 为 15/85，令过程 $\Delta G^{\ominus}$ 为零时可解得 $(x+y)$ 为 10.319，过程的耗碳量为 1109kg/t Fe。

计算表明，当 CO 的二次燃烧率低于 15%，又不回收高温煤气的物理热时，一步还原法的理论耗碳太高，两步熔融还原是由预还原和终还原两段构成，总耗碳量取决于耗碳较大的阶段。

如果预还原段只将铁矿石中的 Fe_2O_3 还原为 FeO 及把矿石预热到 1000K，对于转炉型终还原装置的终还原反应可表示为：

$$FeO + (x+y)C + \frac{x+2y-1}{2}O_2 = Fe + xCO + yCO_2$$

设反应物 C 和 O_2 为室温，FeO 为 1000K，产物为 1900K，y/x 为 15/85，根据热平衡可求得式中 $(x+y)$ 为 3.275，碳耗为 704kg/tFe。

对于竖炉型终还原装置，入炉碳可由还原气体加热到产物的温度，氧气用热风炉预热，而竖炉内的 CO 二次燃烧率为零，还原产生的煤气为 100% 的 CO。因此，竖炉型装置的终还原过程可用式（9-8）表示。

$$FeO + nC + \frac{n-1}{2}O_2 = Fe + nCO \qquad (9-8)$$

取反应物 FeO 为 1000K，C 为 1900K，O_2 为 1300K，产物为 1900K，通过热平衡可求得 n 为 3.065，碳耗为 659kg/tFe。

由于矿石的间接还原是放热反应，上边求得的终还原高温煤气显然可以满足预还原段的化学平衡及热平衡需要，因此过程总耗碳量取决于终还原。

如果预还原段能将矿石全部还原成金属铁并预热到 1000K，此时终还原只需将还原铁熔化，对转炉型反应式可表示为：

$$Fe_{(固)} + (x+y)C + \frac{x+2y}{2}O_2 = Fe_{(液)} + xCO + yCO_2$$

取反应物 $Fe_{(固)}$ 为 1000K，C、CO_2 为室温，产物为 1900K，y/x 为 15/85，通过热平衡可求得 $(x+y)$ 为 0.5624，碳耗为 121kg/tFe。

对竖炉型装置反应可表示为：

$$Fe_{(固)} + nC + \frac{n}{2}O_2 = Fe_{(液)} + nCO$$

取反应物 $Fe_{(固)}$ 为 1000K，C 为 1900K，O_2 为 1300K，产物为 1900K，通过热平衡可求得 n 为 0.4995，碳耗为 107kg/tFe。

预还原段 Fe_2O_3 还原到 FeO 的化学平衡与热平衡是容易达到的，因此预还原段碳耗量可根据以下式算出：

$$FeO + nC = Fe + (n-1)CO + CO_2$$

为求得式中系数 n，应先求出反应平衡的 CO_2/CO 的值。通过下式可求得 CO_2/CO 的平衡值：

$$FeO_{(固)} + CO = Fe_{(固)} + CO_2 \qquad \Delta G^\ominus = -194561 + 21.338T \text{ J}$$

取预还原温度为 1200K，则 CO_2/CO 为 0.5398。于是可求得 n 为 2.8525，碳耗为 613kg/tFe。预还原碳耗大于终还原，这时过程总碳耗取决于预还原过程。

以上分析表明，在两步熔融还原工艺中，在预还原段矿石金属化率达到 100% 或为零时都不能取得最低碳耗，可见两步熔融还原法作业中存在一个最佳的预还原矿石的金属化率值。

令 η_{MFe} 表示预还原过程矿石达到的金属化率，二步法的最低碳耗及最佳金属化率可以通过如下方式求得：

(1) 转炉型终还原装置

若终还原段反应物 $Fe_{(固)}$ 和 FeO 为 1000K，C 和 O_2 为室温，产物为 900K，CO_2/CO 为 15/85，则终还原装置反应式为：

$$\eta_{MFe}Fe_{(固)} + (1 - \eta_{MFe})FeO + (x+y)C + \frac{x+2y-1+\eta_{MFe}}{2}O_2 = Fe_{(液)} + xCO_2 + xCO + yCO_2$$

预还原段反应物与产物均为 1200K，CO_2/CO 为 0.5839。根据终还原段热平衡及预还原段化学平衡，可求得最佳金属化率 η_{MFe} 为 42.5%，碳耗为 456kg/tFe。预还原反应式为：

$$\eta_{MFe}FeO + xCO = \eta_{MFe}Fe_{(固)} + (x - \eta_{MFe})CO + \eta_{MFe}CO_2$$

(2) 竖炉型终还原装置

若终还原段反应物为 $Fe_{(固)}$ 和 FeO 为 1000K，C 为 1900K，O_2 为 1300K，产物为 1900K，则竖炉终还原反应式可表示为：

$$\eta_{MFe}Fe_{(固)} + (1 - \eta_{MFe})FeO + xC + \frac{x-1+\eta_{MFe}}{2}O_2 = Fe_{(液)} + xCO$$

预还原段反应物与产物均为 1200K，CO_2/CO 为 0.5398，这时反应式可表示为：

$$\eta_{MFe}FeO + xCO = \eta_{MFe}Fe_{(固)} + (x - \eta_{MFe})CO + \eta_{MFe}CO_2$$

通过终还原段热平衡及预还原化学平衡，可得最佳金属化率 η_{MFe} 为 56.57%，碳耗为 347kg/tFe。

理论耗碳分析表明，二步法能耗明显低于一步法。

以上讨论的碳耗及能耗是按纯碳还原纯铁氧化物，且无热损失的过程。根据实际情况，考虑到矿石、脉石同灰分造渣一级过程的热损失，实际系统需要煤量将增加20%～50%。

9.5 熔融还原的现状

熔融还原的现状总结如下：

（1）在熔融还原法的发展过程中广泛地采用了近年来发展起来的许多新技术和边缘技术，例如喷射冶金、复合吹炼、等离子冶金、快速流化床、煤的气化技术、直流电弧炉、高温氧气喷嘴、铁水预处理和钢水炉外精炼等。这些新技术的应用使熔融还原法能以在很大程度上改变传统的冶炼工艺。

（2）迄今文献报道的熔融还原法有 40 多种。但从总体看，多数熔融还原法现在仍处于试验研究和发展阶段，只有少数方法已通过半工业试验，向年产 10～30 万吨的工业生产规模发展。

（3）熔融还原种类较多，各种方法也都有其特定的历史条件。根据熔融还原技术发展历史，按工艺步骤、原料特征、供能方式、预还原和终还原选用装置的类型等可归纳为一步法和二步法，见表 9－1。

表 9－1　熔融还原一步法与二步法

冶炼工艺步骤	原料特征	供能方式	预还原装置	终还原装置
一步法	粉矿	电—煤	竖炉	竖炉型
二步法	块矿（烧结矿、球团）	氧—煤	流化床	转炉型、电炉型

熔融还原技术开发初期，曾试图在一个反应器内完成全部冶炼过程，即一步法。一步法工艺和设备较简单，投资也省。但由于它要求在高温下，在同一反应区域内同时完成，客观上难以实现，其结果能量利用不好，炉衬损耗严重，生产效率也低。后来在一步法的基础上发展为二步法，这样既改善了能量利用，又能优化冶炼操作，也解脱了高炉炼铁中软熔带的约束，有利于高密度能量的使用。

对细矿粉矿原料，利用其表面积大，传热性质好，反应速度快，有利于冶炼过程强化的优势，故目前许多熔融还原法多采用流化床粉矿预还原作业。

当前各种还原法分别用电—煤、氧—煤作能源，为冶炼过程提供高密度能量。所以适合于电力资源丰富、电价低的国家和地区。

终还原装置既要技术上先进，又要成熟和可靠。转炉型终还原装置的优点是反应速度快，效率高。但该装置难以提高利用率，实现喷枪和炉衬的长寿。竖炉型终还原装置具有高炉作业稳定、长寿的技术优点，但在提高能量密度，加速冶炼反应速度方面还有待改进。

为了达到工业化生产水平，熔融还原新工艺尚有以下课题需待进一步的研究解决：

（1）耐火材料的寿命问题，以及煤、氧枪的寿命问题；

（2）预还原炉和终还原炉的连接和同步技术，固体预还原料的输送技术；

（3）高温煤气除尘问题，如何回收和有效利用煤气以降低过程的能耗；

（4）控制还原气的含尘量和直接利用热还原气的技术；

（5）原料、还原剂、氧气等的计量和定量供应技术；

（6）高压装置，高温热交换器，高转换效率的发电系统的研究；

（7）铁水成分的控制技术。

思 考 题

1. 简述熔融还原法的发展过程。
2. 简述熔融还原法的原理。
3. 论述熔融还原法分类及特点。

参 考 文 献

[1] 杨天钧，刘述临. 熔融还原技术 [M]. 北京：冶金工业出版社，1991.

[2] 杨天钧，黄典冰，孔令坛. 熔融还原 [M]. 北京：冶金工业出版社，1998.

[3] 史占彪. 非高炉炼铁学 [M]. 沈阳：东北工学院出版社，1990.

[4] 秦民生. 非高炉炼铁 [M]. 北京：冶金工业出版社，1998.

[5] 方觉. 非高炉炼铁工艺与理论 [M]. 北京：冶金工业出版社，2002.

[6] 张绍贤，强文华，李前明. FINEX 熔融还原炼铁技术 [J]. 炼铁，2005，24(4)：49~52.

10　熔融还原法主要工艺

10.1　等离子体熔融还原法

等离子体熔融还原法（PLASMASMELT）是以等离子体作为热源的熔融还原炼铁方法。1980～1981年，瑞典的SKF公司将一座年产2.5万吨海绵铁的维伯尔直接还原法的装置改造为PLASMARED（等离子体还原）装置，用等离子体作为热源生产直接还原铁在工业上得到实现。开始使用的还原剂是液化石油气，1982年改造后可使用水煤浆。与此同时，其他等离子体熔融还原法也在不少国家得到试验和开发。

10.1.1　等离子体加热原理

等离子是固态、液态和气态之外的物质第4态，是分布于中性粒子气体中的电子与离子的混合物，本身电性中和，可导电。等离子体是用直流或交流电在两个或更多个电极间放电获得的。用高频电场放电也可获得功率不大的等离子体。气体电离成电子和离子时吸收电能，而当其复合时则放出热能。它是一种新的电热能源，从冶金工程用大功率发生器看，可以说是一种气体电弧。等离子体电热转换所用的装置是等离子发生器，其原理如图10-1所示。

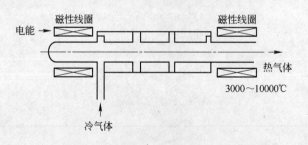

图10-1　等离子体电热转换原理

10.1.2　冶炼特点

采用等离子体冶炼具有以下特征：

（1）能量高度集中。冶金用等离子体的熔值常在12000～45000kJ/m³，其能量集中程度远高于高炉热风，故可产生高温。常规工业加热，温度达到2000℃已近极限，而在等离子火炬中，温度可达很高，例如4000℃。

（2）氧势可调。等离子体加热，可以采用不同的等离子体工作气体或工艺气体，工作气氛的氧势随工作气体发生变化，因此采用不同的工作气体，就可达到调整氧势的目的。如采用H_2、CO形成还原性火焰，采用Ar_2、N_2形成中性火焰，而采用空气或O_2，即形成氧化性火焰。

（3）有较高的电热转换效率和可控性能。常用等离子体发生器用直流电，因此功率因数高，网络损失小，传热过程不仅依靠辐射也依靠高速气体的对流，电热效率较高。这一电能转换系统易于调整参数，稳定的电弧设备也比较简单。

10.1.3 冶炼工艺

熔融还原炼铁工艺实际上是以煤粉为主要能源。有效地以煤作为热源和还原剂只有两条出路，即采用氧煤强化法或电煤强化法。采用等离子体加热可将电能有效地转变为热能，加速煤的燃烧和气化，从而将等离子体技术用于铁矿石的直接还原和熔融还原工艺是可行的。SKF 公司的等离子熔融还原技术有 PLASMARED、PLASMASMELT、PLASMADUST 和 PLASMACHROME 等 4 种工艺。

PLASMARED 工艺——此工艺中，等离子发生器安装在等离子气化炉上，用于煤制气过程。煤或其他燃料与氧化剂（例如水或氧气）反应，生成直接还原气，主要成分为 H_2 和 CO。高温还原气经脱硫装置，用白云石脱硫后提供给竖炉直接还原使用。气化炉内煤气化所需热量大部分依靠碳氧燃烧反应放热，少部分由等离子发生器供给，以维持适当的气化温度，从而保证完全气化，并很好地控制还原气的质量和炉渣温度。同时，为使煤气化过程中不生成炭黑，必须添加一些水蒸气作为氧化剂和改善还原气质量。所需的额外热量很容易由等离子发生器提供。等离子体产生的高温，保证煤气化过程中灰分的熔化，形成的液态渣能顺利从气化炉中排出。采用等离子发生器使气化反应速度显著加快，并能更好地控制气化反应和成渣反应。从理论上说该方法对煤的等级、灰分含量和灰分熔化温度没有限制。粗煤气中的 CO_2 和 H_2O 在焦炭填充床气化炉中与碳反应，降低煤气的氧化度，不生成炭黑。还原气离开气化炉炉顶时的温度约为 950℃，CO_2 含量不高于 3%。

工艺所用含铁料为块矿、球团矿。产品为直接还原铁，金属化率 93%，含碳量保持在 1.5%，焦炭或木炭耗量通常为供给的总碳量的 7% ~ 10%。耗电量低于气化炉总输入能量的 20%，工艺总能耗 8.8GJ/t。等离子发生器装置功率 6MW，效率可保持在 86% ~ 90%，电极寿命超过 400h。

PLASMASMELT 工艺——此工艺以两级流化床为预还原装置，焦炭填充床竖炉为终还原装置。精矿或矿粉在两级流化床中进行预还原，所用的还原气来自终还原炉。矿石的终还原、熔化和渣铁分离在焦炭填充床中完成，产品为铁水。矿石进入预还原之前，采用流化床进行预热、干燥。预还原两级流化床彼此重叠布置，含铁原料是磁铁精矿或赤铁精矿，还原气成分为：68% CO、29% H_2 以及少量的其他气体。根据铁矿粒度和还原性，预还原装置的处理能力为 700 ~ 1200kg/h，铁矿的粒度最大可达 2mm。还原度通常为 50% ~ 60%（相当于金属化率 25% ~ 40%），由于还原度较低，流化床操作比较简单。预还原炉料与煤粉一起被吹进装满焦炭的、装备有等离子发生器的竖炉。终还原在焦炭填充床中进行，渣铁熔化、分离，出渣出铁与高炉相似。终还原产生的煤气送到流化床供预还原使用。

在装备有一套 1.5MW 等离子发生器的中间试验装置上进行了多次试验，证明该法的技术可行性。特别是对该法的熔融还原部分（装备等离子发生器的竖炉）已进行了充分研究。与高炉炼铁相比，该工艺可以在电价不高地区（如瑞典）经济地进行较小规模的生产。

PLASMADUST 工艺——该方法是 PLASMASMELT 工艺终还原部分的变型，用于从各种氧化物废料（例如集尘器粉尘）中回收金属。细粒状的氧化物废料与煤粉一起用工作气体喷入焦炭填充床竖炉，该竖炉装备有等离子发生器，设备工作原理与 PLASMASMELT 法基本相同。用该方法处理有色金属废料具有很高的回收率。这些金属的氧化物在充满焦炭的竖炉里被还原，还原出的金属挥发并随煤气一起从竖炉炉顶排出，然后这些金属在炉外用一个常规的冷凝器收集起来。用含有大量锌、铅氧化物作为原料冶炼时，其锌、铅和铁的回收率可达 96%。处理冶炼不锈钢的炉尘时，生产的合金铁水几乎全部回收了炉尘中的铬、镍和铜。

PLASMACHROME 工艺——该方法也属 PLASMASMELT 工艺终还原部分的变型，生产铬铁。把铬精矿或矿粉与煤粉一起直接吹进竖炉进行熔融还原，制得高碳铬铁或含铬料。该方法冶炼铬铁有 3 个优点：（1）直接使用铬精矿或粉矿冶炼而不经过造块，可以显著降低成本；（2）以煤代替冶金焦作为主要的还原剂；（3）冶炼过程控制比较简单。

10.2 COREX 法

COREX 工艺演化了高炉炼铁技术，将高炉从概念的软熔带部分截分为两部分，如图 10-2 所示。一部分利用成熟的高炉长寿炉缸技术（包括焦炭床和炭砖结合冷却壁技术）构造成了造气煤炭流化床，即熔融气化炉；而另一部分借鉴了成熟的大型 MIDREX 气基还原技术，构造成了预还原竖炉，使用块煤和块矿炼铁，成功地实现了工业化生产。

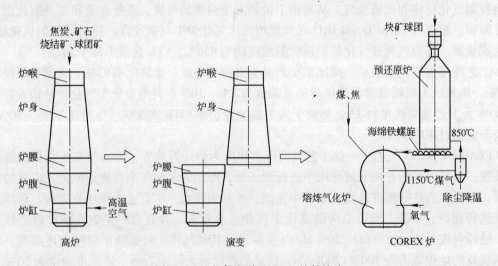

图 10-2 由高炉到 COREX 炉的演变

COREX 的基本工艺流程为：块矿、烧结矿、球团矿或这些原料的块状混合物，通过一个封闭漏斗系统装入到预还原竖炉中，在原料下行的过程中，被逆向流动的还原气体还原成金属化率约 80% ~ 90% 的直接还原铁（DRI）。螺旋卸料器将 DRI 从预还原竖炉中传送到熔融气化炉中，进行终还原和熔化，像普通高炉的操作一样，进行出铁和出渣。

根据含铁原料预还原的程度不同，熔融还原炼铁工艺可分为一步法和二步法两类。一步法是将含铁原料先熔化然后还原，早期的熔炼发明专利大多数为一步法，因为它流程短、投资少，可以处理高磷铁矿。一步法遇到两个困难，一是熔融氧化铁的腐蚀性极强，可使任何耐火材料迅速腐蚀成炉渣，炉衬寿命很短，生产普通铁水不经济；二是熔融氧化铁碳热还原产生大量含一氧化碳很高的高温煤气，其能量无法有效回用于炼铁，吨铁煤耗达 3000kg，煤气净化后利用的热效率不高。如果将高温煤气在炉内部分二次燃烧，煤耗可以降低一些，但由于煤气在炉内二次燃烧氧化反应与熔融氧化铁碳热还原反应在一个反应器内同时进行，渣中氧化铁较高使炉衬侵蚀加快，铁的回收率也大大降低，使炼铁成本上升。二步法利用熔融氧化铁碳热还原产生的含大量一氧化碳的高温煤气，将含铁原料预还原成金属化率较高的海绵铁（DRI），然后 DRI 在熔融还原炉中完成终还原和渣铁分离，有效地解决了一步法遇到的两个难题，COREX 是典型的二步法熔融还原炼铁工艺，此外还有 FASTMELT、REDSMELT、nNEX 等。目前还在试验的一步法熔融还原炼铁工艺有澳大利亚研制的 HISMELT、AUSMELT、俄罗斯的 ROMELT、欧洲的 CCF 等。

熔融还原炼铁新工艺经过人们数十年研究开发，目前仅有 COREX 实现了工业化生产，现在全世界有 4 座 COREX C2000 型设备生产。COREX 开停炉容易，特别适合与电炉或转电炉短流程钢厂配套。COREX 炼铁工艺的主要特点是除了生产铁水外，每吨铁还产出 1750m³、热值 8371kJ/m³、含二氧化硫很低的洁净煤气，产出的大量 COREX 煤气可以梯级循环利用，如，可以供氧化球团厂作燃料以铁精矿粉为原料生产氧化球团自用；其输出煤气可以供 MIDREX 竖炉生产直接还原铁 DRI，代替废钢供电炉使用；MIDREX 竖炉使用后输出的一部分煤气可供钢铁厂自用作加热燃料；大量 MIDREX 使用后输出的煤气可以用于自备电厂发电供给制氧和炼钢；COREX 煤气联合梯级循环利用工艺使 COREX 生产成型 30 万吨/年提高到 C2000 型的 80 万吨/年，印度 Jindal 钢铁厂已有几个月达到过月产 7.83 万吨铁水，已超过设计产能 20%。已设计出的 C3000 型 COREX 产能可达 120～140 万吨/年（炉缸直径由 7.5m 扩大到 8.7m）。只要按需要的产能进行设计（炉子直径、供氧能力）单台 COREX 炉产铁能力就可达到 140 万吨/年，COREX-MIDREX 炼铁流程的产值/投资率、单位产品的成本和经济效益都已可以与高炉—转炉流程媲美。

经过多年的论证，我国宝钢率先引进了 2 套 COREX 技术和设备，其中 1 台于 2007 年 11 月投产。从韩国浦项、我国宝钢 COREX 投产运行的情况看，尽管该工艺能连续稳定生产，但也暴露了一些问题。COREX 演化了高炉炼铁技术，取得了商业成功，但同时也继承了高炉炼铁的一些缺点：

（1）从炼铁工艺上讲，COREX 是典型的炉床法炼铁工艺，与高炉相比，COREX 更多地依靠间接还原，间接还原度越高，工艺进行得越容易，因此无法摆脱料柱透气性问题的困扰。

（2）为保证竖式预还原炉料柱的透气性，必须使用块矿、烧结矿、球团矿或这些原料的块状混合物，因此必须配有造块设备。而且对入炉块状原料的理化性能有很高的要求，从而提高了原料成本，使铁水成本升高。

（3）COREX 的实践证明，要依靠焦炭床来保护炉缸，稳定生产，就无法摆脱对焦炭的依赖（焦比大于 10%～20%），尤其是大型化后（如宝钢 C-3000），焦比会超过 200kg/t。

（4）从熔融气化炉抽出的高温煤气经净化后，从高于 1100℃ 降到 800～850℃，温度损失了 250℃ 左右，而且这个损失是无法弥补的，因此热效率比不上高炉。

（5）虽然使用了全氧冶炼，但按炉缸面积计算的生产率仅为高炉的 70%～90%。

（6）竖炉预还原炉料的金属化率波动大。

（7）操作影响因素多，在炉体中部的高温区使用了很多排料布料活动部件，使设备维修成本及热损失增加，个别设备还不够成熟，设备利用率降低，工厂设备压力加大。

（8）在高炉冶炼条件下，采用富氧喷吹有一定的限度，传统高炉更不能采用全氧冶炼。COREX 工艺虽然采用全氧冶炼，但其生产率并不高，根本原因在于，虽然全氧熔炼速率很快，但受到上部竖炉铁矿还原速率的限制，对于一定产能的 COREX 熔融还原工艺，要求下部熔融气化炉的操作必须与上部的竖炉铁矿还原情况相匹配，才能达到较好的综合技术经济指标。

尽管 COREX 工艺还原存在着一些不足，甚至有些冶金专家称其为"半截子"革命，但毕竟 COREX 法是目前世界上唯一大规模经济运行的熔融还原炼铁生产装置，因此是容易受到冶金界青睐的清洁炼铁技术。

COREX 法（原名 KR 法）是由原联邦德国的科夫（KORF）公司和奥地利的奥钢（VOEST-ALPINE）联合开发。该流程采用煤炭流化床和竖炉还原方案。实验室研究工作在 1977～1978 年间完成。1981 年在德国建成年产 6 万吨规模的中间实验厂。1981～1987 年间在实验厂进行了完整的工业实验研究。1987 年，第一座年产 30 万吨生铁的工业化 COREX 装置 C1000 在南非 ISCOR 公司建成并试车。试车期间发生熔炼炉外壳烧穿事件被迫停炉，于 1988 年 8 月修炉后重新投产，1990 年起开始正常运行，很快达到并超过设计能力。该工程完成后，随即推出了年产 70 万吨的 C2000 系列并在韩国浦项、韩宝、南非 SALDANHA 和印度 JINDAL 等公司兴建了一系列 C2000 生产厂。这些工程的相继投产表明 COREX 流程已经完成了工业化进程并已经逐步成熟。

COREX 法是一种经济的生产铁水的方法。该方法省去了炼焦，减少了空气污染，可使用多种煤作为还原剂和燃料，取代了焦炭。而且，COREX 法可使用不同的含铁原料，如块矿、烧结矿及球团矿。除生产铁水之外，COREX 法还可生产洁净的、可利用的、具有中等发热值的燃烧气体。

10.2.1　工艺流程

COREX 熔融还原铁过程在两个不同的容器中完成。这两个容器分别是上部的预还原竖炉和下部的熔融气化炉。COREX 已形成不同规模的系列设计。常见的是 C2000，设计能力是年产 70 万吨铁水。第一座商业化的 COREX 装置是 C1000，设计能力是年产 30 万吨铁水。现在已有更大规模的设计 C3000 出现，设计能力已达年产 150 万吨铁水。COREX 工艺流程如图 10-3 所示。

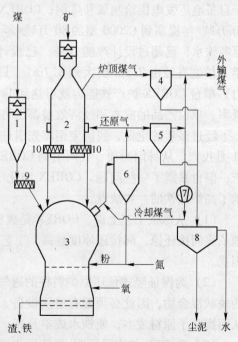

图 10-3　COREX 工艺流程

1—加煤料斗；2—还原竖炉；3—熔融气化炉；
4—炉顶煤气清洗；5—冷却煤气清洗；
6—热旋风除尘器；7—煤气加压泵；
8—沉淀池；9—熔炼煤螺旋；10—海绵铁螺旋

COREX 流程可使用天然块矿、球团矿和烧结矿等块状原料。燃料为非焦煤。熔剂主要采用石灰石和白云石。原燃烧备料系统处理后，分别装入矿仓、煤仓和辅料仓，等待上料。

COREX 工艺的铁矿石预还原竖炉是一个活塞式反应容器，采用高架式布置，位于熔融气化炉上面。矿石和部分熔剂按料批从上部装入还原竖炉，在下降运动中完成预热和还原过程，控制设在竖炉底部的螺旋排料器向下移动的速度。热还原煤气从竖炉下部输入，矿石被煤气加热并发生还原反应。经过 6~8h 降至竖炉底部的矿石已被还原成金属化率大于 90% 的海绵铁，然后经螺旋排料器送入下方的熔融气化炉。

COREX 的熔融气化炉是一个气—固—液多相复杂的炼铁移动床反应容器，也可视为一个煤炭流化床。上部为扩大的半球形，下部为圆柱形。它有两个作用：产生还原竖炉需要的还原气，将海绵铁熔炼成生铁。煤炭流化床的燃料是非焦煤，由速度可控的螺旋给料器从密封加煤料斗加入炉内，与温度 1100℃ 以上的还原气接触，在向下移动过程中被干燥和热解，脱除挥发分，逐步成为半焦直至焦炭。在熔融气化炉的底部形成一个类似高炉的死料柱。由均匀分布于炉缸周围的 26 个风口氧枪吹入工业纯氧，氧与煤在风口区燃烧产生 2000℃ 以上高温，使海绵铁进一步还原、熔化、渗碳。随铁矿石一起加入竖炉的熔剂石灰石、白云石，在下降过程中被加热分解，并在熔融气化炉中进一步分解、造渣、脱硫。渣铁流至炉缸底部，最后从铁口排出。燃烧和气化过程形成的煤气自炉顶连续排出，进入煤气处理系统。

COREX 煤气处理系统较复杂，它主要由煤炭流化床炉顶煤气热除尘、清洗冷却和还原竖炉炉顶煤气清洗三个部分组成。

供氧系统主要由制氧机、管道、围管、风口和氧枪组成。氧气经围管自风口吹入煤炭流化床，参加炉内煤炭的燃烧反应，放出热量，形成煤气。

在熔融气化炉中形成的煤气自炉顶排出时温度在 1100℃ 以上，含有 95% （CO + H_2），1% CH_4，还有 N_2 等。混入 20% 净化冷煤气，使煤气温度降至 900℃ 左右，通入一个热旋风除尘器进行粗除尘。将含尘量从 $100~200g/m^3$ 降至 $20g/m^3$ 左右，粗除尘收得的粉尘用高压氮气重新吹入熔融气化炉回收利用。为了调节炉顶温度，可使用少量氧气烧掉粉尘中的可燃物。半净煤气分为两路，一路作为还原气送往还原竖炉，还原气入炉温度在 850℃ 左右，温度可通过兑入的冷却煤气量进行调节；另一路经进一步清洗形成冷却煤气，冷却煤气的一部分经过加压后返回炉顶煤气管道，降低煤气温度，冷却煤气的过剩部分则向外输送给煤气用户。还原气进入竖炉后向上流动，对矿石进行还原，然后自竖炉炉顶排出。经过清洗的竖炉炉顶煤气与过剩冷却煤气一起作为外输煤气输给用户。

COREX 渣铁处理与高炉类似。熔融气化炉不设渣口，渣铁分离后铁水装入铁水罐，由罐车运走，炉渣则流入渣坑。

COREX 冷却系统主要针对煤炭流化床。冷却形式分为三种：风口采用冷却套水冷，煤炭流化床中部采用冷却壁，下部采用喷水冷却。

COREX 在煤的干燥、煤的运输、矿仓和煤仓四个多尘点设有专门的除尘系统，以净化空气和回收粉尘。

10.2.2 原料

COREX C1000、C2000 装置生产实践表明，为使炉况稳定、顺利，达到高产、低耗，加入炉内熔炼的原料、燃料都应有一定的物化性能要求。

10.2.2.1 铁矿石

COREX 工艺可用块矿，球团矿或者两者的混合矿作为原料，其主要物化性能要求见表 10 - 1。

表 10 - 1 COREX 工艺对铁矿石的主要物化性能要求

原料名称	TFe/%		粒度/mm		
	允许	选优	允许	选优	(< 6mm)
球团矿	≥58	62 ~ 66	6 ~ 30	8 ~ 16	< 5
块矿	≥55	62 ~ 66	6 ~ 30	8 ~ 20	< 5

COREX 还原竖炉类似于高炉中上部。因此对矿石的质量要求与高炉相似，可使用块矿，球团矿等块状含铁料。

COREX 还原竖炉要求料柱有良好的透气性，以降低炉内压力降，利于气流分布，所以控制入炉原料粒度在 6 ~ 30mm，最好为 8 ~ 20mm。

还原过程中，矿石会产生破裂和磨损。所以，在矿石入炉前应测试矿石的还原性、破裂性和还原后的强度，以选择还原后强度好的矿石入炉。对矿石化学成分的要求主要是铁品位、自然碱度和有害元素含量。矿石应具有较高品位。使用高品位铁矿石可获得较低的能耗和较高的利用系数。COREX 工艺要求矿石的铁含量：块矿大于 55%，球团矿大于 58%。

一般的天然矿都呈酸性，冶炼时需配入碱性熔剂造渣。而且煤的灰分也呈酸性，所以要求矿石的碱度越高越好。矿石中的 TiO_2 的含量应加以限制，以免炉渣黏度升高。

矿石中的有害元素主要是指 P、S、F、Pb、Zn、As、K、Na 等。这些有害元素会给冶炼本身或钢材质量带来很大的危害，因此应严格控制这些有害元素的含量。

表 10 - 2 是 ISCOR 公司和 POSCO 公司的 COREX 炉使用的铁矿石种类与化学成分。

表 10 - 2 COREX 工艺的铁矿石种类与化学成分

名 称	ISCOR 公司			POSCO 公司			
	Thabaimbi 块矿	Siabco 块矿	CVRD 块矿	Newman 块矿	Algarrobo 块矿	CVRD 球团	Peru 球团
Fe	62.9	66.0	64.22	64.3	65.2	65.75	65.50
SiO_2	5.2	2.8	2.9	3.04	2.1	2.52	2.60
Al_2O_3	0.8	1.0	0.6	1.04	0.53	0.56	0.47
CaO	0.9	0.2	3.9	1.3	2.63	2.5	0.47
MgO	0.5	0.1	0.3	0.11	0.05	0.04	0.82
K_2O	0.09	0.13	0.01	<0.02	<0.02	<0.02	0.1
P	0.05	0.04	0.03	0.06	0.02	0.03	0.008
S	0.01	0.03	0.01	0.007	0.006	0.01	0.007

10. 2. 2. 2 熔剂

为了造渣和脱硫，矿石和煤炭中需要配入一定比例的熔剂。熔剂的种类和配加的比例取决于矿石成分，煤比及煤炭灰分含量与成分，一般以石灰石和白云石为主。熔剂的一部分与矿石一起加入竖炉，另一部分与煤一起加入熔融气化炉。当渣中 Al_2O_3 过高时还应配入硅石（SiO_2），以降低炉渣含铝量。

10. 2. 2. 3 熔炼造气煤

COREX 工艺可使用范围很广的非炼焦煤，评估煤质的主要指标包括挥发分，固定碳和灰分。其要求列于表 10 - 3。

表 10 - 3　COREX 工艺用煤质量要求

项　目	普通值	优选值	项　目		普通值	优选值
固定碳	>55	60 ~ 75	水分	干燥前	<12	5 ~ 10
挥发分	<35	20 ~ 30		干燥后	<5	3 ~ 5
灰分	<25	5 ~ 12	粒度/mm		0 ~ 50	8 ~ 50
硫	<1	0. 4 ~ 0. 6				

煤的挥发分对 COREX 工艺的影响很大。煤的挥发分是决定其气化温度的首要参数，而足够的气化温度则是保证熔炼气化顺利进行的必要条件。其次是煤的灰分含量。过高的灰分使煤的发热值严重降低，从而导致煤炭流化床中的热量不足。虽然 COREX 工艺对煤的含碳量要求不高，但含碳量也不能太低，否则会影响气化炉内的温度。

图 10 - 4 所示为 COREX 熔炼气化煤的可用范围。纵坐标是煤的灰分含量，横坐标是煤的挥发分含量，全图可分为三个区域。

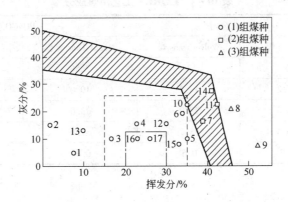

图 10 - 4　根据灰分和挥发分对 COREX 熔炼煤的分类

1—无烟煤；2—干馏气煤；3—弗吉尼亚煤；4—澳大利亚煤；5—沥青煤；6—南非煤；7—高灰美国煤；
8—印度煤；9—气煤；10—巴西煤（CMSC）；11—巴西煤；12—大同煤；13—阳泉煤；14—梅河口煤；
15—神府煤；16—50% 神府煤 +50% 阳泉煤；17—40% 神府煤 +30% 阳泉煤 +30% 大同煤

处于阴影区左边的煤种灰分和挥发分含量较低，属于（1）组，可直接应用于 COREX 工艺，在图中用 "○" 标出；处于阴影区中的煤种属于（2）组，在图中用 "□" 标出；根据计算机现有模拟计算结果，这些煤种可作为 COREX 熔炼造气煤，但是还未经证实；阴影区右边的煤种则不能单独使用或直接使用，属于（3）组，在图中用"△"标出。

图 10 - 4 中标出了国外几个代表性煤种所处的位置，其中包括了无烟煤、烟煤和褐煤。由此可见，COREX 熔炼造气煤的选择范围是很宽的。一般要求熔炼造气煤种的挥发分应在 15% ~ 36%，灰分小于 25%，这一范围相当于图 10 - 4 虚线围成的区域。最佳的熔炼煤灰分在 12% 以下，挥发分介于 20% ~ 30%，即图 10 - 4 点划线围成的区域。

我国的非焦煤资源丰富，位于可用范围的煤种很多，搭配出最佳煤种比较容易。事实上，图 10 - 4 中最佳区域仅有的两个煤种是使用我国的大储量煤种通过配煤的手段得到的。

由图 10 - 4 可以看出，熔炼煤对灰分的限制较宽，低挥发分煤种的灰分可高达 30% 以上，而理论上可用的最高灰分则直至 50%。

COREX 对入炉煤的水分有一定要求。一般当水分低于 8% 时，允许直接入炉使用。水分过高时，应预先进行干燥处理，干燥后水分可控制在 3% ~ 6%，最好低于 5%。

煤中硫过高时会影响铁水质量，增加脱硫负担，使生产水平降低。熔炼煤中全硫不得高于 1.5%，最好低于 0.6%。

COREX 熔融气化炉对熔炼煤的粒度有较高的适应能力，一般仅将上限控制到低于 50mm 即可满足要求。但是，如果入炉粉煤过多也会给生产带来问题。熔炼煤中小粒度部分容易在流化床中形成夹带，产生短路现象，即粉末入炉后来不及在流化床中完成气化反应就直接被吹入热旋风除尘，严重时会导致流化床拱顶温度下降以及热旋风除尘器和煤气管道中焦油生产量增加。因此，最好将粒度控制在 4 ~ 10mm，同时保证不小于 10mm 的部分不低于 20%。

表 10 - 4 列出了目前部分 COREX 工艺使用的煤种成分。

表 10 - 4　COREX 工艺用煤成分　　　　　　　　　　　（%）

项　目	ISCOR 公司		POSCO 公司	
	Delmas 煤	Wolveckrans 煤	Mouni Thorley 煤	South Blackwater 煤
湿分	5	3	2.56	2.69
灰分	15.2	13.3	10.0	9.0
挥发分	28.0	28.0	33.0	26.0
固定碳	56.8	58.7	57.0	65.0
硫	0.7	0.6	0.44	0.45

10.2.3　主要设备

图 10 - 5 所示为德国 KEHL 中试厂和南非 ISCOR 生产厂 COREX 装置的主要尺寸。生产 6 万吨生铁的中试装置中，还原竖炉最大直径 2.2m，最小直径 2m，高 12m。年产 30 万吨工业装置（C1000）的竖炉最大直径 5.5m，最小直径 5m，高 17m。年产 70 万吨的 C2000 装置中，竖炉平均直径 7.5m，高 20m。

COREX 竖炉的海绵铁卸料螺旋是 COREX 的专利之一，该设备是 1980 ~ 1981 年期间设计出来的。C1000、C2000 均使用 6 个海绵铁卸料螺旋。螺旋结构如图 10 - 6 所示。

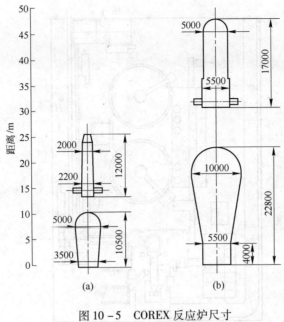

图 10-5 COREX 反应炉尺寸

(a) KEHL 中试装置；(b) ISCOR 生产装置

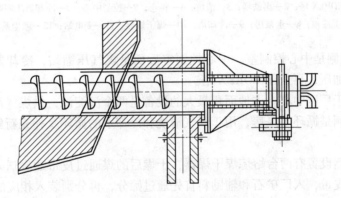

图 10-6 海绵铁卸料螺旋

COREX 平面布置如图 10-7 所示。C1000 全套设施约占地 20100m², 厂区长 170m, 宽 120m。

COREX 生产厂的中心设施是 COREX 塔, 即还原竖炉和熔融气化炉叠加起来的设备。C1000 的 COREX 塔高 108m。其中熔融气化炉高 28m, 竖炉高 20m。熔融气化炉设一个出铁口, 不设渣口。与高炉相比, COREX 不设热风炉, 但煤气系统和原料系统较为复杂, 此外还需要一个制氧厂。

COREX 塔及塔前出铁厂位于厂区前部的中央。备有液压泵、化验室和电梯等附属设施。COREX 塔的右侧是干渣坑和料仓。C1000 厂区占地面积较小, 而塔身则相对较高。因此, 采用垂直提升机分别为竖炉和熔融气化炉上料。料仓与提升机之间用皮带运输机连接。

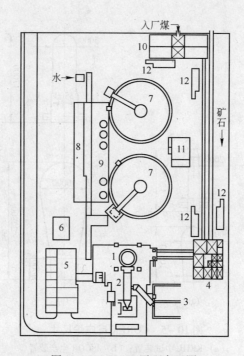

图 10－7　C1000 平面布置图

1—COREX 塔；2—出铁场；3—渣坑；4—料仓；5—控制中心；6—冷却器压缩站；

7—沉淀池；8—水泵房；9—冷却塔；10—煤干燥器；11—变电站；12—除尘系统

　　COREX 塔左侧是中心控制室。中心控制室后面是煤气压缩站，冷却器单元产生的冷却气首先在这里加压，再送往 COREX 塔。

　　煤气系统位于厂区中心。占地面积最大的设备是两个沉淀池，供煤气清洗系统循环水使用。沉淀池左侧是循环水泵房，用于煤气清洗和冷却水的循环及补充新鲜水。紧靠泵房设置一排冷却塔。

　　厂区后部右侧设置有两台熔炼煤干燥器，干燥后的煤通过皮带通廊送入煤仓，在运煤皮带右侧是运矿皮带，入厂矿石和辅助料首先通过筛分，再分别装入相应的料仓。

　　厂区内设置了多个除尘器，分别对煤运送、煤干燥、料仓（装煤和装料）及出铁厂等多尘点进行除尘。

　　C1000 的配套设备可大致分为 8 个部分：还原炉、熔融气化炉、粉尘循环系统、出铁厂、原料系统、煤气系统、供水系统和其他辅助设施。各系统之间的连接情况如图 10－8 所示。

　　图 10－8 中，还原炉顶加料装置由 3 个料斗，其间的 2 个锁定装置和相连的布料器组成。锁定装置采用液压驱动，在加料过程中起到连锁密封作用。完成还原作用的海绵铁通过 6 个水冷螺旋排出竖炉，再通过 6 根下料管加入下边的熔融气化炉。6 个水冷螺旋由 3 套液压装置驱动。

　　竖炉还设有两个取样设备和一套热电偶炉温监视装置。

　　煤炭流化床熔融气化炉的炉顶装置上部是一个受料斗。受料斗下是一个锁定器。锁定器下是一个中间料斗，中间料斗下再接一个锁定器。以上结果与还原炉的加料装置相同。不同点是中间料斗锁定器部有一个带阀门的加煤料斗。加煤料斗下再通过两级螺旋将煤加

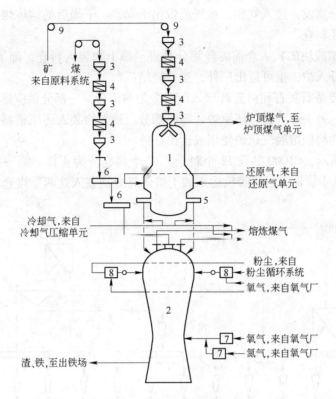

图 10-8　C1000 系统连接图

1—还原炉；2—熔融气化炉；3—料斗；4—锁定器；5—海绵铁螺旋；
6—煤螺旋；7—阀门；8—燃烧器；9—提升机

入熔融气化炉。

　　熔融气化炉设有 20 个水冷氧气风口，各配有一个氧枪。在熔融气化炉的不同部位，根据问题和其他工作条件采用不同材质的炉衬。风口上部煤炭固定床区域采用水冷却壁，风口下部区域采用炉外喷水冷却。为了掌握炉内状况，便于控制，熔融气化炉设有 10 个料位探测管嘴和一组热电偶。

　　热除尘收得的粉尘进入粉尘循环系统。C1000 有两套相同的粉尘循环系统。粉尘先后通过两个锁定舱和阀门由氮气送入循环粉尘烧嘴，再通过烧嘴返回熔融气化炉。根据炉顶温度情况，可通入部分氧气，烧掉一部分或全部粉尘。通过调节氧气量，可将炉顶温度控制在适当水平。

　　C1000 有一个渣铁同出的铁口。与其配套，设置有一个矩形出铁场，出铁场结构与高炉大致相同。炉前备有一台开口机和一台泥炮。渣铁排出后进入主铁沟，铁水经过渣铁分离流入铁沟，再经摆动嘴排出主铁水罐。炉渣与铁水分离后经渣沟排入干渣坑。出铁场备有一台吊车，在铁沟和渣沟处还各自配备一台专用悬臂吊。

　　COREX 原料系统可分为备煤和备矿两个部分。煤炭流化床对熔炼煤的质量要求比较严格。为稳定入炉煤成分，熔炼煤入厂后首先要经过干燥处理，这一点对有效热值偏低的煤种特别重要。为此 C1000 配备了两台熔炼煤干燥器。入场煤分别装入两个 90m³ 的湿煤仓，每个煤仓供应一台干燥器。湿煤自煤仓排入一条称量皮带，称重后经一个溜槽布入干燥器。两台干燥器共用一个热气发生器。在干燥器内，热气穿过湿煤层，使煤层温度升高。湿煤中的水分蒸发，进入气相，被气流带出干燥器。干燥后的熔炼煤经溜槽排出，通过皮带运输机运往料仓。

矿石（球团矿或块矿）入仓前需经筛分处理。筛上物装入料仓，筛下物装入粉矿仓。粉矿视需要可部分入炉，也可运出厂外，送往烧结厂。

辅助料（主要是石灰石和白云石）入厂后分为两部分，一部分供应熔融气化炉，可不经筛分直接入仓；另一部分供应还原炉，需经筛分。筛上物装入还原辅料仓，筛下物装入粉料仓。粉状辅助料供熔融气化炉使用或运出厂外。

如图 10 -9 所示，C1000 共设 12 个料仓。12 个料仓分为 4 排。第一排是两个熔剂为 365m³ 的煤仓。从干燥器通过皮带机运来的干熔炼煤分别装入这两个煤仓。第二排是熔炼

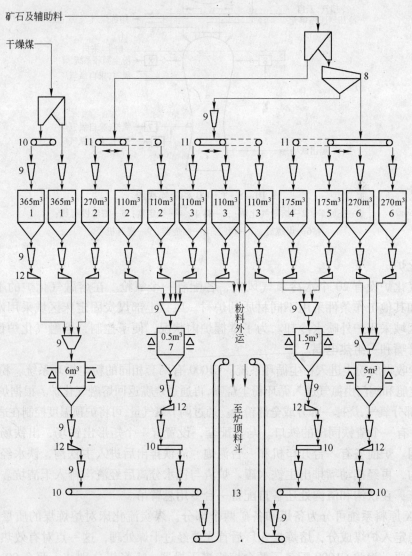

图 10 -9 C1000 原料系统

1—煤仓；2—熔炼辅料仓；3—粉料仓；4—石灰石仓；5—白云石仓；6—矿仓；7—称量料斗；
8—振动筛；9—溜槽；10—皮带机；11—可逆皮带机；12—振动给料机；13—提升机

辅料仓，包括一个270m³的料仓和两个110m³的料仓。供应熔融气化炉的辅助料通过一条可逆皮带分别装入这三个料仓。第三排是粉状料仓，有3个110m³的料仓。3个料仓也用一条可逆皮带联系起来，分别装入粉矿、粉状石灰石和粉状白云石。第四排料仓供应还原炉使用，包括2个各为270m³的矿仓，一个175m³的石灰石仓和一个175m³的白云石仓。4个料仓也由一条可逆皮带分送不同炉料。

COREX上料系统分为两支，一支供熔融气化炉，另一支供还原炉。熔融气化炉上料系统配有两个称量料斗。一个称量料斗容积为60m³，承担两个煤仓和一个270m³辅料仓的炉料称量。另一个称量料斗容积为0.5m³，承担两个110m³辅料仓和两个粉料仓的炉料称量。经过称重的熔融气化炉炉料通过一条皮带运送到COREX塔旁的垂直提升机。垂直提升机再将炉料装入熔融气化炉炉顶受料（受料斗）。

还原炉上料系统也设有两个称量料斗。其中一个5m³的称量料斗用于矿石的称重，包括两个矿仓和一个粉矿仓。另一个1.5m³的称量料斗用于称量石灰石和白云石。经过称重的还原炉料经一条皮带运往COREX塔，再经一台提升机加入还原炉炉顶受料。

COREX煤气系统可大致分为5个单元：还原气单元、冷却气单元、冷却气压缩单元、过剩煤气单元和炉顶煤气单元。各单元之间的关系如图10-10所示。

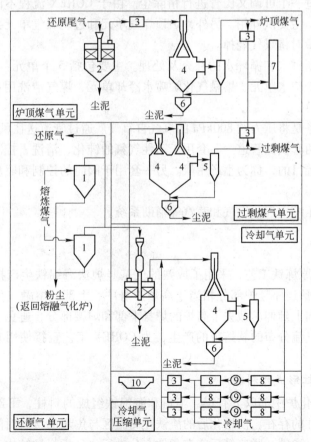

图10-10 COREX煤气系统

1—热旋风除尘器；2—填充式洗涤塔；3—煤气阀；4—可调文氏管；5—脱湿器；6—文氏管泥浆池；
7—过剩煤气燃烧装置；8—消声器；9—煤气加压机；10—吊车

还原气单元组成比较简单。它的原料是自熔融气化炉排出的熔炼煤气（在管道中已经兑入冷却气）。熔炼煤气分两路，分别经一级热旋风除尘、粗除尘后的熔炼煤气即为还原气。大部分还原器被送往还原竖炉。

还原气的过剩部分送往冷却气单元。在冷却气单元中首先通过一个填充式洗涤塔进行半精细除尘。半净煤气分为两路，一路是过剩煤气，通入过剩煤气单元；另一路在冷却气单元内继续进行精除尘。精除尘设备是一个可调式文氏管。自文氏管排出的净煤气再通过一个脱湿器脱去洗涤过程带入的水分，然后送往冷却气压缩单元。文氏管污水（尘泥）排入一个泥浆池，再与洗涤塔尘泥一同送往沉淀池。

脱湿后的冷却气在压缩单元分为三路进行加压。每一路配备一台煤气加压机。加压机进气口和出气口都装有消声器，以降低噪声。加压后的冷却气送往 COREX 塔，用于各冷却点的冷却。过剩冷却气返回冷却气单元，与半净冷却气一同通入文氏管。

过剩煤气单元的主要设备是两个并联的可调文氏管。两个文氏管共用一套脱湿器和下部附件。过剩煤气单元的原料是冷却气单元送来的半净煤气。经文氏管精除尘后的过剩煤气是冶炼的副产品。

竖炉排出的还原尾气送入炉顶煤气单元。炉顶煤气首先经过一级填充式洗涤塔进行半精细除尘。然后通过一个可调文氏管进行精除尘。由于 COREX 流程不设热风炉，炉顶煤气和过剩煤气一样，主要供外用。另外，炉顶煤气单元和过剩煤气单元共用一套煤气燃烧装置，以备发生故障时将煤气烧掉。

供水系统承担新鲜水和循环水的补充及处理。主要包括 5 个单元：机械冷却水单元、熔融气化炉冷却壁冷却水单元、熔融气化炉喷水冷却单元、煤气清洗用水单元、公用供排水单元。

供气系统的任务是将压力约 800kPa 的氧气自氧气厂通过管道送往风口和其他用氧点。

供氮系统包括两套供氮管道。一套用于活性气氛的钝化、清洗，控制、炉顶装料设备和粉尘排放的均压等目的，称为生产用氮。另一套用于阀门的控制和驱动等目的，称为仪器用氮。

此外厂内还设压缩空气，燃气和蒸汽等辅助系统。

10.2.4　工艺特点

COREX 熔融还原炼铁工艺，采用了成熟的气基竖炉法海绵铁生产技术和高炉炼铁技术。COREX 工艺的预还原竖炉部分相当于高炉炉身中、上部。熔融气化炉相当于高炉的炉缸与炉腹部分并向上延伸。截去了高炉的炉身下部和炉腰部分，避免了高炉内影响料柱透液性、透气性和气流分布的软熔带的产生，为 COREX 工艺直接使用非焦煤炼铁创造了条件。

10.2.4.1　炉缸形成死料柱

COREX 熔融气化炉中部以下有煤、半焦和海绵铁组成的料柱，下部有半焦和焦炭组成的死料柱。死料柱的存在，使熔化后的渣铁在高温区与焦炭的接触时间增加，铁水温度升高，铁、硅还原，渗碳、脱硫等反应有条件充分进行。分析料柱结构表明，炉缸的焦炭量随着固定床深度的增加而增加。与高炉死料柱的作用一样，死料柱在炉缸起到碳源作用，提供铁水碳饱和及降低渣中残余 FeO 所需要的碳。

10.2.4.2　炉尘回收返入熔融气化炉

煤在熔融气化炉加热脱除挥发分的气化过程中产生含碳粉尘,并被煤气带离气化炉。煤气经除尘,还原气含尘量控制在一定范围内。回收的炉尘在炉体适当位置返吹入熔融气化炉。这样,可以防止炉尘堆积,而且可通过调节吹氧量使炉尘燃烧产生的热量将炉顶温度控制在1100℃左右,使气相中的焦油、苯等高分子碳氢化合物分解为H_2、CO。所以,炉尘回收系统也是COREX工艺的无污染操作。

10.2.4.3　粒度分布与煤气流控制

以炉料与煤气相向运动为基础的竖炉还原,保持料柱一定的空隙率,煤气流的低压降,可防止悬料,增加煤气流通量,矿石可得到充分还原。为此,除严格控制矿石粒度和还原气的含尘量外,还要尽量减少矿石在加热还原过程中的碎裂现象。

10.2.4.4　环境污染小

由于COREX工艺用煤直接炼铁,基本不需要焦炭,避免了冶金工厂的主要污染部分(焦炉),工艺过程紧凑。尤其是没有了炼焦过程的焦煤装炉、出焦,炉门密封不严造成的煤气泄漏,使COREX熔融还原炼铁成为环境保护十分可取的炼铁工艺。以高炉—焦炉—烧结工艺排出的有害物质100%计,则COREX熔融还原炼铁工艺的排放量为:$SiO_2$2.8%、炉尘10.7%、$NO_2$10.5%、苯酚0.04%、硫化物0.01%、氰化物5.0%、氨8.2%,环境质量大为改善。

10.2.4.5　生产技术指标好

COREX熔融气化炉和还原竖炉都采用高压操作,压力400kPa左右,铁水成分比较稳定且易控制,[Si]的含量为0.1%～0.2%,平均[S]的含量为0.025%,但有时受原料影响波动大。1996年7月浦项(POSCO)钢厂COREX C2000生产的铁水温度为1500～1540℃(平均1510℃);铁水成分为[C]4.2%～4.8%,[S]0.015%～0.030%;作业率为96.5%;月产量5.7万吨铁水;输出煤气量为145000m^3/h(热值7500kJ/m^3)。煤气成分中CO、H_2、CH_4、CO_2、H_2S分别为35%～45%、15%～20%、1%、35%、(10～70)×10^{-4}%,其余为N_2、H_2O;含尘量小于5mg/m^3。

生产1t铁水的原料、燃料及动力消耗:铁矿石1489kg,煤990kg(澳大利亚进口的高低挥发分煤各占一半,包括3%～10%焦炭),熔剂325kg,氧气560m^3,渣量约340kg。

10.2.4.6　流程短,投资省,生产成本低

COREX熔融还原炼铁工艺,已有COREX C1000、C2000两套装置的9年和2年生产实践经验。与高炉—焦炉—烧结工艺流程相比,其工序少,流程短。COREX工艺从矿石到炼出铁水仅需10h,而高炉工艺需要25h。由于设备重量减少一半,投资费用少20%,生产成本降低10%～25%。

南非ISCOR公司COREX生产成本比产量相当的Pretoria高炉低34%,比ISCOR Vanderbilpark厂高炉(9000t/d)低18.8%,比ISCOR Newcastle厂高炉(5000t/d)低38%。

20世纪末,宝钢三期工程设计中的高炉生产成本为吨铁1004.5元。北仑钢厂可行性研究计算COREX熔融还原炼铁的铁水生产成本为每吨937元,DRI生产成本为1030元。能耗按标煤折算系数为0.875t,宝钢1994年1～3号高炉系统吨铁生产实绩的能耗为

0.5895t（标煤）；宝钢 4 号高炉（方案）系统能耗为 0.5758 ~ 0.5846t（标煤）；宝钢 COREX-MIDREX（方案）系统能耗为 0.5262t（标煤）。

显然，COREX 熔融还原的基建投资、生产成本、能源消耗等都要比传统的高炉系统低。

10.3 FINEX 法

10.3.1 综合分析评价

FINEX 工艺是在 COREX 工艺基础上开发的一种新的熔融还原工艺。FINEX 工艺分为两部分，用一种名为 FINMET 工艺的技术，采用多级流化床将铁矿粉还原来代替 COREX 的竖式还原炉，然后利用 COREX 的熔融气化炉进一步熔化、深度还原和渣铁分离。

韩国浦项年产 150 万吨铁水的 FINEX-3000 装置于 2007 年 10 月投产，已经达到日产 4300t 设计能力。1995 年浦项为了研究 FINEX 引进了 COREX-2000，将新技术流程打通，不断优化。FINEX 开发研究经过了 17 年，总共已投入 10.6 亿美元，经历过多次的挫折和失败，才得以建成年产 150 万吨的 FINEX 生产装置。

FINEX 的优势是用储量丰富的普通煤种代替焦煤，但流态化反应器的还原效率不如竖炉，其金属化率只有 80% ~ 85%，增加了熔融气化炉的还原负担，使得每吨生铁耗用的煤量要比高炉高得多。目前，先进的大型高炉燃料比约为 500kg/t，而 FINEX 约为 850kg/t（也有报道是 1050kg/t），还有 500m^3/t 的氧气（标态）消耗。如高炉工艺考虑焦化、烧结、球团等铁前工序的全流程能耗，则二者的差距明显减少。加上 FINEX 从煤气回收的能量远高于高炉，有计算表明 FINEX 的工序能耗还略低于高炉工艺（含铁前工序）。

冶金界最关心的是该工艺的原料、能耗和生产成本。高炉生铁成本中原料占 60% 左右，而 FINEX 只占 45% 左右。高炉成本中燃料和动力占 30% 左右，扣除煤气回收约 28%。而 FINEX 燃料和动力因使用大量氧气，约占 55%，扣除煤气回收仍占约 41%，其中氧气每吨铁消耗约 500m^3，其费用为成本的 20%，有专家估算，在国内情况下，FINEX 与大型高炉相比（如 1 座 3800m^3 高炉与 2 座年产 150 万吨铁的 FINEX），高炉比 FINEX 生铁成本低 12.5%。具体比较如下：

（1）从工艺角度看，COREX 更多依靠间接还原工艺，保留着高炉炼铁工艺的特点；FINEX 则把 COREX 的预还原竖炉改变成多极流化床反应器，可以完全使用粉矿；这两种熔融还原工艺可以说是对高炉的"改良"，只是 FINEX 的改良程度更大一些。而 HISMELT 则完全摆脱了高炉炼铁工艺概念，是炼铁技术的一种"革命"，可有效解决困扰高炉工艺的料柱透气性问题，是真正意义上的熔融还原技术。

（2）在原燃料资源的取用上，COREX 可以使用非焦煤，优于高炉，但还须使用块矿和球团及部分焦炭。FINEX 不仅可用非炼焦煤，而且摆脱了对块状原料的依赖，这一点优于高炉和 COREX，只是还需要块煤和粉煤造块。HISMELT 的原燃料全部粉状化，且对原燃料性质无特殊要求，资源面最宽，便于就地取材，并且可使用高磷矿石。

（3）在流程设备上，COREX 需要球团与块矿等造块设备和部分焦炭；FINEX 使用粉矿和粉煤造块，可以不建烧结、球团、炼焦厂；HISMELT 完全免除了烧结、球团、炼焦厂投资，也不需要煤造块。但三种工艺均需配套制氧设备和自备电厂。

（4）在生产成本上，FINEX 和 HISMELT 原料成本相对较低，COREX 和 FINEX 氧气成本较高。燃料消耗前两种高于 HISMELT，因此生铁成本 COREX 最高，HISMELT 最低，但三种均高于高炉。

（5）从一次性投资看，COREX 要高一些，FINEX 投资成本会较低，HISMELT 冶炼设备相对单一，三者之中投资最低。

（6）现状与前景。COREX 工艺最成熟，已有数家投入生产，并取得很好的成绩，完全实现了商业化。FINEX 在工艺上优于 COREX，但目前仍处在示范工厂试生产阶段，再经过一段时间的调整完善，将具备商业化推广价值，成为 COREX 的有力竞争者。HIS-MELT 工艺示范工厂投产较晚，又是一种全新的工艺，估计需要一段时间改进、完善，但因其工艺优点多、投资和生产成本低，一旦成功，其竞争优势比较大。

FINEX 工艺克服了高炉、COREX 炉、直接还原竖炉的一些缺点，其特点为：

（1）FINEX 工艺的原料由块矿、球团矿改为粉矿（平均粒度在 1～3mm，最大粒度小于 8mm），粉矿资源丰富。价格低廉的铁粉矿和一般烟煤，为该工艺的发展赋予新的活力。

（2）FINEX 炉顶煤气全部循环使用。浦项认为 FINEX 比高炉制造成本下降 15%，总体投资是高炉流程的 80%。

（3）FINEX 流程的 SO_x、NO_x、粉尘的排放量与高炉流程相比，只有 6%、4% 和 21%，并且没有焦化含酚、氰等污水的排放，是一种清洁生产工艺。

（4）铁水质量与高炉、COREX 炉相当。

为了解决熔融还原装置需要块状原料引起的粉矿造块问题，韩国浦项（POSCO）钢铁公司和奥钢联（VAI）联合在 COREX 基础上开发了 FINEX 工艺（图 10-11），它不使用球团矿或块矿，而是直接使用 8mm 以下的铁矿粉和普通煤来生产铁水，其基本原理用流化床法使还原气体和粉矿直接接触进行还原，然后进入熔融气化炉。自从 1992 年以来，POSCO 在 FINEX 技术的研究和开发方面已投资了 3.62 亿美元，先在 15t/d 试验室规模的模拟厂做试验，1999 年建成 150t/d 流化床试验厂，完成了三级反应器试验研究，获得了操作数据。利用已建成的 C2000 型 COREX 装置所产生的燃气作为还原剂用于日产 150t 规模工厂进行生产，2001 年 POSCO 动工建设 60 万吨/年 FINEX 示范工厂，并于 2003 年 5 月

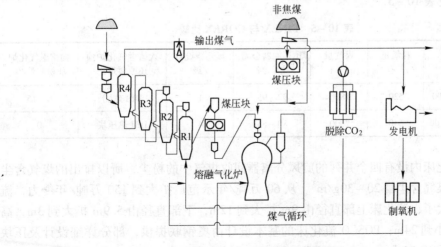

图 10-11　FINEX 工艺流程

29 日建成 60 万吨规模商业化生产 FINEX 装置。该公司于 2004 年 8 月始建设年产能为 150 万吨的钢厂。该钢厂采用最新的 FINEX 技术生产铁水，于 2006 年年底建成。准备到 2010 年浦项钢铁公司 1 号和 2 号高炉大修时，用新建 FINEX 装置代替。

10.3.2 技术特点

FINEX 技术的主要特点是直接利用廉价的矿粉和非焦煤生产铁水，省去了炼焦和烧结工艺。由于炼铁原料的部分加工工序被取消，从而节省了设备投资，而且可采用低成本原料，使生产成本降低 17%。此外，由于排入大气中硫氧化物和氮氧化物只有传统高炉法生成量的 10%，FINEX 工艺被誉为对环境友好的炼铁工艺。POSCO 计划逐渐扩大新设备的年生产能力，最后达到 150 万吨。从而逐渐取代目前在浦项厂运行的陈旧的中、小型高炉。POSCO 认为 FINEX 技术将会取代传统的高炉，计划在海外推广 FINEX 技术，建成 1000 万吨的总产能规模，可能选在资源较为丰富的中国以及印度等国家建立合资企业。

该装置利用 COREX 竖炉作预还原粉料热压块料中间储料仓，并利用 COREX 熔融气化炉生产铁水，目前的 FINEX 示范工厂有四级流化床还原反应器，从流化床出来的粉状产品通过热压块后，热送热装入熔融气化炉，同时将粉煤压块代替块煤焦炭加入熔融气化炉，以此逐渐减少了原 COREX 熔融气化炉的焦炭使用量，经过试验目前已可使焦比由 10% 降到 2% 甚至接近于零，而 FINEX 日产能由 2003 年的 80 ~ 100t/h 达到了目前的 100 ~ 105t/h，希望通过改进工艺，使产能达到 130t/h、焦比为零的目标。目前正在建设 VPSA 回收利用 FINEX 输出燃气，希望使 FINEX 的煤耗由目前的 1050kg/t 降低到 850kg/t。

FINEX 第四级流化床温度为 800℃，第三级流化床温度为 750℃，第二级流化床温度为 700℃，第一级预热流化床温度为 450℃。FINEX 输出的煤气成分大致为：CO 40% ~ 45%、CO_2 约 35%、H_2 15% ~ 20%，还有少量 CH_4；FINEX 吨铁消耗的煤气量要比 COREX 多，因为除了铁矿还原还要保持流化，熔融气化炉要保持 0.3MPa（允许 0.4MPa）压力，FINEX 耗氧量也比 COREX 多，为避免黏结，预还原料的金属化率要比 COREX 低。两者主要区别见表 10 - 5。

表 10 - 5　FINEX 与 COREX 比较

项目	耗煤量 /$m^3 \cdot t^{-1}$	耗氧量 /$m^3 \cdot t^{-1}$	煤气量 /$m^3 \cdot t^{-1}$	预还原料金属化率/%	预还原设备 /级	入熔融气化炉预还原料形态	向熔融气化炉加粉矿量/%
COREX	900 ~ 1000	520	1800	92 ~ 95	1	DRI 球团	0 ~ 15
FINEX	1000 ~ 1100	540	2000	80 ~ 85	4	DRI 热压块	0

FINEX 流化床内设有四个并列的旋风分离器回收煤气中的粉尘，所以排出的煤气含尘量不高，目前煤气含尘量 20 ~ 30g/m^3。从 60 万吨/年示范厂扩大到 150 万吨/年能力，流化床也相应扩大了，流化床上部直径由 9m 扩大到 12m，下部直径由 5.9m 扩大到 3m，高度由 25.9m 减小到 24m；POSCO 流化床的基本设计由奥钢联提供，部分详细设计及压块工艺设计由 POSCO 完成。

FINEX 可以直接用 0 ~ 8mm 的烧结用粉矿，其中 1 ~ 8mm 的粒度要占到一半以上，不能全部用铁精矿粉。

迄今有关 FINEX 60 万吨/年示范装置的信息表明：FINEX 在流化床预还原工艺工程化方面取得了重大突破。但 FINEX2000 是否可行还需等待示范装置的 100 万吨/年能力试验的结果，从 60 万吨/年的流化床扩大到 150 万吨/年的 FINEX3000 尚无试验或工程依据。FINEX 生产示范装置的稳定性或设备利用率还不高；不能使用细粒级的（<0.174mm）精矿粉；尚未解决将粉状热态 DRI 直接吹入熔化还原炉的技术，粉状 DRI 热压块使运行成本增加，这种 DRI 热压块金属化率不高、含熔剂多、含铁量达不到电炉原料标准，设备投资还较高。解决这些问题对 FINEX 产业化、推广应用至关重要。

FINEX 存在的另一个问题是流化床每隔一段时间必须停下来清空流化床中黏结形成的团块和维修磨损备件，否则不能正常生产。除作业率低外，目前氧耗、煤耗、铁水含硅量较高。

浦项（POSCO）认为，建设 COREX、HISMELT 或 FINEX 的成本、投资与当地资源物料等其他条件有关，条件不同不能比较。浦项有的技术人员认为，FINEX 成功后其成本可能仅为其 1 号和 2 号高炉（容积 1650m³）的 85%。与 COREX 比较要看用球团的比例占多少，主要使用运费及价格较高的巴西 CVRD 球团时，COREX 成本会比 FINEX 高。

10.3.3 原料

FINEX 工艺操作时，流化床的工艺参数必须控制得十分稳定。铁水的碳、硫、磷含量分别可达 4.5%、0.02%、0.1%。FINEX 工艺刚开始试验时其煤耗达 2.3t/t Fe，经过半年多试验已达到 1t/t Fe 左右，目前在 65 ~ 70 万吨/年条件下为 1000 ~ 1050kg/t Fe，这是由于流化床用气量较大，为保持生产平衡，要多耗煤造气，为降低煤耗，2004 年 6 月已建成了脱除炉顶煤气中 CO_2 的变正吸附装置，使炉顶煤气部分循环使用，希望今后煤耗能降到 850kg/t Fe。

目前 FINEX 用的矿粉主要为澳大利亚的哈默斯利粉矿及马拉曼巴粉矿，与烧结厂用的粉矿相同，由于实际操作为自动控制流化及气化参数，因此目前 POSCO 的 FINEX 已可以稳定地操作，在 FINEX 出铁场可看到，熔融气化炉内压力为 0.32MPa，铁水温度为 1544℃，吹氧量为 3788m³/min，出铁速度为 2t/min。

为了降低成本，浦项钢铁公司试验用粉煤冷压块型煤代替块煤。据介绍冷压块型煤的强度可达到热炭的 75%，而块煤强度仅为热炭的 50%，浦项 COREX-FINEX 熔融气化炉焦炭用量已达到 2%，但仍建议使用 5% 粒度为 8 ~ 24mm 的碎焦，以避免煤质波动引起工艺波动；FINEX 的熔融气化炉目前使用一半冷压型煤（可用低价粉煤压块）、一半粒煤，为降低成本，今后拟采用 100% 粉煤冷压块型煤代替块煤。

10.4 HISMELT 工艺

10.4.1 工艺介绍

钢铁工业面临着不断增长的压力，迫使其必须降低成本、改善环境。在中国，可以看到对钢产量的需求明显超过世界的平均水平，这种趋势还会在今后延续下去。

HISMELT 技术生产低成本、高质量的金属铁，既可以熔融铁水供应转炉或电炉生产，又可以冷态生铁供给电炉或铸造。HISMELT 之所以具有这样的优势，是因为使用低成本的原料，诸如粉矿和非焦煤，这些原料不需要过多的预处理。由于取消了对烧结和球团厂以及还有对焦炉的需要，该技术与传统炼铁技术相比，又具有减排温室气体的优势，从而明显减少了相关的资金支出。

在要满足生产需求的投标建设中，中国是唯一进行新建有高炉流程的钢铁联合企业的国家。众所周知，有高炉炼铁厂是生产钢铁的一个流程，它包括高炉、烧结和焦炉。在对高炉的技术和生产率改进中，最主要的一直是围绕入炉原料和添加控制排放设备等方面的控制和条件改善。有关高炉的技术已经达到了任何大的改进都要面对大的挑战这样一个境地。高炉对焦炉和烧结或球团的依赖，成为继续保持成本竞争优势和为环保要求所接受的沉重负担。因此，要明显地降低钢铁生产的投资和操作成本，就需要对传统技术的更新换代。

由于国内焦炭需求旺盛，迫于环保和需要增加优质焦煤等原因而关闭了蜂巢式焦炉，中国的焦炭价格从 2001 年 12 月以来已经翻番上涨，并且减少了出口，国内焦炭消耗和钢产量的增长保持同步。如果继续保持这种势头，则需要投入新设备才能满足需求。焦炉的投资巨大且逐步攀升。中国无烟煤或半无烟煤储量巨大，现在生产优质的粉煤用于发电厂、烧结厂和高炉粉煤喷吹。对于中国的钢铁生产商来说，利用这种低挥发分粉煤可以生产生铁的建议将是十分诱人的。

钢铁业一直都在追寻能替换高炉的炼铁技术：
(1) 使用更低成本和更多资源的原料，如非焦煤、铁矿粉；
(2) 使工厂在经济实用前提下规模小型化；
(3) 减少投资和操作成本；
(4) 通过取消焦炉、烧结和球团厂减少环保问题；
(5) 增加操作的灵活性。

HISMELT 已经在关键的环节取得了突破并且提供非常有竞争力的解决方案。HISMELT 工艺就是完全针对上述问题而进行开发的。它使用粉矿和钢铁厂废弃物并利用非焦煤生产优质生铁。该工艺操作灵活、能生产优质产品。HISMELT 技术为中国的钢铁生产进入到一个崭新的阶段提供了契机。

10.4.2　工艺综述

HISMELT 工艺最早可以追溯到德国 Klockner Werke 公司在其 Maxhutte 工厂开发的底吹氧气转炉工艺（OBM）和随后不断发展的顶底复合吹炼技术。20 世纪 80 年代初，澳大利亚 CRA 公司（现为 Rio Tinto，力拓集团）认识到利用 Klockner 转炉，直接使用铁矿石和煤粉冶炼铁水的潜力，与 Klockner Werke 公司组成合资公司，共同开发这项技术。

现代高炉已经变得非常复杂且资本密集。操作的灵活性由于难以实现快速便捷地改变生产率而大打折扣。HISMELT 工艺反而倒是一种全然不同的冶炼方法。

HISMELT 工艺可以使用宽范围的、不同质量的含铁原料。它还使用非焦煤和钢铁厂废弃物作原料。它的动态熔融过程不依赖原料的物理性质，完全不同于传统高炉技术，该工艺不再需要焦炉、烧结和球团厂。HISMELT工艺能够做出快速反应，所以其产量也可简单快捷地调整。

　　HISMELT技术的核心是熔融还原炉（SRV），即可以有效替代高炉的功能。图10-12所示为SRV的详细示意图。当粉矿和非焦煤喷入到金属熔池中后，SRV提供了一种独特的熔炼方法。原料进入熔池后快速反应，反应产生的气体和煤的挥发分在富氧的热空气（HAB）中燃烧来提供工艺过程所需要的热量。熔池内呈现强烈搅动以增加反应和热传输的面积，从而实现了工艺过程的高效。

图10-12　HISMELT的SRV示意图

　　铁矿粉利用SRV出来的煤气在预热器中先被加热，然后和煤粉与熔剂一起喷入SRV的熔池中。当矿石在铁水和炉渣中熔化时，炼铁过程就即时开始了。热铁水通过前置炉连续放出。

　　炉渣通过水冷渣口分批放出，进入渣处理过程。SRV中出来的煤气在煤气烟罩中从1450℃冷却至1000℃，过程中产生的蒸汽用于发电厂。大约50%的1000℃煤气送入矿石预热器。其余的SRV煤气和再从预热器出来的煤气经过除尘器去除固体颗粒和降温后用于发电厂。另外，一部分除尘后的煤气也可用做热风炉的燃料。热风炉和发电厂的两种燃烧后烟气先去除SO_2，后再排放到大气。图10-13所示为HISMELT工厂的一般示意性流程图。

　　HISMELT工艺与其他熔融还原工艺相比具有以下优点：

　　（1）生产效率高，操作简便。在HISMELT工艺中，煤与矿石、熔剂等通过多组喷枪直接喷入铁浴中，使煤粉中的碳能够迅速熔入铁液，并与铁浴中的FeO发生反应，产生的气体（H_2、CO）与喷吹载气、未熔解的矿、煤粉等在铁浴中形成"涌泉"，对铁浴进行强烈的搅拌，加快了喷吹物料的熔解和还原反应的进行。溶解碳还原FeO的速度比固体碳还原FeO的速度高出1～2个数量级，铁浴中FeO还原速度不受限于反应区的工作状态和铁浴中FeO含量，为此HISMELT工艺的生产效率较其他熔融还原工艺的高。

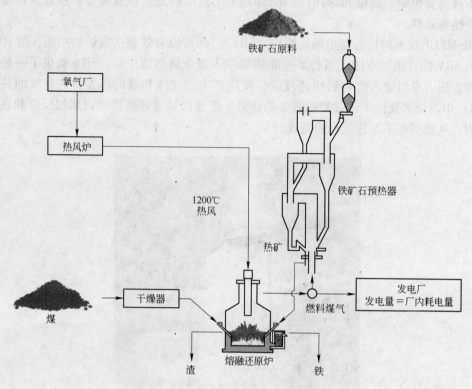

图 10 – 13 HISMELT 工厂的流程示意图

HISMELT 工艺操作灵活，可以通过停止喷吹矿粉、煤粉，停掉喷吹的热风来结束反应的进行；喷吹煤粉和热风，使铁浴加热到操作温度就可喷吹矿粉进行冶炼生产。生产的启动、关闭操作简便，可使炼铁和炼钢作业更有效的衔接。

（2）碳回收率高，对环境污染小。直接向铁浴中喷吹煤粉，不但可以直接熔解煤粉中的固定碳，而且可以使煤粉中的碳氢化合物在铁浴中裂解，产生的碳也直接熔解在铁浴中，提高了碳的回收率。SSPP 工厂的研究表明，当煤粉在铁水和熔渣温度下进行快速裂解时，煤粉挥发分中碳的回收率比通常的近似分析法获得的数据高出 10% ~30%。同时直接向铁浴中喷吹煤粉，煤粉挥发分在铁浴中裂解，将无任何碳氢化合物进入煤气，消除了煤粉挥发分中有害的碳氢化合物对环境的污染，煤粉中的硫也将直接被铁浴吸收，减少了煤气中硫化物的含量。据 HISMELT 试验数据测算，与高炉工艺相比，每吨铁水的 CO_2 排放可降低近 20%。

（3）二次燃烧率高，传热速度快。直接喷吹引起熔池强烈的搅拌并产生大量液滴，为在熔池上方形成一个理想的传热区创造了有利条件。将煤粉直接喷入铁浴，煤粉很快被铁液所熔解，可最大限度地降低散入炉气中的碳量，避免碳和 O_2 或 CO_2 发生反应，提高二次燃烧率；高速喷吹热风，可以有效地对铁浴进行搅拌，将二次燃烧的热量迅速带入铁浴中。SSPP 和 HRDF 的试验证明，其二次燃烧率均可稳定地控制在 60% 左右，而日本 DIGS 半工业试验的二次燃烧率只能控制在 30% ~50%，美国 AISI 的半工业试验二次燃烧率也只能控制在 40%。

（4）渣中 FeO 含量低。使用多组喷枪均匀地将煤粉和矿粉喷进铁浴后，可迅速地将煤粉和矿粉、熔剂等熔解并迅速进行还原反应，整个过程是在几分之一秒内进行的，可促进矿粉的快速还原，有利于限制渣中的 FeO 含量。另外采用热风操作，减少了溅入二次燃烧区铁滴的二次氧化，可保证熔渣中的 FeO 含量处于较低的水平。SSPP 和 HRDF 的试验结果表明，熔渣中的 FeO 可控制在 5% 以下，对炉衬的侵蚀程度较其他采用低预还原度矿粉操作的工艺要小。

（5）吨铁煤耗低。向铁浴中喷吹煤粉会在铁浴中形成"涌泉"，促使铁浴强烈的搅拌，并将金属液滴等喷溅到上部的二次燃烧区，依靠辐射和对流将二次燃烧产生的热量传到铁浴中，补偿矿石冶炼、造渣等反应吸收的热量；采用温度高达 1200℃ 的热风并高速向炉内喷吹，不但可有效地搅拌熔池，提高二次燃烧率，将二次燃烧的热量迅速传入铁浴，而且可直接向熔池提供相当于熔池总热收入 10% ~ 15% 的物理热。根据 SSPP 和 HRDF 的试验结果和考虑预还原和终还原联动后操作的结果，HISMELT 公司预测吨铁煤耗采用低挥发分煤时可降至 600kg/t，采用高挥发分煤时可降至 800kg/t。而日本 DIOS 的报道数据为 850kg/t。

10.4.3　工艺特点

HISMELT 熔融还原炼铁技术 1982 年开始研发，从底吹氧气转炉到卧式熔融还原炉的小型试验厂，到最后定型建厂的 6m 竖式熔融还原炉，历经 20 年的改进和完善。2005 年 5 月，在澳州 Kwinana 建成年生产能力 80 万吨铁水的示范厂。厂区内最高设备是高度约 60m 的矿粉循环预热器，最核心的设备是熔融还原炉主体，其他设备都是目前冶金行业成熟应用的装置。

HISMELT 熔融还原具有如下特点：

（1）原料来源广泛，可以全部使用粒度 6mm 以下的粉矿、粉煤，包括无法通过烧结厂回收的废弃物，物料中的 C、CaO 和 MgO 也能得到利用；对燃料煤的要求比较宽松，可大幅度减少钢铁生产的资源消耗。

（2）由于 HISMELT 熔融还原炉有强氧化性炉渣，有较好的脱磷效果，非常适合于冶炼高磷矿，这是区别于高炉和其他非高炉炼铁工艺的主要特点。

（3）由于氧化性气氛很强，所以它产出的铁水含磷低、含碳低、含硫高，硅锰含量为 0，不适合直接供传统炼钢流程使用。经过炉外脱硫和添加锰铁、硅铁合金或与高炉铁水兑配，可达到炼钢铁水的要求。

（4）操作灵活，反应过程的启动、关闭简便易行，从而使得炼铁和炼钢作业能有效衔接，而不必限产铁水。

（5）由于粉矿预还原度低，炉渣含 FeO 高，炉衬腐蚀快，一代炉龄仅 12 ~ 18 个月。

（6）由于 HISMELT 熔融还原为低压操作，大量高温含尘煤气热能难以回收利用，吨铁能耗高，因此高温低热值尾气便成为该工艺的"鸡肋"。

HISMELT 是典型的"一步法"熔融还原工艺，占地面积很小，直接利用粉矿、粉煤冶炼，对钢铁界的经营者有着较大的吸引力。但该工艺要想实现商业化生产，在热煤气利用、CO 二次燃烧并将热量有效传递给熔池，提高设备利用率及降低炉衬成本方面还有很长的路要走。

如图 10–14 所示，HISMELT 流程采用的是循环流化床预还原炉和卧式铁浴炉的二段式熔融还原工艺。预还原炉是个循环流化床，可以使铁矿粉预热到 850℃，预还原率达 22%，经过预热和预还原的铁矿粉和尾气一同排出循环流化床，经热旋风除尘器收集后，预还原矿粉以热态吹入熔融还原炉中。预还原炉排出的煤气一部分进入煤气系统，一部分用于空气的预热。熔融还原炉呈水平圆筒状，可绕水平轴线转动，水平轴也可倾斜。在熔融还原炉中，采用喷枪吹入矿粉、煤和造渣剂，有强烈搅拌作用。喷吹时用氮气作载气，使二次燃烧温度上升不太高，有利于防止耐火材料被腐蚀。作为助燃剂，使用了 1200℃ 的热风。这是以充分发挥熔融还原炉内喷吹技术为基础的工艺，继承了现代转炉炼钢技术和高炉技术的成就，在熔融还原炉内能达到

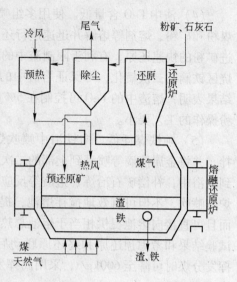

图 10–14 HISMELT 工艺流程

60%~80% 的二次燃烧率、80% 的传热效率。HISMELT 法为正压操作，炉子可在 200kPa 压力下操作。

HISMELT 法的特点是直接使用粉矿、煤，原材料成本低，能量利用率和生产率高；可处理钢铁厂粉尘、瓦斯泥、转炉泥、轧钢皮、球团粉，而且可处理高 Zn、高 Pb 粉尘；但它需要热风炉来预热空气。

10.4.4 存在的问题

HISMELT 工艺是一项直接使用矿粉和煤粉冶炼铁水的新技术，其工艺发展还不成熟，目前还存在以下问题：

（1）HISMELT 熔融还原技术的关键是要控制好铁浴的温度和对渣铁的搅动、保持合适热风喷枪位置以及控制好适宜的渣中含碳量等工艺参数，确保在一个反应炉内同时保持氧化和还原两个反应的相互衔接和匹配，取得较高的二次燃烧率和较高的传热效率，使还原反应迅速、稳定进行。为此 Kwinana 合营厂选择的设备制造和生产厂家都是世界顶级水平，但 Kwinana 试生产中还是出现了一系列的设备问题，达不到工艺要求。随着今后冶炼强度的进一步提高，工艺及设备方面仍存在许多未知因素，需要一段较长时间的磨合，有些还需要进一步改进。

（2）煤气热值低，热损失大，能耗高。HISMELT 工艺煤气热值低、排出尾气温度高，煤气携带的物理热多。HISMELT 工艺为了最大限度的利用自身产生的热量，采用了欧萨斯设计的余热回收烟罩等设备来回收蒸汽，并建余热锅炉以充分利用系统产生的低热值煤气，并使用蒸汽发电、驱动鼓风机及制氧空压机等，这些虽然使工艺本身的操作成本有所降低，但却使整个系统投资增加，系统内设备相互关联，操作更加复杂。

（3）喷枪、炉缸及前置炉耐火材料的寿命是影响连续生产和降低成本的关键。由于喷枪的强烈搅拌和渣中 FeO 的作用，对炉衬侵蚀较为严重。工艺扩大后炉渣 FeO 可能升高，预计渣中 FeO 含量为 5% 左右，不但对耐火材料造成严重侵蚀，影响炉缸寿命，而且浪费

铁矿资源，还需进一步研究探讨降低 FeO 的途径和方法。另外，2.7m 炉试验预计炉缸耐火材料的寿命为 1 年以上，远达不到工业化大生产的要求。若不彻底解决这一问题，就不能保证长期生产稳定，消耗、成本也将大幅度升高。

（4）HISMELT 工艺脱硫效果差，铁水含硫高。由于煤粉直接喷入铁浴内，煤粉中的硫大部分直接进入铁浴中，进入煤气的可能性减小，这一点对于环境保护来说是好的，但也增加了该工艺过程的脱硫负担。通过控制煤的含硫量，使用低硫煤种和低硫原料等，虽然铁水的含硫量达到 0.060% 左右，能够满足冶炼普通钢种的需要，但对于冶炼含硫要求低的特殊钢种，必须进行炉外脱硫。为提高 HISMELT 工艺对原燃料的适应能力，在 HISMELT 项目中必须设计铁水脱硫设施与之配套。

10.4.5 HISMELT 工艺与高炉工艺比较

由澳大利亚的力拓矿业集团开发的 HISMELT 熔融还原炼铁工艺，采用了铁矿粉及钢厂废料和非炼焦煤直接熔融的还原技术生产高质量的铁产品，可直接用于炼钢或铸成生铁。还可以循环使用热能，以达到降低成本和减少污染的目的。从不断优化高炉炼铁和开发新型非高炉炼铁工艺考虑，可对炼铁生产实现节能减排和保护环境起到积极的作用。HISMELT 熔融还原炼铁工艺作为适应钢铁工业发展需要而开发的熔融还原炼铁的生产工艺，可为炼铁生产提供一种新的选择。

钢铁生产工艺包括传统的高炉—氧气顶吹转炉的长流程和基于电弧炉的短流程。近年来，受环保等方面因素的影响，短流程工艺受到越来越多的关注。1996 年以来，世界范围内有大量短流程优质扁平材生产厂投产。这些短流程钢厂仅承担较低的折旧费用，还能利用废钢来削减生产成本。因此，短流程钢厂的热轧生产成本要比钢铁联合企业的低。推动这种趋势发展的主要原因有以下几个方面：高炉生产对原料的规格要求较严格，原料预加工（焦化、球团和烧结厂）使高炉生产成为环境污染的主要排放源，新建或改造高炉的投资额巨大，世界范围内的焦炉普遍呈老化状态，也需要大量投资。

正常情况下，为了获得规模经济效益，钢铁联合企业的建造规模都很大，因此，温室气体排放和环境污染的问题比较严重。电炉炼钢厂的情况则有所不同，与钢铁联合企业相比，其竞争力相对较强。对于电炉炼钢厂来说，优质、稳定的铁供应可明显提高电炉炼钢的生产率，降低生产成本。因此，在炉料中搭配铁水就具有较高的利用价值。在此条件下，开发具有能源利用率高、原料及炉料适应性强、投资成本低、操作灵活等特点的炼铁工艺，已成为钢铁联合企业关注的课题之一。

首先，HISMELT 工艺将金属熔池作为基本的反应媒介，炉料直接注入金属中，熔炼过程主要通过溶解碳进行。而其他熔融还原炼铁的生产工艺一般都采用顶装矿石和煤炭工艺，通过渣层中的碳化物（及少量金属）进行熔炼。与渣中的碳相比，金属中的溶解碳作为还原剂的反应效率更高，其原因主要是由于渣中的碳需要转换为气相还原介质一氧化碳。也就是说，HISMELT 工艺是通过使用更具活性的碳（溶解碳）获得了更快的熔炼速率。

其次，HISMELT 工艺中熔体的混合度与其他工艺不同。在 HISMELT 工艺中，将炉料直接注入金属中，产生大量的"深层"气体，这会形成一个强劲的上浮气流，导致溶液快速翻转。计算表明，翻转的流量达到每秒数吨的级别。在这种条件下，在液相中形成实质性温度梯度（大于 20 ~ 30℃）的可能性很小，系统实质上以等温熔体的形式运转。此外，熔体的快速翻转促进了从炉顶空间到熔池的热传递，同时杜绝了单一液滴明显过热的现象。这对于渣区的炉膛耐火材料的保护意义重大，因为熔体的良好混合可使耐火砖仅暴露于低 FeO 含量及温度较低的介质中。

在熔炼中，通过使用大范围的煤种、矿石和典型的钢厂废料（回炉料），HISMELT 工艺的适用性得到了充分证明。试用煤种的范围广泛，使其对工艺性能的影响能够被量化。由于气化和挥发分裂解作用导致的热能损失，高挥发分（最高达 38%）煤对 HISMELT 炼铁工艺具有负面影响。煤中氧、水分和灰分的含量对生产也有潜在影响。试验表明，该工艺中间试验用的所有煤种均可用于实际生产，在煤种的选择上，仅需从经济方面考虑。

对采用各种矿石炉料还原水平的产能进行评估，包括赤铁矿、赤铁矿/针铁矿、针铁矿和直接还原铁。对矿粉/直接还原铁混合料进行了预还原的中间试验。此外，利用热风氧富集（最高含氧量达 30%）成功地提高了熔炉的工作效率。

回收料包括高炉和氧气转炉的粉尘、泥渣、铁鳞等。由于回收料中的碳得到充分的利用，可使总体煤耗量大幅降低。此外，由于炉料中铁的预还原水平较高，生产效率得到提高。与铁矿石冶炼相比，回收料无须额外进行处理和加工。表 10 – 6 示出了对高炉和 HISMELT 炼铁系统的投资进行对比的研究结果。从表 10 – 6 可看出，HISMELT 工艺的吨钢生产成本为 180 ~ 310 美元，而钢铁联合企业的典型吨钢生产成本为 320 ~ 450 美元。

表 10 – 6 典型的 HISMELT 和高炉工艺的投资和生产成本

项 目	产量/万吨	生产成本/美元·吨$^{-1}$	投资/百万美元
高炉 1	109	326	355
高炉 2	236	373	880
高炉 3	109	356	388
高炉 4	243	448	1088
HISMELT 1（冷矿）	50	310	155
HISMELT 2（冷矿及废料）	58	259	150
HISMELT 3（预加热）	63	286	180
HISMELT 4（预还原）	150	191	286
HISMELT 5（预加热）	110	181	200

此外，HISMELT 工艺还具有以下特点：原料要求的预处理量很小，熔炼前无需选矿；具有较高灵活性，能够根据钢厂的生产进行大幅度的调整；可生产质量优异且稳定的铁水；炉料的反应时间以毫秒计算，温度控制优于高炉；具有高度集成的在线工艺控制系统，设备运行和操作简单，总体设备维护量小；具有明显的环保优势。

与高炉炼铁工艺相比，一座配备了矿石加热系统的 HISMELT 炼铁厂有望将每吨铁水的二氧化碳排放量减少约 20%，并能够有效地控制二噁英的生成。由于在 HISMELT 工艺中可以取消焦化和烧结工序，因此较为环保。此外，大量利用钢厂废料的潜力可进一步巩固 HISMELT 工艺的环保优势。典型的 HISMELT 和高炉工艺的投资和生产成本见表 10 – 6。

除生产成本外，对不同工艺生产铁水的化学成分进行了比较，表 10 – 7 列出了高炉、

HISMELT 以及 COREX 工艺生产铁水的化学成分。各种铁水的化学成分主要存在三方面差异。具体体现在：

（1）硅（Si）含量。炼钢厂可以利用 HISMELT 生产的铁水不含硅这一特点进行低硅铁水操作，可减少造渣量，并降低造渣剂的消耗量。事实上，为了提高氧气转炉的生产率，一些钢厂通常需要对高炉生产的铁水进行脱硅处理。

（2）磷（P）含量。在 HISMELT 工艺中，可以使用高磷铁矿粉（磷含量0.12%）进行生产。铁矿中的磷大部分被氧化转变成炉渣，使铁水中的磷含量低于0.04%。与此形成鲜明对比的是，高炉和 COREX 工艺中，铁矿石中的磷含量均完全进入到铁水中，给后续的炼钢生产带来不必要的麻烦。因此，高磷矿一般不适用于高炉和 COREX 工艺。

（3）硫（S）含量。HISMELT 工艺生产铁水的硫含量高于高炉和 COREX 工艺。但现有的铁水脱硫技术能有效地处理 HISMELT 工艺生产的铁水，且不会产生多余的费用。

表 10 –7 不同工艺生产铁水的化学成分比较表

项 目	高 炉	HISMELT	COREX
C/%	4.5	4.3 ± 0.2	4.5 ~ 4.7
Si/%	0.5 ± 0.3	0	0.6 ± 0.2
P/%	0.09 ± 0.02	0.0 ± 0.0	<0.10
S/%	0.04 ± 0.02	0.1 ± 0.1	0.01 ± 0.02
温度/℃	1430 ~ 1500	1480 ± 15	1490 ~ 1520

10.4.6 工艺意义

10.4.6.1 对于短流程钢厂的意义

电炉炼钢厂使用的炉料中可添加30% ~ 50%的铁水。HISMELT 工艺生产的铁水可以作为生铁、直接还原铁和高品位废钢的优质替代品，在炉料中提供很高的使用价值。其优点主要包括：提高生产率，缩短炼钢周期，减少吨钢能耗；降低成品钢中的残余夹杂含量，产品质量更加稳定；有效减少造渣剂的消耗量和吨钢耐火材料的消耗量。此外，HISMELT 工艺的开炉、停炉、停产等操作均非常简单易行，这对于电炉炼钢厂来说是至关重要的。HISMELT 工艺可以使炼铁和炼钢工序有效地结合起来，无须为保存和处理多余铁水而额外建设昂贵、且利用率较低的配套设施。

10.4.6.2 对于钢铁联合企业的意义

对于钢铁联合企业来说，HISMELT 工艺的主要价值在于不需要焦化厂和烧结厂所带来的流程缩短。HISMELT 工艺能使用低品位铁矿粉，无须预处理，大大增加了钢厂原料供应的灵活性，使钢铁产品的成本更具竞争力。另外，与使用优质炼焦煤相比，使用气煤也能大幅降低生产成本。HISMELT 炼铁厂的设备大多与高炉相同，因此，HISMELT 工艺的设备也极易融入到钢铁联合企业的整体布局中。

HISMELT 工艺可随时调整操作参数（如热风速率及氧富集水平等）和原料选择，可以高效地适应后续炼钢工艺变化带来的灵活性要求。此外，HISMELT 工艺可轻易地开炉、停炉或停产，为钢铁联合企业的生产操作提供了极大的选择空间。即使产能较低的 HIS-

MELT 设备也可产生经济效益，因此钢铁联合企业可采用多座 HISMELT 炉。这样做可以大幅降低停产检修或生产调整所带来的负面影响。此外，HISMELT 工艺生产的铁水可直接与高炉铁水混合使用，为氧气转炉提供准确硅含量的铁水。在日本，"无渣炼钢"工艺被广泛采用。高炉铁水在进入氧气转炉之前必须先进行脱硅、脱磷和脱硫处理，而使用 HISMELT 工艺生产的铁水可以免除脱硅处理，有效降低了处理成本。HISMELT 工艺还具有以下特点：减少复吹，减少造渣剂的消耗量，减少耐火材料的消耗量；减少铁合金的消耗量，提高铁水收得率；吹炼时间减少，生产率提高，可生产优质的高级（低磷）钢号，也可生产超洁净钢。

10.5 PLASMASMELT 法

PLASMASMELT 法是瑞典 SKF 钢铁公司开发的等离子熔炼电热法流程。等离子技术在冶金领域的应用越来越广泛，如直接还原中的 PLASMARED 法、回收钢铁厂粉尘的 PLASMADUST 法和铁合金冶炼的 PLASMAROME 法等。这类流程的中心技术是一支等离子喷枪。SKF 公司的等离子喷枪是独立设计的。

如图 10 - 15 所示，PLASMASMELT 系统由一个焦炭移动床熔炼单元和一个流化床还原单元组成。熔炼炉的结构和高炉类似，流化床则采用传统鼓泡床的形式。

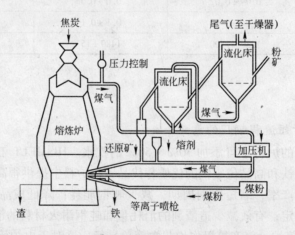

图 10 - 15 PLASMASMELT 工艺流程

等离子喷枪装设在相当于高炉风口的位置。一部分熔炼尾气加压后通过等离子喷枪，在喷枪内被迅速加热至超高温，离子化后重新吹入熔炼炉。煤粉和预还原矿自同一位置喷入，被离子气流迅速加热。煤与炉内的一部分焦炭为预还原矿的进一步还原提供了还原剂。在此过程中，预还原矿完成熔化和还原并汇集于炉缸。金属熔体在炉缸内继续进行渣铁反应并与热炭床作用，形成生铁。煤则转化成煤气离开炉缸区，穿过焦炭床向上流动。煤气在流动过程中进一步转化掉氧化性成分，形成中温高还原性炉顶煤气排出熔炼炉。熔炼炉煤气出炉后分为两路，一路经加压作用作为喷吹载气和等离子介质，另一路作为还原气。

还原单元由两个串联的流化床组成。还原气首先通入第二个流化床，将矿粉还原至预定的深度。离开第二个流化床后接着进入第一个流化床，继续进行还原反应，以提高还原气利用率。完成还原作用的尾气用于矿粉预热和干燥。矿粉首先通入第一个流化床,再进入第二个流化床。预还原矿与熔剂一起,以加压煤气为载气喷入熔炼炉。

开发工作是在 Hofers 一个规模很小的工业试验装置中进行的。熔炼装置直径为 0.6m,装有一支单独的 1.5MW 等离子喷枪,熔炼能力约为 75kg/h。试验原料采用海绵铁与矿石的混合物,以模拟不同还原程度的预还原矿。开发者认为,这样规模已经能够满足对 PLASMASMELT 熔炼单元的模拟要求,不需要大规模的工业试验装置。由两级流化床组成的还原试验装置设计能力为 700~1200kg/h。还原装置建成较晚,试验工作也不如熔炼部分充分。对该流程进行了计算分析。一个年产 50 万吨的工业生产厂的物料和能量流动情况如图 10-16 所示。

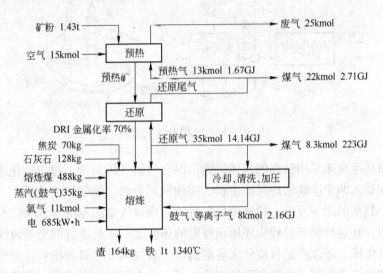

图 10-16 PLASMASMELT 物料及能量流

10.6 ELRED 法

ELRED 法是瑞典 Asea 公司和 Stora Kopparberg 公司联合开发的,合作始于 20 世纪 70 年代初。1972~1974 年期间,应用一台试验电弧炉进行了基础试验。1975 年,开发者与德国 Lurgi 公司达成协议,应用该技术于 1976~1979 年间在 Asea 研究开发中心建成一台高速循环流化床还原装置,并进行了试验研究。该装置总高度约为 25m,生产能力约为每小时 500kg 还原料。与此同时,Stora 公司将一台电弧炉改造成单电极直流电弧炉,功率为 11MV·A,熔炼能力为 8t/h。使用这台电弧炉进行了熔炼试验,原料为循环流化床还原矿和市购海绵铁与矿石的混合物。

这两部分试验都取得了成功。如图 10-17 所示,将这两部分组合起来,再配以煤气清洗和发电厂等设施就成为一个完整的电热法熔融还原流程。开发者认为,这些工作已经足够使该流程实现工业化,没有必要再建设中试厂。

循环流化床本是 Lurgi 的铝土矿煅烧设备。用于铁矿石还原后进行了一部分改造工作。床体分为两段,上段直径较大,在这里加入粉煤和预热空气,利用煤的燃烧放出还原所需的热量和气体还原剂。下段直径较小,循环流化煤气自该段下部吹入,维持床内矿煤混合

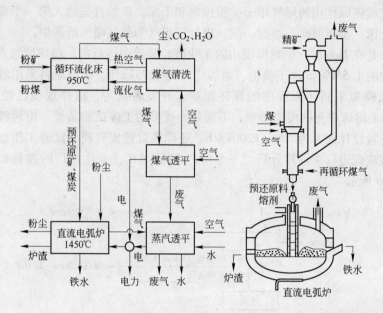

图 10 - 17　ELRED 工艺流程

料的流化。循环流化床采用较高的气体流速，混合料被气体夹带，排出流化床。排出的气固混合物连续通入两个串联的旋风除尘器，实现气固分离。煤气经清洗后，一部分作为循环流化煤气，其余的用于发电。循环流化气量约占净煤气量的 30% ~ 50%。分离出的混合料返回流化床，在这种循环过程中还原至预定的还原度。矿粉通过两个旋风除尘器与循环料一起加入流化床。还原产品自流化床底部排出。通过调节加料和排料速度可控制矿石的还原程度。产品中含有预还原矿和已经炭化的煤。混合原料可直接进入直流电弧炉进行熔炼。由于采用了矿煤混合料和高流速，循环流化床可在高温、高还原度下工作，不会发生黏结流失现象。流化床工作温度控制在 950 ~ 1000℃。还原率可达 90% 以上，但从流程优化出发，65% ~ 70% 的还原率最为有利。床内工作压力可达 500kPa，气体流速在 2m/s左右。

排出料中含碳比例对后续熔炼工艺很重要。开发者已经掌握了控制含碳量的诀窍，但作为技术秘密没有公开。

直流电弧炉采用一根空心电极，以便于粉料的应用。混合还原料通过空心电极直接加入能量高度集中的等离子电弧中心。在超高温下，预还原矿快速熔化成液体，并以煤炭为还原剂继续完成剩余铁氧化物的还原。炉渣通过渣口连续排出炉外，铁水则使用高炉出铁设备和技术间断式排放。ELRED 法炉渣 FeO 含量高达 9% ~ 11%，因此影响了脱硫效率，致使铁水含硫量较高。开发者准备采用炉外脱硫的手段解决这一问题。典型的铁水成分为：C 3% ~ 4%，Si 0.5%，S 0.3% ~ 0.5%，还原尾气发热值约为 156 ~ 223kJ/kmol。尾气排出后首先经冷却，使温度降至 300℃ 左右，再通过一个布袋除尘器。在该温度下，煤气中的焦油不至凝结在布袋上。然后再继续冷却至常温，并通入一个焦油冷凝器。如此处理后，煤气含尘量可降至 10mg/m³ 以下。至此，煤气分为两股，约 1/3 的煤气通入一个 CO_2 清洗器，脱除 CO_2 作为流化气和粉煤输送气返回还原炉。CO_2 清洗器所需能量通过与出炉高温煤气的热交换获得。另外 2/3 的煤气则送往发电厂。

　　发电厂采用煤气透平和蒸汽透平相结合的形式。这种方式具有很高的热电转换效率。还原尾气本身具有 500kPa 的压力，进一步加压至 1200kPa 后再通入煤气透平机进行发电。从煤气透平排出的高温废气与电弧炉排出的高温尾气一起用来生产蒸汽，用于蒸汽透平发电。开发者称，这一系统的热效率可达 38%～48%。调节煤比可使电耗得到平衡，甚至产出大于消耗。使用含挥发分 35%、灰分 11%、发热值 31200J/g 的动力煤为燃料，以全铁 69% 的磁选精矿为原料，ELRED 法煤耗约为 18.8GJ/t，发电厂过剩电力约为 238kW·h/t。

10.7　INRED 法

　　INRED 法是瑞典 Boliden 集团在 20 世纪 70 年代开发的。开发目的主要是处理该集团化工厂硫酸生产的副产品，含铅、锌、砷等有害杂质的硫酸渣。事实上，该方法也可使用铁精矿生产生铁。

　　20 世纪 70 年代，开发者进行了大量的研究工作，并于 1997 年建成一座 5t/h 的试验装置。1980 年，Boliden 董事会决定投资建设一个示范厂以完善 INRED 流程，并促成其实现工业化。该项计划获得瑞典政府的风险贷款。示范厂建在 MEFOS，规模为 8t/h。经过示范厂 1982 年和 1984 年的两次运行，开发者认为该项技术已经成熟，可以推向大型工业化生产。INRED 流程主要由一台闪烁熔炼炉和一台埋弧电炉及配套余热回收装置组成，流程概况如图 10-18 所示。

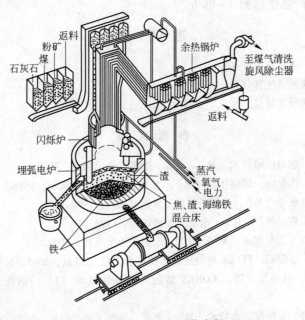

图 10-18　INRED 工艺流程

　　闪烁炉好似电弧炉上的罩，与电弧炉合为一体。因此，INRED 的还原和熔炼过程实质上是在一个单一的容器中完成的。粉状铁矿、还原煤和熔剂混合后通过喷嘴与一次氧一起吹入闪烁炉，在二次氧和三次氧射流的辅助作用下形成螺旋状的下降运动。电弧炉发生的煤气由下而上流经闪烁炉。通过控制各组分的吹入量及运动轨迹可使电炉煤气得到充分的燃烧，高速燃烧产生大量的热，使炉内温度达到约 1900℃ 的水平。在此高温下，铁氧化物被迅速还原成 FeO，并熔化成液体。与此同时，还原煤也迅速挥发、气化，未气化的部分与高 FeO 熔渣一起落入埋弧电炉。

在埋弧电炉内，FeO 以煤炭为还原剂迅速还原成金属铁。过程需要的热量一部分由电力提供，一部分由过热的炉料提供，其余部分来自闪烁炉膛的热辐射。为补充还原剂的不足，可在电炉的特定部位加入块煤。炉内铁熔池的上面覆盖着一层熔渣，起着热传导和终还原媒介的作用，并为电弧提供了一个保护层。渣铁口的构造和操作方式均与高炉类似，炉内压力为常压。

熔炼和制氧以及其他设备所需的电力均通过蒸汽透平发生。电炉和闪速炉水冷炉壁由气化元件构成，并通入高压循环水，可提供一部分蒸汽。闪烁炉上方的垂直烟道内壁布满管道，这也是锅炉系统的一个组成部分。烟气通过烟道后，进入另一个余热锅炉，回收剩余热能。这一复杂锅炉系统产生的蒸汽均可供蒸汽透平使用。

经锅炉系统冷却后的煤气通入一个传统的除尘系统进行净化。收得的粉尘与余热锅炉粉尘可以回收，重新返回熔炼炉。

8t/h 示范厂的熔炼电炉功率为 6.25MW·A，直径为 7m，配有 4 根电极、两个铁口和一个渣口，闪烁炉容积为 6m³。示范厂没有配置自备电厂和氧气厂。运行中成功地使用了磁选铁精矿和硫酸渣，熔炼煤为挥发分 35% 的美国动力煤和 30% 的俄罗斯煤。小于 15mm 的部分吹入闪烁炉，15～25mm 的部分加入电炉中心，形成炉内焦层。最近的两次运行生产了 700t 铁水，生产强度达到 3～8t/h。

思 考 题

1. 什么叫熔融还原法，它有什么特点？
2. 试述熔融还原法炼铁的方法和分类。
3. 试述一步熔融还原法及其特点。

参 考 文 献

[1] 杨天钧，刘述临. 熔融还原技术 [M]. 北京：冶金工业出版社，1991.
[2] 杨天钧，黄典冰，孔令坛. 熔融还原 [M]. 北京：冶金工业出版社，1998.
[3] 史占彪. 非高炉炼铁学 [M]. 沈阳：东北工学院出版社，1990.
[4] 秦民生. 非高炉炼铁 [M]. 北京：冶金工业出版社，1998.
[5] 方觉. 非高炉炼铁工艺与理论 [M]. 北京：冶金工业出版社，2002.
[6] 张绍贤，强文华，李前明. FINEX 熔融还原炼铁技术 [J]. 炼铁，2005，24(4)：49～52.
[7] 陈炳庆，张瑞祥，周渝生，等. COREX 熔融还原炼铁技术 [J]. 钢铁，1998，33(2)：10～13，37.
[8] 陈津，林万明，等. 非焦煤冶金技术 [M]. 北京：化学工业出版社，2007.

11 熔融还原技术展望

随着焦煤供应的日益紧张和对环保要求的日益严格，非焦炼铁已势在必行；而直接还原对资源条件要求颇高，使其应用受到一定限制。因此，发展广义的熔融还原，开发合理的工艺和设备，成为今后的研究方向。

11.1 非焦炼铁势在必行

煤是世界上一次能源中储量最大的资源。1980 年世界能源会议上公布的世界煤炭资源总计为 136092.98 亿吨，其中经勘探实测的储量为 19638.87 亿吨，经济可采的储量为 8987.89 亿吨。这些煤炭资源中，北半球占 92.2%；南半球仅占 7.8%，而且主要分部在澳大利亚（5.7%），博茨瓦纳（0.8%）和南非（0.7%）。根据世界能源会议 1980 年公布的数字，前苏联（5.9 万亿吨）、美国（3.6 万亿吨）和中国（1.5 万亿吨）的煤炭资源占世界总资源的 80.7%。这三国的实测储量分别为 6000 亿吨、3977 亿吨和 2760 亿吨，占世界总实测储量的 65%。世界各国煤炭量前十名煤炭储量情况如表 11-1 所示。

表 11-1 储量为前十名的世界各国煤炭储量情况

名　次	国家和地区	总储量/亿吨
1	前苏联	59260.00
2	美国	35986.00
3	中国	14650.00
4	澳大利亚	7799.00
5	加拿大	4744.12
6	前联邦德国	2853.00
7	波兰	1840.00
8	前南斯拉夫	1814.77
9	英国	1495.00
10	印度	1140.34

从世界煤炭资源情况看，用煤作为世界炼铁能源至少在 21 世纪仍不会有问题，但在世界煤炭总储量中焦煤只占 10%，在我国焦煤也只占我国煤炭储量的 27% 左右，其中结焦性好的只占炼焦煤的 19.61%，黏结性好的肥煤占 13.05%。为了获得冶金焦，焦煤和肥煤的配比要高达 65% 以上。因此，单从焦煤资源而言，从长远发展情况看，以焦炭为主要能源的高炉炼铁流程的前景不容乐观。

另一方面，由于焦化工业对环境污染十分严重，随着世界各国对环保的要求日益严格，超龄运作的焦炉必须重建或大修，同时根据世界各国对环保的要求，还需增建污染控制装备，这样就需巨额投资。如德国环保要求大大降低散发物的数量，这就要求在炼焦工艺中采用干熄焦法，再加上副产品处理设施，因此新建一套年产 200 万吨的干熄焦焦炉所需投资高达 3.75 亿美元以上。在美国，1993 年要求焦炉的泄漏率降低到 8%，要实现这一目标，就得对现有 79 座焦炉（年总产量为 2700 万吨至 2800 万吨）进行改造或重建，估计共需投资 40 ~ 60 亿美元。迫于环境保护法规的要求，1991 年美国伯利恒钢铁公司和内陆钢铁公司分别关闭了一组焦炉。

由于世界各国对环境保护要求的提高，导致焦炉改造或重建的费用提高，许多工业发达国家的冶金企业已不再乐意花大投资于炼焦业。这一点从这几年世界各国的焦炭年总产量表现得很明显。1980 年世界焦炭综合能力为 4.3 亿吨，1991 年为 4.0 亿吨，10 年内世界焦炭综合生产能力下降了 4000 万吨。这主要是包括美国、德国和日本在内的工业发达国家关闭焦炉，使这些工业发达国家的炼焦能力从 1980 年的 2.6 亿吨下降到了 2.1 万吨。现在世界焦炭总产量维持在 3.5 亿吨，比 1988 ~ 1990 年钢铁生产高峰年减产了 2700 万吨。国际钢铁协会发布的统计数据显示，2011 年全球粗钢产量 15.27 亿吨，同比增长 6.8%，其中中国 2011 年的粗钢产量为 6.955 亿吨，同比增长 8.9%。在全球粗钢产量 15.27 亿吨中有 2/3 仍需以铁水作原料，而这些铁水中至少有 90% 仍然依赖高炉，在目前情况下焦炭尚能满足要求。

但在 4 亿吨生产能力的焦炉中，37% 的炉龄超过 20 年，而这其中有 14% 已超过 30 年的服役极限，炉龄在 16 ~ 20 年的焦炉占 26%，炉龄在 15 年以下的焦炉只占 37%。目前焦炭供需尚能基本平衡，但北美地区老龄焦炉很多，西欧地区焦炉炉龄分布大致均衡，亚洲地区的焦炉情况介于北美和西欧之间。按这种情况看，在 21 世纪内焦炭生产能力急剧下降的可能性不大。但根据焦炉现有的炉龄推算，到 2011 年各地区的焦炭产量都减少 50%，因此到 22 世纪初，焦炭供不应求的局面将不可避免。

综上所述，从当今焦煤资源看，在 21 世纪之内焦炭的供应尚不会有什么问题。但从目前焦炉的炉龄情况看，21 世纪有一半不能再生产，而由于世界各国对环境保护的要求的提高，改造或新建符合环境保护要求的焦炉的巨额投资使钢铁企业难以承受，因此到 2010 年以后世界焦炉供不应求已成定局。

另外，据国际钢铁协会统计，近 10 年来，世界钢铁工业已投资 200 多亿美元用于环保改造，占钢铁工业总投资的 10% 以上。就这种情况看，21 世纪，即使焦煤资源不成问题，如果新建或重建焦炉，由于低污染焦炉的巨额投资也将使焦炭价格大幅度上扬，这样 21 世纪以焦炭为主要能源的高炉炼铁流程的经济性就将成为严峻的问题。

要解决这一问题，唯一的出路是非焦炼铁。因此全氧高炉只能减少对焦炭需要，但依然摆脱不了对焦炭的依赖。就从世界各国的焦炉炉龄来看，如果迫于低污染焦炉的巨额投资而不能新建或重建焦炉，世界上各国的焦炭生产至多只能维持到 2020 ~ 2030 年，届时将无焦炭供任何形式的高炉使用。因此，全氧高炉只能减缓焦煤的消耗，但无法避免新建或重建高投资的低污染炼焦炉的问题。

当今非焦炼铁主要有两大流派，即短流程和熔融还原。

11. 2　熔融还原与短流程

短流程是指以直接还原—电炉炼钢—近终形连铸的钢铁生产联合流程。这种流程已发展成用热压块直接还原铁（HBI）直接装入电炉以提高电炉的冶炼效率和降低电炉电耗，其收效甚大，目前美国特林顿（Thuerinden）钢厂的电炉电耗已降到350kW·h/t左右。短流程的生产周期短，总体设备投资低，流程动作比较灵活，但短流程炼钢必须依赖直接还原铁和废钢。而生产直接还原铁的途径只有气基法（MIDREX法和HYL法为代表）和煤基法（如煤基回转窑、FASTMET等）。

直接还原是避开高炉从铁矿石中获得金属铁的一种有效工艺，但由于在生产过程中铁矿石中的脉石留在其产品——直接还原铁中，为了使直接还原铁的品位能够满足电炉炼钢的要求，对矿石的品位要求很高。此外，为了制备直接还原用的还原气，只有用天然气裂解的方法是成功而成熟的，因此世界上70%的直接还原铁都产于那些天然气资源丰富而价格便宜同时具有高品位铁矿资源的地区。

用煤炭产生煤气，如用空气气化，实际已经证明很难获得合格的直接还原用的高还原性煤气，各种在这方面的尝试都未成功。如用氧气气化制取，则可以获得合格的直接还原用还原气，这尚处在试验阶段，在技术上尚不太成熟。另一方面，如果这种方法开发成功，从理论上计算，即使利用部分还原后的尾气循环制气（不是指脱除其中的CO_2），大约生产1t直接还原铁需煤炭500～600kg，氧气300～350m^3（标态）。从电耗角度考虑，制取这些氧气，需要150～175kW·h的电耗，如果用全部以800℃的高品质的HBI作为电炉炼钢的原料，生产1t钢水的电耗将在500kW·h左右。因此，如果采用煤炭发生煤气生产热压直接还原铁（HBI）后用电炉炼钢这一技术方案，吨钢至少需要煤炭550～660kg，同时耗电700kW·h（HBI），这只能适合电价极其便宜的地区。

以煤为基础的直接还原工艺主要是回转窑（以SL/RN法为代表），这种工艺设备庞大，对矿石及煤种的要求极高、生产效率低，发展受到限制。

将煤加在球团矿内，铺在转底炉上，在高温下（1200～1300℃）下快速还原的工艺（即FASTMET）已被开发出来，但由于还原后煤的灰分留在其产品之中，为了保证这种方法生产出的直接还原铁的质量能满足电炉炼钢的要求，用一般的铁矿石和煤种是做不到的。此外，FASTMET的工序能耗较高，一般还原1t直接还原铁至少需要700～1000kg煤，若按金属铁量计，煤耗则为800～1100kg/t。这样，如果采用FASTMET能生产出高质量的HBI后用电炉炼钢，吨钢电耗也在500kW·h（可接近1000m^3（标态））上，这种技术路线的工序能耗将与COREX相近。因此，即使有优质的矿石和煤炭资源，其经济性也尚待进一步考察。在各种技术方案下的短流程方法的能耗及特点将如表11－2所示。

表11－2　各种技术方案下的短流程方法的能耗及特点

技　术　路　线	MIDREX/HYL + UHP	FASTMET + UHP	煤发生煤气直接还原 + UHP
煤炭/kg·t^{-1}		800～1100	550～660

技　术　路　线	MIDREX/HYL + UHP	FASTMET + UHP	煤发生煤气直接还原 + UHP
天然气（标态）/$m^3 \cdot t^{-1}$	350～380		
氧耗（标态）/$m^3 \cdot t^{-1}$			330～440
电炉电耗/$kW \cdot h \cdot t^{-1}$	500	500	500
总电耗/$kW \cdot h \cdot t^{-1}$	500	500	700
特　　点	需高品位矿和廉价天然气资源	需高品位矿和低灰分煤	需高品位矿和特种煤

综合以上分析，短流程在同时有高品位铁矿、廉价的天然气和电力资源丰富的条件的地区才可能有竞争力。此外，为了避免对天然气的依赖，即使煤基直接还原＋UHP或煤发生煤气＋UHP流程开发成功，这些流程中因采用电炉炼钢，对铁矿石的严格要求是无论如何也不可避免的。因此，从长远看，短流程的发展不太可能成为钢铁工业的主体。实际上，目前美国和墨西哥的一些短流程厂家的经济效益好，除了这些厂家所处的地区同时有高品位铁矿、廉价的天然气和电力资源丰富的条件外，还具有充足的废钢来源。此外，在一定程度上，其经济效益中的一大部分还应归功于其后续的薄板坯连铸连轧工艺。

因为焦煤资源有限，同时因为炼焦业对环境污染严重，而短流程因受资源条件的制约，不可能成为非焦炼铁的主流，所以20世纪80年代以后，各国加紧了对熔融还原的研究和开发工作。

11.3　熔融还原的发展

11.3.1　发展熔融还原的初衷

现代高炉作为一种非常完善的炼铁设备，其生产规模大、生产效率高、能耗低、使用寿命长、脱硫性能好，适合于冶炼炼钢生铁。近年来，由高炉—转炉流程生产的钢产量仍占世界钢总产量的58%，因此高炉流程仍是当今炼铁的主导工艺，同时这种状态至少还要维持到21世纪初。

但是用高炉炼铁，必须使用焦炭，同时铁矿粉必须事先造块。焦煤炼焦和铁矿粉造块既耗能、耗钱，又对环境污染大，这两道工序加工费用占炼铁总成本的20%～25%，其设备费用（焦炉＋烧结机）占整个高炉流程的设备投资的一半以上。

采用新工艺降低生产成本、提高利润是任何行业一贯的目的，冶金行业自然也不例外。因此，降低炼铁设备和生产的费用构成了激励开发熔融还原或其他非高炉炼铁工艺的最初原因。在这一阶段人们对熔融还原技术的期望过高，瑞典的著名的冶金学家埃克托普（S. Eketorp）将"熔融还原"定义在一个严格的狭义范围："我们将熔融还原定义为熔融状态下的还原率为100%的还原过程还不够确切，还应加上另一项指标，即高温反应中产生的CO的大部分（60%～100%）要燃烧生成CO_2，且燃烧产生的热量能直接传递到反应区域，以补充高温还原反应吸收的大量热能"。根据这种设想的熔融还原属于典型的一步法，而一步法熔融还原在开发期间遇到了热传递和炉衬寿命的技术难题，致使一步法熔融还原的绝大部分难以工业化。

11.3.2 熔融还原技术变革

由于一步法熔融还原在初期技术上受挫，自20世纪70年代末期，世界各国开始放弃对这种绝对理想化的熔融还原的研究，转而从事开发利用终还原的尾气对铁矿石或铁矿粉进行适当预还原以减轻终还原热负担的二步法熔融还原工艺的研究。这期间各国开发的比较有代表性的熔融还原流程有 COREX、DIOS、AISI、HISMELT、CCF 等。从这几种流程的技术特点上看，COREX 已完全不遵循埃克托普的设想，其他各种熔融还原都对铁矿石或铁矿粉进行了不同程度的预还原，同时利用预还原的机会回收终还原尾气中的一部分物理热。显然，在这些熔融还原流程中，铁氧化物已不是100%在熔融状态下进行还原，这些二步法熔融还原流程实际上也突破了埃克托普对熔融还原的严格定义。因此，从现在各国对熔融还原开发研究的现状看来，埃克托普对熔融还原的严格定义只适合于一步法熔融还原流程。

根据埃克托普的观点，熔融还原技术还必须具有以下特征：

(1) 能采用廉价的原燃料；

(2) 对能源的适应性宽，如能采用不同的燃料；

(3) 流程易于控制；

(4) 对环境污染小；

(5) 流程应能在少数几个工序内完成，避免生产规模过大；

(6) 保证产品质量，特别是抑制或促进某种合金元素的还原。

这些是应予以肯定的。

11.3.3 广义的熔融还原

在当今世界上的主要流程 COREX、DIOS、AISI、HISMELT、CCF 和 ROMELT 中，只有 COREX 已正式工业化，其余都做了不同程度的工业性试验，但尚待进一步的研究和改进。

首套 COREX（C1000，年产量30万吨）流程于1987年底在南非的伊斯科尔公司正式建成投产，第二套 COREX（C2000，年产量60万吨）流程于1995年底在韩国浦项钢铁公司建成投产，到1996年上半年各种指标已达到设计要求。2007年底，宝钢为推进中国炼铁前沿技术的发展，率先建成了世界最大的熔融还原炼铁装置——COREX C3000 冶炼炉。2011年3月28日，宝钢股份2号 COREX 炉成功冶炼出第一炉铁水，标志着宝钢向加速推进节能减排、建设绿色钢铁企业又迈进了一步。COREX 流程的开发成功，无疑为非焦炼铁提供了一个可行的途径，避免了高炉炼铁对焦炭绝对依赖的现状，为将来取消焦炉、避免炼焦业对环境的污染开辟了成功的新途径。但 COREX 流程存在流程设备复杂、总体热效率偏低、工序煤耗高、吨铁硫负荷大和对煤种有一定要求等问题。此外，采用 COREX 流程的经济效益在很大的程度上还取决于如何利用其高热值的尾气。

低预还原度（或无预还原）、高二次燃烧率熔融还原流程都已能成功地炼出类似高炉产品的铁水。与 COREX 相比，这些流程的长处在于工序煤耗相对较低，同时可以直接利用粉矿或铁精矿粉炼铁而无需造块（除 AISI 外）。但是这些流程也存在以下问题尚待解决：

（1）二次燃烧和传热之间的矛盾。这些流程由于追求高的二次燃烧率，这一点与一步法熔融还原一样，尚无法避免二次燃烧和传热之间的矛盾。迄今为止，尽管人们对在提高二次燃烧的热效率方面做了许多研究，但效果并未达到人们所希望的程度。作者详细分析了 DIOS、AISIA、HISMELT、ROMELT 流程工业试验的结果后发现，在现有的各种二次燃烧技术条件下，当二次燃烧率控制在 30% ~ 60%，二次燃烧热效率至多只能达到 80% ~ 85%；当二次燃烧率达到 60% ~ 70% 时，其热效率只能达到 60% ~ 70%。迄今为止，尚无一种熔融还原流程做过二次燃烧率大于 70% 工业性试验。从目前各国对低预还原度（或无预还原）、高二次燃烧率熔融还原流程的工业性试验结果看，要在较高的二次燃烧率的条件下，使二次燃烧热效率达到理想水平，尚有一定困难。这也就是世界各国在其各自的熔融还原工业试验中未使其吨铁煤耗降到其预期水平的重要原因之一。在现有的二次燃烧技术的条件下，二次燃烧率和二次燃烧热效率之间仍是一对矛盾，因此，为了提高流程的总体热效，对于各种熔融还原流程应寻找一合适的二次燃烧率范围。例如前苏联的 ROMELT 流程的发明者对 ROMELT 流程进行工业试验后认为，对于 ROMELT 流程的二次燃烧率应控制在 50% ~ 60% 为宜。

（2）终还原反应器内衬抗侵蚀问题。追求高的二次燃烧率的熔融还原流程遇到的第二个困难是高温高 FeO 熔渣对终还原反应器内衬的侵蚀。通过对新型耐火材料的不断开发，尽管已有可能达到熔融还原工艺寿命的要求，但目前从事熔融还原研究的各个国家都尚未能提供一种能够长期抵抗高温高 FeO 熔渣侵蚀的耐火材料。各种高二次燃烧率的熔融还原工业试验结果表明，终还原反应器内衬的侵蚀速度远比氧气转炉内衬侵蚀的快。其原因有：一是在终还原炉内渣量大，一般情况下熔融还原的吨铁渣量在 350kg 以上；二是渣层厚，在终还原过程中为了提高二次燃烧率及二次燃烧热效率，同时为了尽量避免二次对终还原过程的影响，一般都采取厚渣层操作（如 DIOS、AISI、CCF），其渣层高达 2 ~ 4m；三是碱度低，熔融还原的炉渣的二元碱度与高炉渣相近，一般为 1.0 ~ 1.2，而转炉渣的二元碱度则为 3 ~ 4，高温高 FeO 的熔渣在碱度低时将对耐火材料侵蚀得更为严重，因为一般的高温才多是镁质、铝质、镁碳质、铝碳质等；四是渣温高，高二次燃烧率必然导致渣层温度尤其是中上部分的温度上升，同时根据终还原过程的特点分析可知，渣层的中上部位 FeO 的含量是很高的，因为此处一则终还原刚开始，二则高二次燃烧可能降低渣层中上部位中铁氧化物的还原速度。

（3）高温尾气中物理热的利用问题。对于高二次燃烧率、低预还原度熔融流程，第三个难题是如何有效地利用溢出终还原反应器的高温煤气中的物理热，尤其是如何有效地将煤气中这种高温热量用于熔融还原本身。采用高二次燃烧率、低预还原度的熔融还原流程的总热效率均较采用高预还原度低二次燃烧率的熔融还原流程的低。造成高二次燃烧率、低预还原度熔融还原流程总热效率低的主要原因是溢出终还原反应器的煤气温度高。按第三热平衡方法计算，在 DIOS 或 AISI 流程中，终还原尾气带出的热量占终还原总热收入的 45.60%；在 ROMELT 流程中占 53.89%；在 HISMELT 流程中占 64.73%（其中一部分通过特殊的换热器将其热量用于加热空气而回收）；在 CCF 流程中，占其最终尾气的物理热收入的 42.19%。

解决这一问题的方法多种多样，当今重要的方法是提高二次燃烧热效率。但通过对熔融还原过程的能量平衡分析发现，即使在各种高二次燃烧率、低预还原度的熔融还原流程中的二次燃烧热效率达到100%之后，在 DIOS 或 AISI 流程中，终还原尾气的物理热占总热收入的37.80%；在 ROMELT 流程中占33.6%；在 HISMELT 流程中占57.12%；在 CCF 流程中最终尾气的物理热占总热收入的27.48%。由此可见，提高终还原的二次燃烧热效率是充分利用热量的有效手段，但不是根本方法。在 DIOS、AISA 流程中，通过设立专门的预还原反应器进一步对高煤气中的物理热加以回收，可使最终煤气的物理热至其流程总热收入的35%。在 HISMELT 流程中，在设立专门的预还原反应器回收高温煤气中的物理热的同时，另外采用高温煤气预热空气的方法更进一步回收煤气中的物理热，使得其最终煤气的物理热占其总热收入的31.9%，但因该流程采用热空气进行二次燃烧，导致吨铁煤气量过大，因此与 BIOS 或 AISI 流程相比，其总热效率并未得到显著提高（从65%提高至68.1%）。

在作者提出的含碳球团煤气循环熔融还原流程（PCG）中采用循环煤气直接回收终还原炉高温尾气中的物理热，可使熔融还原流程尾气带走的物理下降至其总热收入的10%以下，可使流程的总热效率提高至90%以上。

综上所述，尽管熔融还原工艺从总休上讲发展得还不尽完善，但从长远看，因为炼焦煤资源必然出现世界性的匮乏，同时因为炼焦业对环境污染过于严重，在全球范围将减少焦炭生产也已成定局，所以发展使用煤炭或不以焦炭为主要燃料的广义的熔融还原方法势必有其强大的生命力。从当今熔融还原发展的经验看，将来熔融还原技术的发展将不必一定拘泥于高二次燃烧率、低预还原度的范畴，而应开发不以焦炭为主要燃料的前提下，采用合理的预还原度和合理的二次燃烧率相结合，尽量降低熔融还原工序能耗的熔融还原技术的同时，应确保熔融还原反应器有足够长的冶炼寿命以保证熔融还原技术的经济性。

高炉炼铁经过了漫长的技术发展过程，特别是近年来，在各种现代高新科技的支持下，高炉炼铁技术迅速发展，其技术先进水平达到了登峰造极的地步。世界钢铁工业，炼钢生铁的供应90%左右来自高炉，而我国几乎100%来自高炉炼铁。

熔融还原开发的目的是避开高炉炼铁的缺点，并具有优于高炉炼铁的技术经济指标和环境保护指标，否则即失去了开发的意义。因此，任何一种熔融还原方法，应该满足一定的技术经济要求：

（1）低能耗、低成本，环境友好；

（2）单位容积的生产率高于高炉，年产量低于100万吨或更低，方法仍然经济；

（3）可使用粉矿，无需烧结机和焦炉等用于原料块状化加工的设备；

（4）可全部或大部使用非焦煤为燃料，摆脱对冶金焦炭的依赖；

（5）设备的开机、停机简单，能提高生产的灵活性；

（6）流程短，无需巨大的配套设备。

炼铁高炉在我国有上千座，但在原料准备、环保水平、劳动生产率、物料能耗、装备水平、冶炼指标等方面赶上世界先进水平的并不多。熔融还原技术在我国虽然研究起步比较早，但与世界差距更大。在我国开发一种设备简单、流程短、投资少、成本低、环境友好的非高炉炼铁技术，虽然还有一段很长的路要走，但借鉴高炉炼铁的经验和现有熔融还原技术的实践，在我国专家学者研究的基础上，早日实现这一愿望还是非常有希望的。

思 考 题

1. 试述发展熔融还原的必要性。
2. 试述我国发展熔融还原的最佳工艺。
3. 试述熔融还原与短流程工艺过程。
4. 试述熔融还原工艺发展现状与评析。

参 考 文 献

[1] 刘浏. 熔融还原炼铁新工艺的发展与展望 [J]. 钢铁冶金的前沿技术. 冶金工业前沿科技信息研究班专集，2000.

[2] 周渝生，李维国. 关于钢铁厂与城市协调发展及熔融还原新技术的考察 [J]. 中国冶金，2004，(11)：19~23.

[3] 刘日新，许志宏. 熔融还原技术最新进展 [J]. 矿冶，1997，6(2)：68~74.

[4] 胡俊鸽，王赫男. 熔融还原工艺发展现状与评析 [J]. 冶金信息导刊，2004，(3)：17~20.

[5] 张汉泉，朱德庆. 熔融还原的现状及今后的发展方向 [J]. 钢铁研究，2001，(5)：59~63.

[6] A Eberle D，Siuka C. COREX 技术的现状及最新进展 [J]. 钢铁，2003，38(10)：68~73.

附录

精铁矿粉采用直接还原工艺研究报告

1 研究意义和国内外研究现状分析

在钢铁工业领域中，由于世界能源和废钢短缺日益严重，新的钢铁生产工艺——直接还原作为新兴的、开拓性的前沿技术越来越受到人们的关注。各发达国家把直接还原技术作为钢铁工业的一次革命，放到较高的战略位置去考虑，集中资金进行研究探索。而我国的钢铁工业要摆脱目前不利的局面，就要在新技术开发上进行带有改革性质的超前性研究，改变现行的炼铁工艺，采用直接还原炼铁新技术，这种工艺用非炼焦煤直接炼铁，流程短、投资省、成本低、污染少、铁水质量好，已成为当今冶金工业的前沿技术。

直接还原是为了克服高炉炼铁的缺点和局限性，充分合理地利用当地地区资源和能源，在不断探索新的炼铁方法过程中产生出来的。它是泛指高炉炼铁以外的所有炼铁方法，也称非高炉炼铁法。直接还原在冶炼过程中，炉料保持固体状态，铁矿石在固态下除去氧，使铁得到还原而最后的产品为多孔的海绵铁的方法。直接还原在 20 世纪 50 年代以后从试验研究逐步跨进了工业生产阶段，从而出现了"高炉—转炉"与"直接还原—电炉"两个可供人们选择的钢铁生产工艺流程。70 年代直接还原在国外得到迅速的发展，不仅发展中国家采用它发展本国的钢铁工业，而且一些发达国家（如美国、西德、日本等）也相继建立了百万吨的大型直接还原工厂。直接还原法的技术水平和单体设备的生产能力都有了很大的进步。这主要因为世界性的焦炭供应紧张，迫使钢铁工业采用能够摆脱对焦炭依赖的直接还原法；另外，世界能源结构的变化，世界性石油危机的影响，使迅速发展起来的气体直接还原法转向发展用煤的直接还原法。还有电炉炼钢能力和产量迅速增长，而电炉炼钢用的原料主要是废钢，现在废钢日益短缺且质量下降，促使人们用海绵铁代替废钢，所以发展中国家为了因地制宜地利用本地区资源和能源，多采用直接还原大力发展钢铁工业，从而使世界钢铁工业的结构也发生了变化。

结合本地区的资源和能源条件，从技术和经济各方面就铁矿石采用直接还原技术的可能性作进一步探讨。因地制宜地采用"直接还原—电炉"工艺不仅能充分发挥资源和能源优势，而且为解决废钢短缺，发展电炉炼钢创造了条件，能获得良好的经济效益和社会效益。

2 用途介绍

直接还原铁（海绵铁）是精铁粉在炉内经低温还原形成的低碳多孔状物质，其化学成分稳定，杂质含量少，主要用作电炉炼钢的原料，是冶炼优质钢和特种钢的必备原材料，也可作为转炉炼钢的冷却剂，如果经二次还原还可供粉末冶金用。

近年来由于钢铁产品朝小型轻量化、功能高级化、复合化方向发展，故钢材中非金属材料和有色金属使用比例增加，致使废钢质量不断下降。废钢作为电炉钢原料，由于其来源不同，化学成分波动很大，而且很难掌握、控制，这给电炉炼钢作业带来了极大的困难。如果用一定比例的直接还原铁（海绵铁）（30%～50%）与废钢搭配，不仅可增加钢材的均匀性，还可以改善和提高钢的物理性质，从而达到生产优质钢的目的。因此，直接还原铁（海绵铁）不仅仅是优质废钢的替代物，还是生产优质钢材必不可少的高级原料（天津无缝钢管公司国外设计中就明确要求必须配 50% 的直接还原铁）。根据国外报道，高功率电炉冶炼时，炉料搭配 30%～50% 直接还原铁（海绵铁），生产率提高 10%～25%，作业率提高 25%～30%。1996 年 2 月 26 日作者在鹿泉市轧钢厂三吨电炉上试验表明，在炉料中搭配 30%～50% 直接还原铁（海绵铁），每吨炉料平均节约电能 27%，节约炼钢时间 28%，耗氧量降低 22%，钢材物理性能明显提高。就此，在电炉钢炉料中搭配一定量直接还原铁（海绵铁）不仅可以提高电炉的生产能力，而且还能降低电耗和生产成本。

根据国家统计局公布的数字显示，我国 1997 年的钢产量已突破亿吨大关，成为世界第一产钢大国，但能源的消耗也是惊人的，吨钢能耗比日本和西方国家高出很多，除技术上的原因外，与我国不同工艺流程的比例有很大的关系。截至目前，我国电炉钢产量只占总产量的 25%，大大低于西方国家的平均值 45%。提高电炉钢的产量必须在电力供应和原料保证上做文章。实践证明，纯净合格的直接还原铁（海绵铁），是电炉的理想原料，这在西方发达国家普遍得到了认可。"九五"期间，冶金工业调整——优化钢材结构，由注重规模与产量转变为注重质量和效益，要提高钢的质量，如果原料仍以废钢为主，将是很困难的。这是因为废钢中有害杂质 Sn、As、Cu 等几乎 100% 残留钢中。据有关报道，美国在 25 年间，碳素钢中 Cu 含量上升 20%。镍铬增加 1.2 倍，锡增加 2 倍，因此，使用部分直接还原铁（海绵铁）就避免了这些问题，所以对冶炼优质钢和特种钢，如石油套管、汽车用钢、核电站用钢、军用钢等配用直接还原铁（海绵铁）是非常重要的，也可以说生产特种钢和优质钢就必须配用直接还原铁（海绵铁）。

由上述可知，直接还原铁（海绵铁）是生产优质钢和特种钢的必用材料，是补充废钢不足的优质电炉原料。

3　市场预测

根据原国家冶金局的统计，1998 年我国电炉钢产量已达 2000 多万吨。2004 年我国电炉钢产量达 5000 多万吨。我国钢铁工业 2000 年需要 9000 万吨废钢、直接还原铁（海绵铁）、铁块等固体金属炉料，由于我国连铸比已提高到 85%。如按 85% 的连铸和 15% 的模铸计算，钢铁工业自返废钢不足 1500 万吨。社会能提供给炼钢用的废钢不超过 3000 万吨，包括拆船在内，进口废钢 1000 万吨，所以，我国目前正常冶炼的废钢缺口达 3500 万吨以上。如按 30% 的比例配直接还原铁（海绵铁）的话，缺口部分就需求 1050 万吨直接还原铁（海绵铁）。直接还原铁（海绵铁）在我国还是新东西，生产直接还原铁（海绵铁）在我国才刚刚起步，许多钢厂正在逐步认识它、使用它。2002 年我国从国外进口直接还原铁（海绵铁）130 万吨，2003 年进口量达 169 万吨，2004 年进口量达 200 万吨。而我国直接还原铁（海绵铁）生产能力仅为 60 万吨/年，2002 年直接还原铁（海绵铁）产量只有 35 万吨，2003 年产量为 40 万吨，2004 年产量为 50 万吨，远远不能保证需求，因此，市场容量很大。为了加速我国钢铁行业的发展，让我国成为钢铁强国，原冶金部不惜花巨资引进国外先进技术和主要设备在天津无缝钢管公司建成年产 30 万吨规模直接还原铁（海绵铁）厂，与已建成的超高功率电弧炉配套。从 1996 年 5 月原冶金部在河南登封召开了第一次全国直接还原铁（海绵铁）会议到 2003 年 9 月在张家界召开的第 6 届全国直接还原铁（海绵铁）会议，均由原冶金部副部长周传典参加并主持。会议主要讨论如何加快直接还原铁（海绵铁）生产的步伐并与国际接轨。会上周传典副部长作了重要讲话，要求把直接还原铁（海绵铁）生产提上议事日程，要求各级领导重视这个问题，把我们的责任和紧迫感落到实处，要大力支持有条件的企业上直接还原铁（海绵铁）项目，并提高其积极性。原冶金局已将直接还原铁（海绵铁）列为"十五"三大科技开发项目之一，国家计委已列为投资方向予以支持。

4　发展前景

我国钢铁工业迅速发展，2000 年连续五年超亿吨，2002 年钢铁产量为 1.8 亿吨，2003 年达 2.2 亿吨，2004 年达到 2.5 亿吨，已成为世界第一产钢大国和耗钢大国。但是我国并不是钢铁强国，钢铁产品在国际市场上没有竞争力，在钢材品种和质量方面，还不适应国民经济的发展要求，我国每年还要从国外进口钢材 4 千余万吨（主要是优质钢和特种钢），而海绵铁正是解决优质钢和特种钢的唯一必备原材料。随着今后对钢铁产品品种和质量要求的不断提高，从调整钢铁产品结构、提高市场竞争力来看，发展电炉炼钢势在必行，而且，电炉炼钢基建费用和生产成本低，建设周期短，同时电炉冶炼技术也在快速发展。随着市场对钢铁产品质量要求的提高，保护生态环境要求的严格，电力供应的日益充足，必将推动电炉短流程的发展，电炉炼钢能力也必将得到快速增长，这样废钢短缺将进一步加剧。用生铁代替废钢，将延长电炉冶炼时间，增加氧气消耗，降低电炉寿命。用直接还原铁（海绵铁）补充废钢的不足，将是必然的结果。

世界直接还原铁（海绵铁）工艺已进入技术成熟、稳步发展阶段。作为直接还原铁（海绵铁），由于其成分稳定，有害元素含量低，特别是不易氧化的金属夹杂元素少，粒度均匀，不仅可以补充我国废钢的不足，而且作为电炉炼钢的原料和转炉炼钢的冷却剂，对保证我国钢材的质量，特别是合金钢的质量，起着不可替代的作用，是炼钢的优质原料。适应我国当前产品结构优化，加快发展我国直接还原铁（海绵铁）工业是今后我国钢铁工业发展刻不容缓的任务。

在走向钢铁强国的进程中，发展立足本国资源特征的直接还原铁（海绵铁）工业，才是发展钢铁强国的必经之路，而煤基法生产直接还原铁（海绵铁）工艺是我国的首选工艺，其中机械化、自动化程度较高的煤基 AMR-CBI 工艺和隧道窑工艺都是先进、可靠、经济的工艺。

就世界直接还原铁（海绵铁）的生产来说，发展速度很快，前景甚为乐观，1980 年，世界直接还原铁（海绵铁）产量仅 728 万吨，1998 年增加到 3709 万吨，还原铁平均年增长 10.42%，2001 年产量 4051 万吨，2002 年产量 4300 万吨，2003 年达 4950 万吨，2004 年达到 5460 万吨。而我国直接还原铁（海绵铁）生产能力为 60 万吨/年，2002 年产量为 35 万吨，2003 年产量达 40 万吨，2004 年产量为 50 万吨。世界冶金行业把我国的直接还原铁（海绵铁）产量定为零。我国直接还原铁（海绵铁）工业前景甚为乐观。

5　价格分析

在第三次全国直接还原技术交流会上，与会专家一致认为，直接还原铁是国内外公认的优质电炉炉料，它是电炉冶炼纯净钢和优质钢的理想炉料，不能单纯把它视为一般废钢的代用品。1996 年 11 月中国金属学会在南京召开的"直接还原铁（海绵铁）电炉炼钢应用技术研讨交流会"上，着重推广在电炉冶炼中使用直接还原铁（海绵铁）。会议最后确认直接还原铁（海绵铁）的价格高于优质废钢的 5% ~ 10%，这也符合"优质优价"的原则。在国外，由于直接还原铁（海绵铁）在炼钢中的作用，其价格一直高于优质废钢价格的 10%。

最近几年，随着国际市场优质废钢的短缺，直接还原铁（海绵铁）的价格逐步上涨，废钢需求量每增加 8.8%，其价格就自然上升 10%。

根据目前我国直接还原铁（海绵铁）的生产才刚刚起步，电炉用直接还原铁（海绵铁）处于推广阶段的现状，又根据目前优质废钢及生铁的价格为 2200 ~ 2700 元/吨，以及现国内某直接还原铁（海绵铁）制造企业销售价为 2450 元/吨（未经压块），市场是极容易接受的。

6　工艺比较

世界直接还原工艺根据使用还原剂的不同，可分为两大类：使用气体还原剂的气基直接还原法和使用固体还原剂的煤基直接还原法。

气基直接还原法，主要分布在中东、南美等天然气资源丰富的地区，这些地区以电炉短流程为主的钢铁工业也得到迅猛发展。代表工艺为 MIDREX 竖炉法、HYL、反应罐法和流态化法。煤基直接还原法，主要分布在南非、印度、新西兰等地，天然气资源有限，但有优质的铁矿资源和丰富的煤炭资源。代表工艺有 SL/RN 法和 KRUPP 法。

我国从能源储量和合理利用考虑，还不能为冶金工业生产提供足够的天然气，即使有气可用，成本也太高，生产一吨直接还原铁（海绵铁），若用天然气要 400 ~ 500m^3，天然气部分的成本就占 600 ~ 750 元；若用煤气，要 1600m^3，煤气成本 1600 元。因此气基直接还原无法考虑。目前在国内使用的工艺有隧道窑工艺、回转窑工艺和倒焰窑工艺三种，均为煤基还原法。

倒焰窑在我国发展较早，其特点有：投资少、上马快、成本低、规模灵活、操作简单、对原料要求低，但其产品质量差且不稳定，生产效率低、能耗高、劳动强度大、操作环境差、环境污染严重、装备水平落后、全人工操作，无机械化可言，但因其投资少，还有一些小型企业在使用。

隧道窑工艺具有工艺成熟可靠、投资少、见效快、成本低、产品品位高且稳定、操作简单、设备运行稳定、能耗低、对原料的要求不苛刻、规模灵活、填充系数高（一般在30% 以上）等优点。但也存在着劳动强度大、机械化程度较低的缺点，在国内有十几家直接还原铁（海绵铁）厂在使用。在国内属成熟可靠使用最多的工艺。

回转窑工艺的特点是：机械化程度较高、劳动强度较低，但也存在着产品成本高、投资大、易于发生结圈故障、产品质量不高、产品分化率高，对原料及还原剂要求苛刻、生产效率较低、热效率低、填充系数低（一般在10%~20%）等缺点。

另外，在国内也有一些科研单位进行过其他工艺的试验与研究，但均未取得有效进展。

针对各种工艺的优缺点，结合我国的实际国情，冀州市东瀛公司研制开发了一种适合我国国情的新工艺：AMR—CBI工艺，即A—C工艺，该工艺吸取了众工艺之长，避其之短，它是从这几种工艺以及国外一些先进煤基直接还原工艺的基础上提炼发展而来的新工艺。

7　新工艺 A—C 工艺介绍

7.1　工艺流程

A—C工艺的含义为：实现全自动化控制，机械化装卸料，采用快速还原炉进行还原、最后形成冷压块铁的直接还原铁（海绵铁）生产工艺方法。该工艺的工艺流程可分为如下五个工序：

（1）原料准备及其烘干破碎工序。将脱硫剂、还原剂两种物料装入定量料斗，定量料斗按两种物料的重量比，通过输送机将物料送到烘干室内对两物料进行烘干、混合。烘干后的物料含水量小于3%，烘干后的物料，通过输送机送到还原剂破碎机内进行粉碎，粉碎粒度为1.5mm以下。破碎后的物料，经输送机提升到高位料仓，然后再由输送机送到储存料仓。精矿粉由输送机直接送入烘干机组进行烘干，烘干后含水量小于3%，烘干后的精矿粉由输送机送入高位料仓，然后再由输送机送至储存料仓。

（2）自动装料工序。该工艺根据需要可生产球状、柱状或瓦片状直接还原铁（海绵铁），从保证产品质量、减少生产环节和有利于实现自动装卸料角度考虑，以生产瓦片状为最好。本工艺采用瓦片状形式。装料系统由料仓、定量管和装料头三部分组成，精矿粉和还原剂，经过储存料仓，将料卸到布料仓内，再由装料头装入每个还原坩埚，实现向坩埚布料。

（3）还原焙烧工序。该工序在快速还原炉内完成。适宜稳定的炉温和还原时间是决定直接还原铁（海绵铁）质量的关键，此工序包括预热、还原、冷却三个阶段。首先，载车经过传动机构，将载车送入快速还原炉内的预热段，在此期间，物料中的水分完全蒸发，脱硫剂分解，温度升至900℃左右，进入高温还原段，在此期间，氧化铁被充分还原，形成海绵铁，然后进入冷却段进行冷却，冷却到200~300℃后出炉。

（4）自动卸料工序。物料出炉后在常温中降到100~50℃后进入卸料系统进行卸料。粉灰通过风力吸走，直接还原铁（海绵铁）坩埚中取走，实现自动卸料。

（5）产品处理工序。由该工序完成直接还原铁（海绵铁）磁选、破碎及钝化处理——压块。卸完料的载车进入装料系统装料。直接还原铁（海绵铁）经过卸料装置进入中间料仓。中间料仓的直接还原铁（海绵铁）经过输送机输送至直接还原铁（海绵铁）破碎机进行破碎，破碎后的直接还原铁（海绵铁）经干磁选机进行磁选，磁选后的直接还原铁（海绵铁）粉由输送机输送到压块机组进行压块成形，通过传动机构入库。

A—C 工艺流程图如图 1 所示。

7.2　工艺特点

A—C 工艺具有如下特点：

（1）原料、还原剂、燃料容易解决。A—C 工艺所用的原料是精矿粉，同时生产中不需要先把精矿粉先变成氧化球团。生产费用也低，还原剂是普通无烟煤粉或烟煤，煤中的灰分熔点也不要求很高，供热的热源可为普通动力煤或煤粉，有多余的高炉煤气、转炉煤气、焦炉煤气、混合煤气、石油气的地方也可用这些气体作为热源或用发生炉煤气作热源。

（2）工艺稳定。该工艺吸取了各直接还原铁（海绵铁）工艺的优点，并加以改进和创新，形成了一种更稳定可靠的新工艺，由于采用封闭式坩埚在还原炉内还原的方法，使坩埚内还原性气氛的浓度和压力都高，并采用计算机控制炉温，温差小，且还原气氛易保持，故很容易保证还原工艺的要求，产品质量稳定。

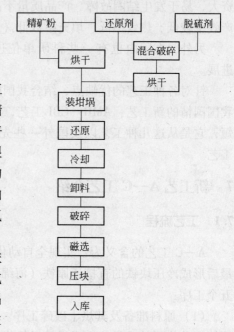

图 1　A—C 工艺流程简图

（3）工艺实用性强。A—C 工艺对精矿粉、还原煤的要求较高，实用性强，工艺制度易于控制，操作简单，能较快地稳定产品质量，工人经过培训即可掌握。

（4）成本低、质量稳定。用 A—C 工艺生产的直接还原铁（海绵铁），每吨铁成本在800～1400 元之间，吨铁成本较回转窑低 50% 左右，具有很强的成本优势。

用 A—C 直接还原铁（海绵铁）生产工艺的工序环节少，每个装料坩埚都经过预热、加热还原、冷却相同的过程，在同样的气氛下，同样容器内，经过同等的时间，出来的产品质量必然是均匀的。

（5）机械化程度高。该工艺选用了机械装卸料系统，替代了传统的人工装卸料，从而减轻了工人的劳动强度，改善了劳动环境，提高了产品质量，降低了产品消耗及产品成本，同时减少用工量，年产 5 万吨直接还原铁的工厂，全厂劳动定员只有 120 人，年产 10万吨直接还原铁（海绵铁）的工厂，全厂劳动定员只有 200 人。

（6）自动化程度、生产效率高。该工艺采用了计算机控制系统，自动控制、调节炉温，保证了直接还原铁（海绵铁）的还原工艺要求。装卸料系统和压块系统的自动控制，提高了工作效率及设备运行的准确性。

（7）采用了机械化的燃烧系统，温度容易控制。用煤气或煤粉做燃料，自动化程度高，便于温度控制，有利于保证产品的质量。

（8）环保条件好，环保容易达标。该工艺选用先进的脱硫除尘器、高效率的反吹式扁袋除尘器以及国内先进的节能、低噪声设备，经过采取该措施使含尘量不高于 $60mg/m^3$，SO_2 不高于 $480mg/m^3$，噪声不高于 65dB 等各项环保指标，均能达到国家环保要求。另外，该工艺没有污水，工作环境干净卫生。

（9）选用碳化硅材质的还原坩埚或金属坩埚，使用寿命长。这种坩埚导热性能好，从而缩短了还原时间，提高了产品的质量和产量。它的使用寿命长达 90 次以上，且可回收再用：一是可以重新制坩埚，另外还可以破碎作为耐火骨料，所以降低了成本，金属坩埚可用 150 次以上。由于这种坩埚强度大、不变形，还有利于实现自动化卸料。

（10）采取了对直接还原铁（海绵铁）的钝化处理措施——冷压块。为了防止产品的再氧化，该工艺对产品进行了钝化处理冷压块。将密度 $1.9g/cm^3$ 的直接还原铁（海绵铁）压制成 $4.2g/cm^3$ 以上的冷压块，作为终产品。冷压块的实现有效地改善了直接还原铁（海绵铁）的抗氧化性能。降低了直接还原铁（海绵铁）的吸水性，缩小了体积，有利于直接还原铁（海绵铁）的长期存储和长途运输，同时也提高了钢水的收得率，因此备受炼钢企业的欢迎，在市场竞争中具有很强的生命力和竞争力。

（11）采用了烟气余热回收系统，提高了热效率。将炉体烟气余热引至原料烘干机内，进行原材料的烘干，它避免了另设热源的投资，节省了热能的消耗，仅此一项，每年可节能折合标煤 5544t（年产 5 万吨直接还原铁（海绵铁）规模）。另外，用烟气余热预热空气（用换热器）到炉内助燃，它不仅带进了大量的物理热，而且改善了炉内燃烧环境，降低了消耗，此项每年可节能折合标煤 2880t。使每吨直接还原铁（海绵铁）工序能耗仅为 450kg 标煤。

（12）该工艺采用了自动封闭式装卸料系统，控制了污染，改善了工人的操作环境，使环保能达到国家环保要求。A—C 工艺根据不同的地形、不同的产量布局灵活。另外装坩埚方式灵活多样，可柱状、球状，也可块状等多种形状。

（13）固定资产投资少。天津无缝钢管公司配两座回转窑，年产直接还原铁（海绵铁）30 万吨，总投资为十几亿人民币，折合每吨直接还原铁（海绵铁）的投资为 4000 多元。唐钢上 1260m³ 高炉和配套的烧结、焦化，折合吨铁投资又比天津无缝钢管公司直接还原铁（海绵铁）的吨投资高 10%，而年产 5 万吨以上的直接还原铁（海绵铁）厂用 A—C 工艺，直接还原铁（海绵铁）的吨铁投资仅为 700 元左右。规模加大投资会更少。

（14）对原料要求低，产品质量好。

精矿粉要求：$TFe \geqslant 67\%$，$SiO_2 \leqslant 3\%$，$S \leqslant 0.02\%$，$P \leqslant 0.05\%$；

还原剂要求：灰分 $\leqslant 15\%$，挥发分 $\leqslant 10\%$，固定碳 $\geqslant 75\%$；

脱硫剂要求：$CaO \geqslant 53\%$，$SiO_2 + Al_2O_3 \leqslant 3\%$，$P_2O_5 \leqslant 0.22\%$，$SO_3 \leqslant 0.5\%$。

所有原材料一般均能在当地解决。用该工艺所生产的产品质量为 $TFe \geqslant 92\%$，$MFe \geqslant 89\%$，$\eta \geqslant 94\%$，$S \leqslant 0.02\%$，$P \leqslant 0.05\%$，$C \geqslant 0.04\%$。

（15）产品适用范围广。用该工艺生产的直接还原铁（海绵铁）除可作为生产优质钢的原料外，还可以给粉末冶金厂提供原料，其产品的金属化率可达 99%，而 S、P 和其他元素都很低。

（16）产品的金属化程度可控制。由于该工艺在物料配比、炉温制度及还原时间上都可以灵活调整，所以根据不同用途或需要，可通过调整生产出不同金属化率的直接还原铁（海绵铁）产品。

（17）产品不易二次氧化。由于物料整个还原过程一直在一个封闭的坩埚内进行，完成还原后，物料随坩埚出炉，在常温环境下冷却，隔绝了直接还原铁与空气的接触。另外，因罐内有过量的还原剂存在，在冷却初期，还原反应仍在进行，可保持罐内的还原气氛，并呈微正压，同样可阻止外界空气进入罐内，保证了产品的质量，不易被二次氧化。

（18）填充系数高（一般在35%以上）。

7.3　主要设备

A—C工艺所需主要设备有：快速还原炉、载车、顶车机、装料系统、卸料系统、烟囱、输送机、破碎机、烘干机、卷扬机、干磁选机、空压机、除尘器、压块机、仪表等。

年产5万吨规模的直接还原铁（海绵铁）厂占地面积为长174m、宽42m。主车间采用轻钢彩板结构。

7.4　电力

年产5万吨直接还原铁（海绵铁）生产线装机容量为：900kW用于所有生产车间动力配电、照明配电及其供电系统。该系统用水量很小，主要用水点为环保用水及消防用水。

7.5　投资估算

A—C工艺较回转窑投资少50%左右，包括全部设备费用，年产5万吨直接还原铁（海绵铁）规模固定投资为3000万元，建设期为4个月，当年即可投产见效。年产10万吨直接还原铁（海绵铁）规模固定投资为5000万元（根据当地原料价格不同，价格可实地调整），建设期为6个月。使用该工艺生产直接还原铁（海绵铁）单位成本为800～1400元/吨。冷压块的市场售价最低为2600元/吨。全部投资回收期为1～2年（不含建设期）。内部收益率为39%～45%（所得税后）。投资利润率为35%～50%。盈亏平衡点为25%左右。

7.6　成本估算

A—C工艺年产5万吨直接还原铁（海绵铁）全厂用工人数为120人（包括所有工人及行政人员）。按一般价格估算，每吨直接还原铁（海绵铁）的成本为1310元。具体组成如下：

原材料费：800元；

辅助材料：210元；

燃料：120元；

动力：60元；

工资及福利：40元（按10000元/（人·月）计算）；

制造费用（包括折旧）：80元。

成本因不同地区原料价格差异而不同，应根据当地实际价格调整。

7.7　经济评价及说明

年产 5 万吨直接还原铁（海绵铁）建设期 4 个月，达产期 2 个月，产品为冷压块，现市场售价为 2450 元/吨，为使项目有充分的余地，分析按 2400 元/吨计算。则正常生产年份销售收入为 2400 元 × 50000 吨 = 12000 万元。税率按 6% 计算，则每年上交税金为 720 万元。年成本为 50000 × 1310 = 6550 万元，则年利润为 12000 − 6550 − 720 = 4730 万元。按此计算，如果生产率为 85% 时，则 2.5 年即可收回投资。如果以实际达产日计算，正常情况下，则 2.2 年即可收回全部投资。

7.8　项目分析结论

由于精铁矿粉采用直接还原工艺项目采用了国内领先炉的冷压块技术，可根据用户的不同需要，生产出不同密度（$2.2 \sim 6.0 \mathrm{g/cm^3}$）、不同含碳量的冷压块产品，如果直接还原铁（海绵铁）再经二次还原，品位可高达 98% 以上，可作为冶金粉末材料，根据市场状况，产品可一次还原供电炉炼钢用，也可二次还原供粉末冶金用，再次增值。另外，由于电炉连铸炼钢工艺的发展，废钢需求量越来越大，相应废钢价格日趋提高，促使直接还原铁（海绵铁）生产得到很大发展。我国是一个发展中国家，设备更新慢，社会回收废钢相对较少，随着我国连铸比、电炉钢比例的提高，钢铁行业自产废钢相对减少，我国废钢，特别是含杂质较低的优质废钢缺口将日趋增大，直接还原铁（海绵铁），特别是压块，市场前景将越来越好。从国民经济的发展趋势来看，对钢铁产品需求有增无减，所以企业应该抓住这一机遇，使项目更快投产、见效。精铁矿粉采用直接还原工艺不仅投资效益好，而且风险小，既为企业创造效益，又可为国家做出贡献，所以本方法是可行的，是适合我国国情、先进、可靠、经济的生产工艺。

8　直接还原铁的标准（DYBZ 2006—08）

特等品：

TFe $\geqslant$ 94%，MFe $\geqslant$ 90%，η > 96%，SiO_2 < 2%，S < 0.02%，P < 0.02%，C < 0.03%。

一级品：

TFe：92% ～ 94%，MFe：86% ～ 90%，η：94% ～ 96%，SiO_2：2% ～ 3.5%，S < 0.03%，P < 0.03%，C < 0.04%。

二级品：

TFe：90% ～ 92%，MFe：83% ～ 86%，η：92% ～ 94%，SiO_2：3.5% ～ 5%，S < 0.05%，P < 0.05%，C < 0.07%。

三级品：

TFe：88% ～ 90%，MFe：80% ～ 83%，η：90% ～ 92%，SiO_2：5% ～ 6.5%，S < 0.07%，P < 0.07%，C < 0.1%。

合格品：

TFe：86% ～ 88%，MFe：76% ～ 88%，η：89% ～ 90%，SiO_2：6.5% ～ 8%，S < 0.1%，P < 0.1%，C < 0.3%。

参 考 文 献

[1] 朱德庆，彭怀玺，邱冠周，等．铁精矿冷固球团矿煤基回转窑直接还原新工艺 [J]．钢铁，2001，36(2)：4~7.

[2] 刘国根，王淀佐，邱冠周．国内外直接还原现状及发展 [J]．矿产综合利用，2001，(5)：20~24.

[3] 吕庆，吕长星，郎建峰，等．隧道窑生产海绵铁 [J]．河北理工学院学报，1999，21(2)：7~11.

[4] 朱德庆，邱冠周，潘健．高硫铁精矿"一步法"直接还原新工艺 [J]．中南工业大学学报，2002，33(1)：21~24.

[5] 杨春来．AMR-CBI 隧道窑直接还原铁生产新工艺 [C]．2006 年中国非高炉炼铁会议论文集．